中美欧工程设计标准差异与实例分析丛书

中美常用岩土工程标准对比分析

夏玉云　乔建伟　张　炜　唐立军　吴学林　柳　旻　编著

中国建筑工业出版社

图书在版编目（CIP）数据

中美常用岩土工程标准对比分析 / 夏玉云等编著
. —北京：中国建筑工业出版社，2023.8
（中美欧工程设计标准差异与实例分析丛书）
ISBN 978-7-112-28757-4

Ⅰ. ①中…　Ⅱ. ①夏…　Ⅲ. ①岩土工程—标准—对比研究—中国、美国　Ⅳ. ① TU412-65

中国国家版本馆 CIP 数据核字（2023）第 091623 号

近年来，随着国家“一带一路”倡议的持续推进，我国对外工程总承包呈蓬勃发展之势，越来越多的基建企业开展走出国门并承揽工程建设项目。本书从岩土工程勘察方面的全内容对中美常用岩土工程标准开展对比研究。研究内容一方面可直接服务于从事海外工程建设的单位个人，另一方面可服务海外发展中国家的技术人员，使其能较快熟悉和认可中国岩土工程标准。全书共分为7章，包括绪论、土的分类与定名、基本物理性质试验、土的力学参数试验、土的特殊性质、原位测试及桩基试验。

本书适合从事岩土工程的技术人员和科研人员学习参考。

责任编辑：杨　允　刘颖超　李静伟
责任校对：姜小莲

中美欧工程设计标准差异与实例分析丛书
中美常用岩土工程标准对比分析
夏玉云　乔建伟　张　炜　唐立军　吴学林　柳　旻　编著
*
中国建筑工业出版社出版、发行（北京海淀三里河路 9 号）
各地新华书店、建筑书店经销
北京建筑工业印刷有限公司制版
天津翔远印刷有限公司印刷
*
开本：787 毫米×1092 毫米　1/16　印张：13　字数：297 千字
2023 年 10 月第一版　　2023 年 10 月第一次印刷
定价：**88. 00** 元
ISBN 978-7-112-28757-4
（40930）

前　言

21 世纪初，响应国家“走出去”倡议，诸多国内工程建设单位开始走出国门，在海外承揽工程项目。机械工业勘察设计研究院有限公司（简称机勘院）2001 年开始在海外承揽第一个工程勘察项目，是我国最早走出国门的勘察设计单位之一。二十多年来，机勘院累计在海外 70 多个国家共完成各类岩土工程勘察、设计和施工等项目 400 余项。在非洲安哥拉，我们承担了中资企业海外最大房屋建设工程总承包项目的岩土工程勘察与设计，遇到了湿陷性红砂带来的工程技术难题，通过系统的科学研究，首次揭示非洲红砂的工程特性并提出了其地基处理技术，保证了该项目的顺利实施和安全运营。在亚洲印度尼西亚、斯里兰卡和马尔代夫承担了多项燃煤电站和房建项目，遇到了珊瑚礁岩土带来的工程技术难题，通过系统的科学研究，揭示了当地珊瑚礁岩土的工程特性，提出了相应的基坑降水技术和桩基技术，为珊瑚礁岩土地区工程建设的顺利实施和安全运营提供了技术保障。此外，我们还在巴基斯坦遇到了湿陷性沙漠土、在安哥拉遇到了膨胀岩土、在乌兹别克斯坦遇到了厚度超过 80m 的湿陷性黄土等。针对不同的特殊岩土，通过系统的研究与实践，解决了不同特殊岩土带来的工程技术难题，得到了海外业主和总承包方的高度认可，为我国岩土工程企业在国际上赢得了声誉。

然而，在海外工程项目实施过程中，除了上述不同特殊岩土带来的技术难题外，对中国海外工程技术人员来说，面临的另一个技术难题就是工程技术标准的采用。目前，国际上采用较多的技术标准主要为美国标准和欧洲标准，此外许多国家也有自己内部相应的工程建设标准。新中国成立初期至 20 世纪 80 年代期间中国标准受苏联标准影响较大或直接采用苏联标准，改革开放以后，我国岩土工程相关标准在吸收美国标准和欧洲标准的基础上，结合工程建设中积累的岩土工程经验，形成了我国特有的岩土工程标准体系，但与国际流行的欧美标准体系仍存在较大差别。由于我国基建企业多是在发展中国家，如非洲、东南亚、南亚、中东、拉美等开展工程建设，这些地区或国家基础研究和科研能力较弱，多尚未形成自己国家统一的技术标准体系，在开展工程建设时需要借鉴其他国家的岩土工程技术标准。这些地区在历史上曾受到欧、美的殖民统治，在文化、语言上深受殖民者的影响，其在选择借鉴技术标准体系时，很自然地选择了以前宗主国的标准作为主要参考。因此，美国、英国、法国的标准都有各自相应的“势力范围”。因此，国外业主和欧美国家咨询工程师对我国标准的不熟悉给中国企业开展海外工程建设带来了诸多困难。此外，我国企业在海外承揽的部分工程被业主指定采用欧美标准，但我国工程师对欧美相关标准不了解或不熟悉，造成工程实施过程中与业主工程师或监理工程师产生很多误会甚至不信任的情况时有发生。为了克服这些困难，需要我国海外从业工程师充分学习国外常用的欧美建设标准，并对其融会贯通，详细了解中外工程建设标准的差异性，才能与当地专家和发达国家咨询工程师很好地沟通交流，从而使其了解我国的标准体系，在顺利完成勘察设计工作的过程中加快我国岩土工程标准国际化进程。

基于以上背景，我们申报并获批了陕西省科技厅“海外岩土工程创新团队”，选择美国常用的 ASTM 岩土工程相关标准，在对其收集并翻译的基础上，结合海外工程经历，对中美常用岩土工程相关标准的差异性进行了系统的比较研究。

本书由陕西省科技厅“海外岩土工程创新团队”和机勘院资助编著。全书由夏玉云整体策划，各章执笔分工如下：第 1、3 章由乔建伟执笔；第 2、4 章由唐立军、乔建伟执笔；第 5 章由唐立军执笔；第 6 章由柳旻执笔；第 7 章由吴学林执笔；全书由夏玉云统稿并定稿。张炜大师在本书的编写过程中给予了全程指导。

本书的完成还离不开机勘院国际工程公司领导的支持和诸多同事们在收集和翻译美国 ASTM 常用岩土工程标准中付出的辛勤劳动和心血。此外，中国建筑工业出版社对本书的顺利出版给予大力支持，在此一并表示感谢。

目　　录

第 1 章　绪论……1

1.1　中外岩土工程标准比较研究综述……1
1.2　本书采用的中美岩土工程标准……2
1.3　本书研究内容与主要章节……6

第 2 章　土的分类与定名……7

2.1　颗粒分析试验……7
2.1.1　中美标准……7
2.1.2　筛析法与筛分法……8
2.1.3　密度计法……13
2.2　界限含水率试验……18
2.2.1　中美标准……18
2.2.2　碟式仪液限法……18
2.2.3　搓滚塑限法……20
2.2.4　缩限试验……22
2.3　有机质含量试验……26
2.3.1　中美标准……26
2.3.2　灼烧减量法……27
2.4　土的分类与定名……29
2.4.1　中美标准……29
2.4.2　粗粒土……30
2.4.3　细粒土……34
2.4.4　有机质土……36
2.5　小结……37

第 3 章　基本物理性质试验……39

3.1　土粒相对密度 G_s……39
3.1.1　中美标准……39
3.1.2　密度瓶法……40

3.1.3 浮称法 ······ 46
3.2 含水率 w ······ 49
3.2.1 中美标准 ······ 49
3.2.2 中美含水率测试方法标准 ······ 50
3.2.3 含超大颗粒土含水率校正标准 ······ 54
3.3 密度 ρ ······ 55
3.3.1 中美标准 ······ 55
3.3.2 常用密度试验 ······ 57
3.3.3 相对密度试验 ······ 71
3.3.4 击实试验 ······ 82
3.3.5 美国标准其他试验方法 ······ 87
3.4 小结 ······ 93

第 4 章 土的力学参数试验 ······ 94

4.1 土的渗透特性 ······ 94
4.1.1 中美标准 ······ 94
4.1.2 常水头试验 ······ 94
4.1.3 现场渗透试验 ······ 98
4.2 土的变形特性 ······ 103
4.2.1 中美标准 ······ 103
4.2.2 应力控制式标准固结试验 ······ 104
4.2.3 应变控制式标准固结试验 ······ 106
4.3 土的强度特性 ······ 109
4.3.1 三轴压缩试验 ······ 109
4.3.2 直接剪切试验 ······ 116
4.3.3 承载比试验 ······ 119
4.4 小结 ······ 124

第 5 章 土的特殊性质 ······ 126

5.1 湿陷性试验 ······ 126
5.1.1 中美标准 ······ 126
5.1.2 湿陷系数试验 ······ 127
5.1.3 自重湿陷系数试验 ······ 129
5.1.4 湿陷起始压力试验 ······ 129
5.2 膨胀性试验 ······ 130
5.2.1 中美标准 ······ 130

5.2.2 自由膨胀率试验 …… 130
5.2.3 膨胀率试验 …… 133
5.2.4 膨胀力试验 …… 136
5.2.5 收缩试验 …… 138
5.3 小结 …… 141
第6章 原位测试 …… 142
6.1 圆锥动力触探试验 …… 142
6.1.1 中美标准 …… 142
6.1.2 设备规格及适用范围 …… 142
6.1.3 试验技术要求 …… 144
6.1.4 圆锥动力触探试验成果的应用 …… 145
6.2 标准贯入试验的对比 …… 146
6.2.1 中美标准 …… 146
6.2.2 设备规格及适用范围 …… 147
6.2.3 试验技术要求 …… 148
6.2.4 对标准贯入试验锤击数修正的有关研究概述 …… 148
6.2.5 标准贯入试验成果判别土层物理性质 …… 149
6.3 平板载荷试验 …… 151
6.3.1 中美标准 …… 151
6.3.2 技术特点与适用范围 …… 151
6.3.3 试验技术要求 …… 152
6.3.4 资料整理与成果应用 …… 154
6.4 扁铲侧胀试验 …… 155
6.4.1 中美标准 …… 156
6.4.2 设备规格及适用范围 …… 156
6.4.3 试验技术要求与数据处理 …… 157
6.5 静力触探试验 …… 158
6.5.1 中美标准 …… 158
6.5.2 设备规格及适用范围 …… 158
6.5.3 试验技术要求 …… 160
6.5.4 计算、制图和记录 …… 161
6.6 波速试验 …… 162
6.6.1 中美标准 …… 163
6.6.2 设备规格对比 …… 163
6.6.3 试验技术要求对比 …… 164

6.6.4 计算、制图和记录 …… 166
6.7 小结 …… 169

第 7 章 桩基试验 …… 170

7.1 中美常用基桩试验标准 …… 170
7.2 单桩竖向抗压静载试验 …… 171
7.2.1 中美标准单桩竖向抗压静载试验相同点 …… 172
7.2.2 中美标准单桩竖向抗压静载试验不同点 …… 173
7.2.3 中美标准单桩竖向抗压静载试验其他相关差异 …… 177
7.3 单桩竖向抗拔静载试验 …… 178
7.3.1 中美标准单桩竖向抗拔静载试验相同点 …… 178
7.3.2 中美标准单桩竖向抗拔静载试验不同点 …… 179
7.3.3 中美标准单桩竖向抗拔静载试验其他相关差异 …… 182
7.4 单桩水平静载试验 …… 182
7.4.1 中美标准单桩水平静载试验相同点 …… 182
7.4.2 中美标准单桩水平静载试验不同点 …… 183
7.4.3 中美标准单桩水平静载试验其他相关差异 …… 190
7.5 低应变反射波法 …… 190
7.5.1 检测原理 …… 190
7.5.2 测试设备与现场检测 …… 190
7.5.3 数据处理与分析 …… 191
7.6 声波透射法 …… 191
7.6.1 检测原理 …… 191
7.6.2 仪器设备与现场检测 …… 191
7.6.3 数据处理与分析 …… 192
7.7 高应变法 …… 192
7.7.1 检测原理 …… 193
7.7.2 测试设备与现场检测 …… 193
7.7.3 数据处理与判定 …… 193
7.8 小结 …… 193

参考文献 …… 195

第1章 绪　　论

岩土工程是土木工程的一个重要分支，包含岩土工程勘察、设计、试验、施工和监测等，涉及工程建设的全过程；它是以概率论和统计学为支撑，以土力学及基础工程、岩体力学、工程地质学和水文地质学理论为基础，应用各种勘探测试技术，研究地基岩土的工程特性，评估构筑物与岩土、水及环境之间的相互作用，服务于建筑、市政、水利、水电、采矿、冶金、港口、公路、铁路、海洋、航空、军事甚至航天等各工程活动。在工程建设实施过程中，岩土工程标准是岩土工程工作的技术指南，是确保岩土工程顺利实施的重要工具，体现了岩土工程技术发展的方向与水平。

1.1 中外岩土工程标准比较研究综述

标准是开展勘察、设计、施工和检测等岩土工程的指南，近年来，随着国家“一带一路”倡议的持续推进，我国对外工程总承包呈蓬勃发展之势，越来越多的基建企业走出国门并承揽工程建设项目。由于我国基建企业开展工程建设的国家多是发展中国家，如非洲、东南亚、南亚、中东、拉美等，这些地区国家基础研究和科研能力较弱，多尚未形成国家统一的技术标准体系，在开展工程建设时需要借鉴其他国家的岩土工程技术标准。由于这些地区在历史上受到欧、美的殖民统治，在文化、语言上深受殖民者的影响，其在选择借鉴技术标准体系时，很自然地选择了欧美的标准作为主要参考。因此，英国、法国、美国的标准都有各自相应的“势力范围”。由于我国岩土工程技术标准仍较多参考苏联标准体系，造成了我国岩土工程技术标准仍与西方国家为主的技术标准存在较大差别，国外发达国家咨询工程师对我国标准的不认可给中国企业开展海外工程建设带来了诸多困难。

为加快中国工程建设标准国际化步伐，促进中国标准“走出去”，并服务中国企业开展海外工程总承包建设，我国研究学者和工程师对中外岩土工程标准差异性开展了大量研究。

针对标准体系，研究学者和工程师发现中欧岩土工程标准在体系构成、体系特点和专业体制特点等方面存在差异。体系构成方面，欧洲岩土工程标准由基本原理、应用规则和工程数据构成，强调对基本原理的把握，应用规则是对基本原理的实施性说明，很少向标准使用者提供具体的工程参数取值；而中国岩土工程标准在强调基本原理和应用规则的同时还以表格的形式为使用者提供了大量的工程参数取值。体系特点方面，欧洲标准具有数量众多、体系庞大的特点，其主体以试验为主导，岩土工程评价强调理论分析与试验支持，定性描述较大，具体规定较少；而中国岩土工程标准具有体系完整、实用性强和种类繁多的特点，形成了完整的国家、行业和地方标准，对于工程分析方法和数据规定较具体。专业体制特点方面，欧洲标准强调原则指导性，规定工程师该做什么不该做什么，至于怎么做、用什么公式、取什么参数，则需要工程师根据实际情况选择；而我国岩土工程标准强调经验性，不仅规定了该做什么和不该做什么，而且还规定了必须怎样做、使用什么公式、取什么样的参数等。此外，欧洲岩土工程的勘察、设计和施工作为一个整体；而中国岩土工程则把勘察、设计和施工视为三个不同阶段。

针对岩土工程勘察标准的差异性，万中喜等（2019）对中、美、欧岩土工程勘察布置开展了对比研究，发现中、美、欧勘察标准在阶段划分、内容、方法、勘探点间距与深度、试验数量、勘察过程中的优化、施工阶段控制与监测等各个环节均存在明显差异；袁悦和李芳（2020）对中、澳岩土工程勘察标准中土的分类进行对比分析，提出两国标准在土的分类原则上基本相同，但在具体分类指标的应用上存在不同，且中国标准偏向于指导性，而澳洲标准偏向于实用性；张青宇（2016）对中、法岩土工程标准岩土体分类差异进行了对比分析，发现岩体方面的不同主要体现在岩石描述、岩石坚硬程度、岩体厚度、岩体结构、风化，土体方面主要不同有土的分类、颗粒级配、有机物含量、密实度和黏性土软硬状态等；周贻鑫（2015）从勘察等级和要求、岩土分类、地下水、勘探和取样、原位测试、室内试验、工程地质成果、现场检验和监测等方面对比分析了中、美、欧岩土工程勘察标准的差异性，发现其均存在差异；程瑾等（2016）对中、英、美标准若干土力学指标，如液限、塑限、粒组划分、土的命名和标准贯入试验等试验方法、试验装置和成果应用进行了对比分析，发现中、英、美标准差异性较大。

针对岩土工程设计标准，李元松等（2012）对中欧岩土工程设计标准的3种设计方法的设计原理，包括作用、效应、抗力和极限状态验算不等式进行了对比分析，发现其在理论上存在较大差异，通过案例计算发现尽管中欧标准计算结果相差不大，但欧洲标准理论严密、概念清晰，而国内标准无法得出抗力及分项系数的准确值，其安全可靠性也无法确知。周贻鑫（2015）对中、美、欧桩基设计标准开展对比研究，发现中、美、欧标准在确定桩基承载力方面的差异性主要来自两个方面：一为分项系数取值不同，包括群桩效应系数的不同取值；二为桩基承载力地层参数取值不同，主要是桩侧摩阻力和端阻力的取值不同。

综上所述，目前我国学者已对中外岩土工程标准开展了部分研究，但研究内容主要是标准体系和理论方面，或是对中外某一具体标准中某一项内容。缺乏针对中外常用岩土工程标准的系统对比研究。据此，本书主要从岩土工程勘察方面入手，拟对岩土工程勘察涉及的岩土分类与定名、岩土基本物理性质试验、力学参数试验、土的特殊性质试验、原位测试和桩基试验等方面开展比较分析。

1.2　本书采用的中美岩土工程标准

美国常用的岩土工程标准主要包括美国联邦高速公路运输局（AASHTO）颁布的美

国公路桥梁设计标准（*AASHTO LRFD Bridge Construction Specifications* 2012），美国陆军工兵部队（USACE）颁布的岩土工程调查设计手册（*Engineering and Design Geotechnical Investigations*）和美国材料与试验协会（ASTM）颁布的试验标准。

本书主要以《土工试验方法标准》GB/T 50123—2019 与美国 ASTM 现行标准（简称美国标准）进行对比分析，部分章节采用了《湿陷性黄土地区建筑标准》GB 50025—2018、《岩土工程勘察规范》GB 50021—2001（2009 年版）、《建筑地基检测技术规范》JGJ 340—2015 和《建筑地基基础设计规范》GB 50007—2011 的有关内容。

本书中主要美国 ASTM 试验标准如表 1.1 所示。岩土分类与定名包括颗粒分析、界限含水率、有机质含量测试和土的工程分类与定名 4 个部分，累计 10 个试验标准；其中颗粒分析试验标准有 ASTM D422 和 ASTM D421，界限含水率试验标准有 ASTM D4318、ASTM D4943、ASTM D427，有机质含量试验标准有 ASTM D1997 和 ASTM D2974，土的工程分类与定名试验标准有 ASTM D2487、ASTM D2488、ASTM D4427 和 ASTM D4943。基本物理性质包括土粒相对密度、含水率和密度测试 3 个部分，累计 16 个试验标准；其中土粒相对密度试验标准有 ASTM D854、ASTM D5550、ASTM C127，含水率试验标准有 ASTM D2216、ASTM D4643、ASTM D4959、ASTM D4718，密度试验标准有 ASTM D2937、ASTM D4914、ASTM D5030、ASTM D4253、ASTM D4254、ASTM D4564、ASTM D2167、ASTM D2922、ASTM D155/1556M。土的力学参数测试包括渗透特性、变形特性和抗剪强度 3 个部分，累计 9 个试验标准；其中渗透特性试验标准有 ASTM D2434、ASTM D3385、ASTM D5093，变形特性试验标准主要有 ASTM D2435、ASTM D4186，抗剪强度试验标准主要有 ASTM D2850、ASTM D4767、ASTM D7181、ASTM D5311。土的特殊性试验包括湿陷性试验、膨胀性试验和土的腐蚀性 3 个部分，累计 10 个试验标准；其中湿陷性试验标准有 ASTM D5333、ASTM D4546，膨胀性试验标准有 ASTM D4829、ASTM D4546、ASTM D427、ASTM D4943、ASTM D3877，土的腐蚀性试验标准主要有 ASTM G51、ASTM D512、ASTM D516。原位测试包括 6 个部分，累计 7 个标准，分别是 ASTM D6951/6951M-09、ASTM D1586/D1586M-18、ASTM D1194-94（2003 年撤回）、AASHTO T222-81 (2008)、ASTM D6635-15、ASTM D1587/D1587M-15 和 ASTM D5778-20。桩基试验标准有 6 项，分别为 ASTM D1143、ASTM D3689、ASTM D3966、ASTM D5882、ASTM D4945 和 ASTM D6760。

本书采用的美国 ASTM 试验标准 **表 1.1**

标准类别	试验名称	标准名称
岩土分类与定名	颗粒分析	ASTM D422—63, *Standard Test Method for Particle-Size Analysis of Soils*
		ASTM D421—85, *Standard Test Method for Dry Preparation of Soil Samples for Particle-Size Analysis and Determination of Soil Constants*
	界限含水率	ASTM D4318—17, *Standard Test Method for Liquid Limit, Plastic Limit, and Plasticity Index of Soils*
		ASTM D4943—02, *Standard Test Method for Shrinkage Factors of Soils by the Wax Method*

续表

标准类别	试验名称	标准名称
岩土分类与定名	界限含水率	ASTM D427—04, *Standard Test Method for Shrinkage Factors of Soils by the Mercury Method*
	有机质含量	ASTM D1997—13, *Standard Test Method for Laboratory Determination of the Fiber Content of Peat Samples by Dry Mass*
		ASTM D2974—20, *Standard Test Method for Determining the Water (Moisture) Content, Ash Content, and Organic Material of Peat and Other Organic Soils*
	土的工程分类与定名	ASTM D2487—17, *Classification of Soils for Engineering Purposes (Unified Soil Classification System)*
		ASTM D2488—09a, *Standard Practice for Description and Identification of Soils (Visual -Manual Procedure)*
		ASTM D4427—18, *Standard Classification of Peat Samples by Laboratory Testing*
基本物理性质试验	土粒相对密度	ASTM D854—14, *Standard Test Method for Specific Gravity of soil Solids by Water Pycnometer*
		ASTM D5550—14, *Standard Test Method for Specific Gravity of Soil Solids by Gas Pycnometer*
		ASTM C127—15, *Standard Test Method for Relative Density (Specific Gravity) and Absorption of Coarse Aggregate*
	含水率	ASTM D2216—2019, *Standard Test Methods for Laboratory Determination of Water (Moisture) Content of Soil and Rock by Mass*
		ASTM D4643—08, *Standard Test Method for Determination of Water (Moisture) Content of Soil by the Microwave Oven Heating*
		ASTM D4959—16, *Standard Test Method for Determination of Water Content of Soil By Direct Heating*
		ASTM D4718—07, *Standard Practice for Correction of Unit Weight and Water Content for Soils Containing Oversize Particles*
	密度	ASTM D2937—17e, *Standard Test Method for Density of Soil in Place by the Drive-Cylinder Method*
		ASTM D4914/D4914M—2016, *Standard Test Methods for Density of Soil and Rock in Place by the Sand Replacement Method in a Test Pit*
		ASTM D5030/D5030M—13a, *Standard Test Methods for Density of Soil and Rock in Place by the Water Replacement Method in a Test Pit*
		ASTM D4253—14, *Standard Test Methods for Maximum Index Density and Unit Weight of Soils Using a Vibratory Table*
		ASTM D4254—14, *Standard Test Methods for Minimum Index Density and Unit Weight of Soils and Calculation of Relative Density*
		ASTM D4564—02, *Standard Test Method for Density of Soil in Place by the Sleeve Method*
		ASTM D2167—15, *Standard Test Method for Density and Unit Weight of Soil in Place by the Rubber Balloon Method*
		ASTM D2922—01, *Standard Test Methods for Density of Soil and Soil-Aggregate in Place by Nuclear Methods (Shallow Depth)*
		ASTM D155/D1556M—15, *Standard Test Method for Density and Unit Weight of Soil in Place by Sand-Cone Method*

续表

标准类别	试验名称	标准名称
力学参数测试	渗透性测试	ASTM D2434—15, *Standard Test Method for Permeability of Granular Soils (Constant Head)*
		ASTM D3385—18, *Standard Test Method for Infiltration Rate of Soils in Field Using Double-Ring Infiltrometer*
		ASTM D5093—15, *Standard Test Method for Field Measurement of Infiltration Rate Using Double-Ring Infiltrometer with Sealed-Inner Ring*
	变形特性	ASTM D2435/D2435M—11, *Standard Test Methods for One-Dimensional Consolidation Properties of Soils Using Incremental Loading*
		ASTM D4186/D4186M—20, *Standard Test Methods for One-Dimensional Consolidation Properties of Saturated Cohesive Soils Using Controlled-Strain Loading,*
	抗剪强度	ASTM D2850—15, *Standard Test Method for Unconsolidated-Undrained Triaxial Compression Test on Cohesive Soils*
		ASTM D4767—11(R2020), *Standard Test Method for Consolidated Undrained Triaxial Compression Test for Cohesive Soils*
		ASTM D7181—20, *Standard Test Method for Consolidated Drained Triaxial Compression Test for Soils*
		ASTM D5311/D5311M—13, *Standard Test Method for Load Controlled Cyclic Triaxial Strength of Soil*
土的特殊性质	湿陷性试验	ASTM D5333—03, *Standard Test Method for Measurement of Collapse Potential of Soils*
		ASTM D4546—21, *Standard Test Methods for One-Dimensional Swell or Collapse of Soils*
	膨胀性试验	ASTM D4829—21, *Standard Test Method for Expansion Index of Soils*
		ASTM D4546—21, *Standard Test Methods for One-Dimensional Swell or Collapse of Soils*
		ASTM D427—04 (Withdrawn 2008), *Standard Test Method for Shrinkage Factors of Soils by the Mercury Method*
		ASTM D4943—18, *Standard Test Method for Shrinkage Factors of Cohesive Soils by the Water Submersion Method*
		ASTM D3877—08 (Withdrawn 2017), *Standard Test Methods for One-Dimensional Expansion, Shrinkage, and Uplift Pressure of Soil-Lime Mixtures*
原位测试	圆锥动力触探试验	ASTM D6951/6951M—09, *Standard Test Method for Use of the Dynamic Cone Penetrometer in Shallow Pavement Applications*
	标准贯入试验	ASTM D1586/D1586M—18, *Standard Test Method for Standard Penetration Test (SPT) and Split-Barrel Sampling of Soils*
	平板载荷试验	ASTM D1194—94 (Withdrawn 2003), *Standard Test Method for Bearing Capacity of Soil for Static Load and Spread Footings*
		AASHTO T222—81 (2008), *Standard Method of Test for Nonrepetitive Static Plate Load Test of Soils and Flexible Pavement Components for Use in Evaluation and Design of Airport and Highway Pavements*
	扁铲侧胀试验	ASTM D6635—15, *Standard Test Method for Performing the Flat Plate Dilatometer*
	静力触探	ASTM D5778—20, *Standard Test Methods for Electronic Friction Cone and Piezocone Penetration Testing of Soils*

续表

标准类别	试验名称	标准名称
桩基试验	桩基试验	ASTM D1143—07 (Reapproved 2013), *Standard Test Methods for Deep Foundations Under Static Axial Compressive Load*
		ASTM D3689—07 (Reapproved 2013), *Standard Test Methods for Deep Foundations Under Static Axial Tensile Load*
		ASTM D3966—07 (Reapproved 2013), *Standard Test Methods for Deep Foundations Under Lateral Load*
		ASTM D5882—16, *Standard Test Methods for Low Strain Impact Integrity of Deep Foundations*
		ASTM D4945—17, *Standard Test Methods for High Strain Dynamic Testing of Deep Foundations*
		ASTM D6760—16, *Standard Test Methods for Integrity Testing of Concrete Deep Foundations by Ultrasonic Crosshole Testing*

1.3 本书研究内容与主要章节

鉴于美国岩土工程标准在发展中国家应用广泛，本书拟对中美常用岩土工程勘察试验与检测标准开展对比研究，从而为我国海外工程总承包及相关岩土工程提供技术服务。

本书主要章节为：

第 1 章　绪论

第 2 章　土的分类与定名

第 3 章　基本物理性质试验

第 4 章　土的力学参数试验

第 5 章　土的特殊性质

第 6 章　原位测试

第 7 章　桩基试验

第 2 章　土的分类与定名

岩土分类是岩土勘察的重要内容，是认识岩土地层的重要方法，也是进一步研究认知岩土工程特性的基础。在土体性质的认识研究过程中，定义了很多土体性质的参数，也从不同角度对土体进行分类，如土体的含水率、粒径、强度、压缩性等。目前，国内和国际上对土分类和定名的依据主要有：沉积年代、地质成因、有机质含量、粒径组成、液限和塑性指数等，其中工程上常用的分类依据为粒径组成、液限和塑性指数、有机物含量。粒径组成的测试方法为颗粒分析试验，液限和塑性指数的测试方法主要是界限含水率试验，有机物含量测试方法主要为灼烧法。

2.1　颗粒分析试验

2.1.1　中美标准

中国现行岩土工程标准涉及土工程分类的标准可分为两大类，即国家标准和行业标准，分别为：

（1）《土工试验方法标准》GB/T 50123—2019，中华人民共和国国家标准。

（2）《土工试验规程》YS/T 5225—2016，中华人民共和国行业标准。

（3）《公路土工试验规程》JTG 3430—2020，中华人民共和国行业标准。

美国现行 ASTM 岩土工程标准涉及颗粒分析试验的主要有：

（1）《土颗粒分析试验方法标准》ASTM D422—63，*Standard Test Method for Particle-Size Analysis of Soils*。

（2）《土颗粒分析和土常数测定的干法制样标准》ASTM D421—85，*Standard Test Method for Dry Preparation of Soil Samples for Particle-Size Analysis and Determination of Soil Constants*。

（3）《土颗粒分析和土常数测定的湿法制样标准试验方法》ASTM D2217—85, *Standard Test Method for Wet Preparation of Soil Samples for Particle Size Analysis and Determination of Soil Constants*。

《土工试验方法标准》GB/T 50123—2019 是国家标准，其他标准为各行业依据其各自工程特点修订而成，内容与国家标准基本相同，因此本章采用国家标准《土工试验方法标准》GB/T 50123—2019（简称中国标准）与美国 ASTM 现用标准（简称美国标准）进行对比分析。中国标准颗粒分析试验目前常用的方法包括筛析法、密度计法和移液管法，而美国标准颗粒分析试验目前常用的方法主要是筛分法（Sieve Analysis）和密度计法（Hydrometer Test），分别与中国标准的筛析法和密度计法相对应。中美标准不同方法适用土颗粒粒径的分布范围如表 2.1 所示。

中美标准不同颗粒分析试验适用粒径范围　　表 2.1

不同标准	中国标准			美国标准	
试验方法	筛析法	密度计法	移液管法	筛分法	密度计法
粒径范围 /mm	0.075～60	＜ 0.075	＜ 0.075	＞ 0.075	＜ 0.075

从表 2.1 可知，美国标准筛分法粒径适用范围与中国标准筛析法适用范围相似，但美国标准筛分法适用范围更广，而中国标准筛析法有粒径上限 60mm；美国标准密度计法与中国标准密度计法、移液管法适用粒径范围一致，且美国标准密度计法与中国标准密度法相似。此外，中国标准和美国标准均规定当土中兼具粗细颗粒时，应联合使用筛析法和密度计法或筛析法与移液管法；但中国标准规定当粒径＜ 0.075mm 试样质量大于试样总质量的 10% 时，采用密度计法或移液管测试＜ 0.075mm 的颗粒组成，而美国标准无此明确规定。

鉴于中国标准筛析法与美国标准筛分法主要用于砂砾土，密度计法与密度计法主要用于细粒土和黏性土，本章对中美标准筛析法和筛分法、密度计法和密度计法分别进行对比分析。

2.1.2　筛析法与筛分法

中国标准筛析法技术要点主要包括以下内容：试验仪器、试验步骤和数据处理；美国标准筛分法技术要点同样包括以下内容：试验仪器、试验土样、试验步骤和数据处理，其中中国标准关于试验土样的规定表现在试验步骤中。本节主要从上述技术要点对中国标准筛析法和美国标准筛分法进行对比分析。

（1）试验仪器

中国标准筛析法和美国标准筛分法的试验仪器主要包括试验筛、天平、台秤、振筛机和其他仪器（包括烘箱、量筒、漏斗、瓷杯、附带橡皮头的研杵和研体、瓷盘、毛刷、匙、木碾等），其中试验筛和天平是主要仪器设备，规定了具体的规格类型，其他仪器则无具体规定，下面分别对试验筛和天平进行对比分析。

中美标准采用的试验筛规格如表 2.2 所示。

中美标准采用的试验筛规格　　表 2.2

中国标准		美国标准			
型号	孔径 /mm	型号 A	孔径 /mm	型号 B	孔径 /mm
粗筛	60	3-in	75	3-in	75
		2-in	50		

续表

中国标准		美国标准			
型号	孔径 /mm	型号 A	孔径 /mm	型号 B	孔径 /mm
粗筛	40	1.5-in	37.5	1.5-in	37.5
		1-in	25		
		3/4-in	19	3/4-in	19
	10	3/8-in	9.5	3/8-in	9.5
	5	4 号筛	4.75	4 号筛	4.75
粗筛、细筛	2	10 号筛	2.0	8 号筛	2.36
细筛	1	20 号筛	0.85	16 号筛	1.18
	0.5	40 号筛	0.425	30 号筛	0.6
	0.25	60 号筛	0.25	50 号筛	0.3
	0.1	140 号筛	0.106	100 号筛	0.15
	0.075	200 号筛	0.075	200 号筛	0.075

从表 2.2 可知，中国标准试验筛的型号按孔径大小分为粗筛和细筛，累计分 11 级；粗筛孔径大小分别为 60mm、40mm、10mm、5mm 和 2mm，细筛孔径大小分别为 2mm、1mm、0.5mm、0.25mm、0.1mm 和 0.075mm。美国标准试验筛包括两种型号 A 和 B，型号 A 为常用试验筛，孔径大小分 13 级，从大到小依次为 75mm、50mm、37.5mm、25mm、19mm、9.5mm、4.75mm、2.0mm、0.85mm、0.425mm、0.25mm、0.106mm、0.075mm；型号 B 为备用试验筛，孔径大小分 11 级，从大到小依次为 75mm、37.5mm、19mm、9.5mm、4.75mm、2.36mm、1.18mm、0.6mm、0.3mm、0.15mm、0.075mm。

对比中国标准与美国标准试验筛规格发现其具有以下异同点。差异性主要有，中国标准试验筛孔径分级略小于美国标准，主要表现为粗筛孔径分级较少，如中国标准粗筛孔径分级为 6 级，而美国标准常用粗筛孔径分级为 8 级；中国标准试验筛孔径大小与美国标准存在差异，如中国标准试验筛最大孔径为 60mm，而美国标准最大孔径则为 75mm，中国标准各孔筛直径与美国标准也不尽相同。相同点主要有，中国标准与美国标准试验筛均可分为粗筛和细筛，细筛分级一致，均为 6 级；中国标准与美国标准试验筛孔径分级幅度标准大致均采用减半关系。

中国标准规定天平类型有两种，分别为最大称量 1000g，分度值 0.1g，用于粒径＞ 2mm 且质量在 200～500g 试样的称量；和最大称量 200g，分度值 0.01g，用于粒径≤ 2mm 试样的称量。美国标准规定天平类型也有两种，分别为精度 0.01g，用于粒径≤ 2mm 且质量≤ 200g 试样的称量，和精度为待称土样质量的 0.1%，用于粒径＞ 2mm 试样的称量。因此中国标准与美国标准天平按粒径大小均分为两种类型，其分别用于粒径≤ 2mm 试样的称量和粒径＞ 2mm 试样的称量，且用于粒径≤ 2mm 试样称量的天平精度也相同，均为 0.01g。中国标准规定用于粒径≤ 2mm 试样称量天平的最大称量为 200g，而美国标准无最大称量的限制；中国标准规定用于称量粒径＞ 2mm 试样的最大称量为 1000g，精度为

0.1g，而美国标准仅规定用于称量粒径＞2mm试样天平的精度为待称土样质量的0.1%，无最大称量。此外中国标准还给出了最大称量为5kg，精度为1g的台秤，用于质量＞500g的试样称量，而美国标准无此规定。

（2）试验土样

中国标准和美国标准采用土样均为野外采集，并规定宜采用天然风干试样（或烘干试样），然后采用带橡胶覆盖的研杵将土样分散，最后采用四分法取代表性试样进行颗粒分析。但中美标准规定不同土样的最大粒径及其对应的土样质量有所不同，中国标准根据土样颗粒最大粒径的不同规定了相应的质量范围，并从小至大逐渐选取，所述的土样质量为总质量；而美国标准首先将土样过2mm筛，然后在2mm筛上部的土样依据最大粒径规定了最小的土样质量，在2mm筛下部的土样依据土的类别确定最小的土样质量，所述的土样质量为筛上或筛下的部分土样质量。中美标准具体规定如表2.3所示。

中美标准规定不同粒径土样质量　　表2.3

中国标准		美国标准	
最大粒径 /mm	土样总质量 /g	最大粒径 /mm	筛上（下）最小质量 /g
2	100～300	2	粉（黏）土：65
			砂土：115
10	300～1000	9.5	500
20	1000～2000	19	1000
		25.4	2000
40	2000～4000	38.1	3000
60	＞4000	50.8	4000
		76.2	5000

从表2.3可知，中美标准规定土样质量均随土颗粒最大粒径的增加而增加。中国标准规定土样粒径为2mm、10mm、20mm、40mm、60mm；而美国标准规定土样粒径为2mm、9.5mm、19mm、25.4mm、38.1mm、50.8mm和76.2mm，其给出的粒径范围和数量均大于中国标准。美国标准规定的试样质量为唯一值，而中国标准规定的为范围值，且粒径相同（近）时，中国标准范围值包括美国标准给出的唯一值，如中国标准规定最大粒径10mm土样质量的范围为300～1000g，美国标准规定最大粒径9.5mm土样质量为500g，表明土样粒径相同时，中美标准规定的土样质量基本一致，但中国标准允许有一定范围的变动。此外，中国标准规定最大粒径2mm土样的质量为100～300g，而美国标准最大粒径2mm土样依据土样类型而变，砂土质量为115g，粉（黏）土质量为65g。因为大颗粒试样的取样和称量，一般很难准确达到美标所要求的固定值，如果为了严格满足这一固定值，往往需要取出较小颗粒的土样，这样就可能会造成级配的变化。中国标准规定试样总量为范围值，这在实际工作中更具可操作性，可在保证试验精度的同时加快试验过程。

（3）试验步骤

中国标准依据砂砾土是否含有黏土颗粒分两种步骤实施，而美国标准以 2mm 试验筛为界限，筛上部分和筛下部分采用不同试验步骤。

对砂砾土中国标准规定首先将试样过 2mm 细筛，分别确定筛上和筛下土样的质量，若筛下土样质量小于总质量的 10%，则无需进行细筛分析；若筛上土样质量小于总质量的 10%，则无需进行粗筛分析。需要进行粗筛分析时取 2mm 筛上土样倒入依次叠好的粗筛的最上层，由最大孔筛开始，用手轻叩摇晃筛至无土粒漏下，依次测试粗筛筛上土样的质量。需要进行细筛分析时，土样宜放在依次叠好的细筛最上层，并置于振筛机上振摇 10～15min，之后放在细筛最上层，同样由最大孔筛开始，用手轻叩摇晃筛至无土粒漏下，依次测试细筛筛上土样的质量。中国标准规定称量各筛上土样质量时，若其小于 500g，应准确至 0.1g，且筛前试样总质量与筛后各级筛上和筛底试样质量总和的差值不得大于试样总质量的 1%。美国标准也规定土样首先过 2mm 筛，然后将筛上粗粒土由最大孔筛开始依次过不同孔径，试验过程中摇动筛子使上部土样持续移动并禁止用手触摸，直到 1min 内通过筛子的土样质量不到总质量的 1%，筛分完成后各筛上土样的质量之和应与试验前土样总质量基本相等。

对于含黏粒的砂砾土，中国标准规定先将土样碾散并置于清水中，使土样充分浸润并与粗颗粒分离；随后将混合液过 2mm 筛，将筛上土样烘干称量获得粒径＞2mm 土样质量；对于小于 2mm 土样，继续用研磨混合液并过 0.075mm 筛，如此反复直至筛上仅留粒径＞0.075mm 的土样为止，将其烘干称重并准确至 0.01g，随后将土样放在细筛最上层，由最大孔筛开始逐级称量不同粒径土样的质量；最后计算粒径＜ 0.075mm 试样的质量，若其大于总质量的 10%，采用密度计法或移液管法测试小于 0.075mm 的颗粒组成。对于 2mm 筛以下的土样，美国标准采用密度计与筛分结合的方法，首先取粒径＜ 2mm 土样，若土样以黏土和粉土为主取样 50g，以砂土为主则取样 100g；然后采用六偏磷酸钠溶液进行浸泡，采用搅拌装置进行分散，搅拌过程中加入蒸馏水，分散结束后首先进行密度计试验，获取密度计读数后再过 0.075mm 筛子，获得粒径＞ 0.075mm 土样的质量。

对比以上试验步骤可以发现，中美标准均是先过 2mm 试验筛，对筛上土样均是从最大孔筛开始逐级测试土样不同粒径质量，但中国标准规定土样为含黏粒的砂砾土时应首先对试样进行分散，分离粗细颗粒。对 2mm 筛以下土样，中国标准和美国标准存在较大差异。中国标准可分两种类型，对砂砾土若粒径＜ 2mm 土样质量占总质量的 10% 以上则进行细筛，若小于 10% 则无需细筛；对含黏粒砂砾土，将粒径＜ 2mm 土样混合液充分分散后先过 0.075mm 筛，然后采用细筛法测试粒径位于 0.075～2mm 土样的颗粒组成，最后计算粒径＜ 0.075mm 土样的质量，若其大于总质量的 10%，则进行密度计或移液管法试验，否则结束试验。美国标准直接联合采用筛分法和密度计法分别测试 0.075～2mm 土样的颗粒组成和粒径＜ 0.075mm 的颗粒组成。

综合以上内容绘制中美标准筛分法流程图如图 2.1 所示。从图 2.1 可知中国标准流程较复杂，存在多个判定条件，在试验过程中依据相应条件选择实施粗筛法、细筛法和密度计法并分别测定粒径＞ 2mm、0.075～2mm 和＜ 0.075mm 的颗粒组成；而美国标准流程则较简单，过 2mm 筛后依次采用粗筛法、密度计法和细筛法测试分别测定粒径＞2mm、0.075～2mm 和＜0.075mm 的颗粒组成。依据上述流程开展筛分法试验，中国标准可省去一些对揭示土颗粒主要组成和判定土样类别影响较小的试验，具有工作量小的优点；而美国标准则需要开展上述所有试验，开展的工作量较大。

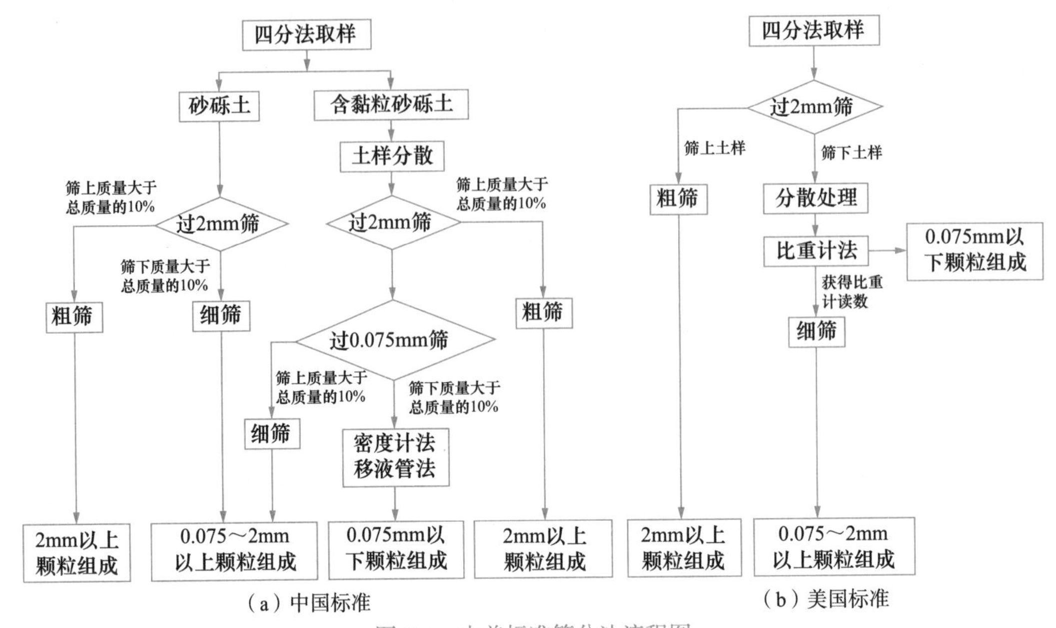

图 2.1　中美标准筛分法流程图

（4）数据处理

中国标准采用式（2.1）计算小于某粒径试样质量占试样总质量的百分比，然后以小于某粒径试样质量占试样总质量的百分比为纵坐标，颗粒粒径为横坐标，在单对数坐标上绘制颗粒大小分布曲线并计算不均匀系数和曲率系数。而美国标准则首先计算通过 2mm 筛土样的质量百分比，然后逐级计算通过 4.75mm、9.5mm、19mm、25mm、37.5mm、50mm 和 75mm 筛的土样质量，其中通过 4.75mm 土样的质量为通过 2mm 筛和通过 4.75mm 筛并滞留在 2mm 筛土样的质量之和，其他以此类推，随后以小于某粒径试样质量占试样总质量的百分比为纵坐标，颗粒粒径为横坐标，在单对数坐标上绘制颗粒大小分布曲线，记录最大颗粒粒径并描述颗粒形状、硬度等相关参数。因此，在筛分（析）法数据处理上中美标准基本相同，均是通过计算小于某粒径试样质量的百分比并绘制粒径分布曲线。

$$X = \frac{m_A}{m_B} d_x \tag{2.1}$$

式中：X——小于某粒径的试样质量占试样总质量的百分数（%）；

m_A——小于某粒径的试样质量（g）；

m_B——当细筛分析时或用密度计法分析时所取试样质量（粗筛分析时则为试样总质量）（g）；

d_x——粒径小于 2mm 或粒径小于 0.075mm 的试样质量占总质量的百分数（%）。

2.1.3　密度计法

密度计法是为了分析粒径＜ 0.075mm 土样颗粒组成，其试验方法的技术要点主要有：试验仪器、试验试剂、试验步骤和数据处理，本节从上述技术要点对中美标准密度计法进行对比分析。

（1）试验仪器

中国标准密度计法采用的仪器设备主要有密度计、量筒、试验筛、天平、温度计、洗筛漏斗、搅拌器、煮沸设备和其他仪器，美国标准密度计法采用的仪器设备主要有密度计、量筒、试验筛、搅拌器、温度计、烧杯、恒温箱、计时设备，可见，中美标准采用的仪器设备基本相同，其中密度计和搅拌器是主要仪器且存在较大差异，需要进行详细对比分析，而其他设备仪器规格则基本相同。如中国标准量筒规格为高 45cm、直径 6cm、容积 1000mL、刻度 0～1000mL、分度值为 10mL，美国标准量筒规格为 457mm、直径 63.5mm、容积 1000mL、刻度为 0～1000mL，因此中美标准量筒规格基本相同。中国标准和美国标准试验筛均包括细筛和洗筛，洗筛孔径均为 0.075mm。

中国标准密度计分甲种密度计和乙种密度计，甲种密度计以 20℃时每 1000mL 所含土质量的克数表示，刻度为 −5～50，分度值为 0.5；乙种密度计以 20℃时悬液的相对密度表示，刻度为 0.995～1.020，分度值为 0.0002。美国标准密度计也分两种类型，分别为 151H 和 152H，151H 密度计以 20℃时悬液的相对密度表示，刻度为 0.995～1.038，最小刻度为 0.001；152H 密度计以每 1L 所含土质量的克数表示，刻度为 −5～60，精度为 1；因此中国标准甲种密度计与美国标准 152H 密度计相对应，中国标准乙种密度计与美国标准 151H 密度计相对应，均是美国标准密度计测试范围更大，而中国标准精度更高。中国标准采用的搅拌器为轮径 50mm、孔径 3mm、杆长 400mm 的带旋转叶的机械设备，而美国标准搅拌装置分两种类型：搅拌装置 A 和搅拌装置 B，搅拌装置 A 为机械搅拌设备，由垂直轴（由金属、塑料或硬橡胶制成）和分散杯组成，搅拌装置 B 为空气型分散装置，主要由空气喷射分散杯；因此中国标准搅拌器与美国标准搅拌装置也存在较大差别。

（2）试验试剂

中国标准采用的试验试剂包括分散剂和水溶盐检验试剂，分散剂为浓度 4% 六偏磷酸钠、6% 双氧水和 1% 硅酸钠，并规定根据土样不同选择合适的分散剂，但一般土以采用浓度 4% 六偏磷酸钠为主；水溶盐检验试剂为 10% 盐酸、5% 氯化钡、10% 硝酸和 5% 硝酸银。美国标准分散剂仅有一种，为浓度 4% 六偏磷酸钠。因此，中国标准分散剂具有更多的选择范围，但仍以浓度 4% 六偏磷酸钠为主，与美国标准基本相同。

（3）试验步骤

中美标准密度计法试验流程如图 2.2 所示。从图 2.2 可知，中国标准密度计法试验步骤较多，而美国标准试验步骤则较少。差别主要体现在：① 中国标准密度计法主要针对需要开展试验的细粒土（粒径小于 0.075mm），取样为 30g；而美国标准针对土样类别确定了不同的取样质量，粉土或黏土为 50g，砂土为 100g。② 中国标准对风干土样取样后需要判断其易溶盐含量，若其大于 0.5%，需要先进行洗盐处理，再采用清水浸泡 12h；而美国标准取样后直接采用 4% 六偏磷酸钠溶液浸泡 16h。③ 中国标准在进行密度计测试前需要煮沸、冷却、洗筛、分散和搅拌；而美国标准在浸泡后仅需要分散和搅拌，即开始密度计测试。④ 中国标准优先推荐在密度计测试前采用 0.075mm 筛洗筛，仅对筛下土样进行密度计测试，若密度计测试前未进行洗筛，则需要判断密度计第 1 个读数时下沉土粒的质量百分比，若其超过 15%，试验完成后需要进行细筛分析；而美国标准则先进行密度计测试，然后采用 0.075mm 筛洗筛并对筛上土样进行细筛分析。

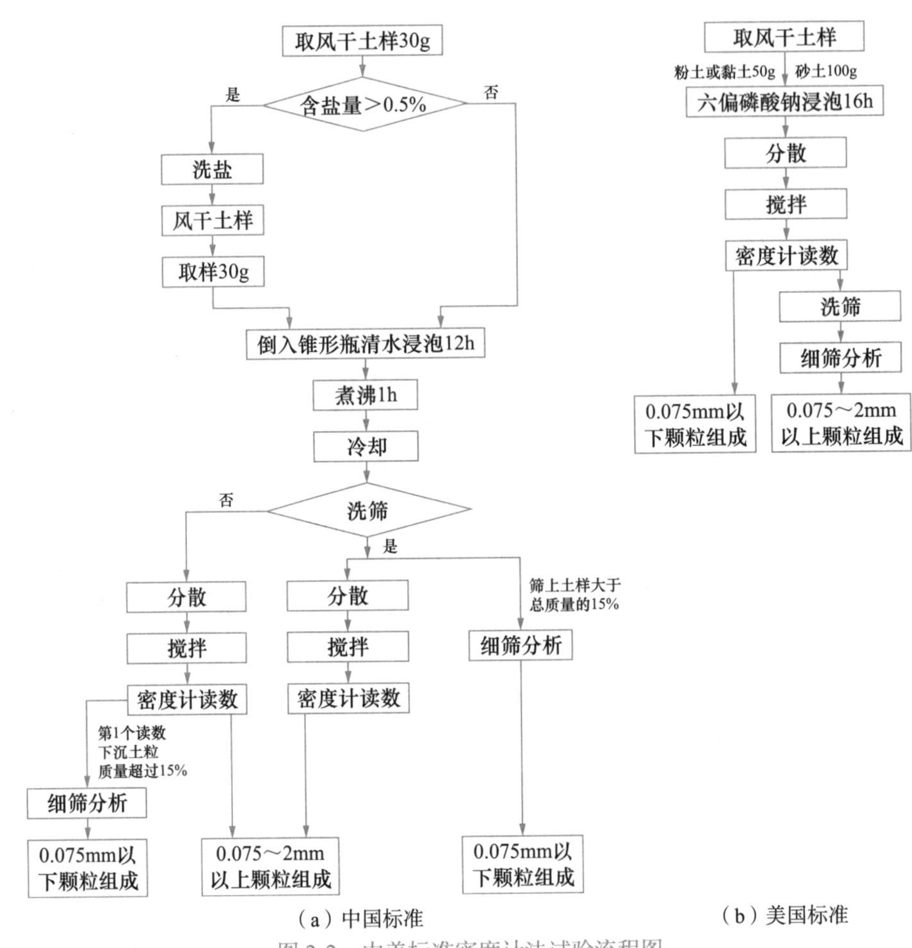

（a）中国标准　　（b）美国标准

图 2.2　中美标准密度计法试验流程图

（4）数据处理

中美标准数据处理的目的包括计算土粒百分比和粒径。计算土粒百分比时，针对不同的密度计，中美标准均采用不同的数据处理方法，考虑中国甲种密度计与美国 152H 密度计相对应，中国乙种密度计与美国 151H 密度计相对应，分别进行对比分析。计算粒径时，中美标准均采用单一的计算公式。

对甲种密度计，中国标准计算小于某粒径试样质量占试样总质量百分数采用下式：

$$X = \frac{100}{m_d} C_s (R_1 + m_T + n_w - C_D)$$

$$C_s = \frac{\rho_s}{\rho_s - \rho_{w20}} \cdot \frac{2.65 - \rho_{w20}}{2.65} \tag{2.2}$$

式中：m_d——风干土样的质量；

C_s——土粒相对密度校正值，也可按表 2.4 执行；

R_1——甲种密度计读数；

m_T——温度校正值；

n_w——弯液面校正值；

C_D——分散剂校正值；

ρ_s——土粒密度（g/cm^3）；

ρ_{w20}——20℃时水的密度（g/cm^3）。

土粒相对密度校正值　　表 2.4

中国标准			美国标准	
土粒相对密度	甲种密度计相对密度校正值	乙种密度计相对密度校正值	土粒相对密度	152H 密度计
2.50	1.038	1.666	2.95	0.94
2.52	1.032	1.658	2.90	0.95
2.54	1.027	1.649	2.85	0.96
2.56	1.022	1.641	2.80	0.97
2.58	1.017	1.632	2.75	0.98
2.60	1.012	1.625	2.70	0.99
2.62	1.007	1.617	2.65	1.00
2.64	1.002	1.609	2.60	1.01
2.66	0.998	1.603	2.55	1.02
2.68	0.993	1.595	2.50	1.03
2.70	0.989	1.588	2.45	1.05
2.72	0.985	1.581		
2.74	0.981	1.575		
2.76	0.977	1.568		
2.78	0.973	1.562		
2.80	0.969	1.556		
2.82	0.965	1.549		
2.84	0.961	1.543		
2.86	0.958	1.538		
2.88	0.954	1.532		

对 152H 密度计，美国标准计算当前密度计读数时悬浮液中剩余土颗粒质量百分比采用下式：

$$P=(Ra/W)\times 100 \tag{2.3}$$

式中：P——当前密度计读数时悬浮液中剩余土颗粒质量百分比；

a——密度计校正系数，可按表 2.4 执行；

R——复合校正的密度计读数；

W——取风干样的质量。

对比中国标准甲种密度计和美国标准 152H 密度计发现：① 两者均是计算土粒质量的百分比，且实质均是计算小于某粒径试样质量占试样总质量百分数；② 中美标准上述计算公式均是校正后的密度计读数与土粒相对密度系数乘积除以风干土样的质量，公式代表内容一致；③ 中国标准给出了土粒相对密度为 2.50～2.88 之间的土粒相对密度值的校正值，而美国标准给出了土粒相对密度 2.45～2.95 之间的土粒相对密度校正值，当土粒相对密度为2.65时，校正值均为1.0；④ 中国标准在公式中给出了密度计读数校正的计算公式，包括温度校正、弯液面校正和分散剂校正，而美国标准采用的为经过上述复合校正后的密度计读数，没有另给出密度计读数校正的计算公式。

对乙种密度计，中国标准计算小于某粒径试样质量占试样总质量百分数采用式（2.4）。

$$X=\frac{100V}{m_d}C'_s[(R_2-1)+m'_T+n'_w-C'_D]\cdot\rho_{w20}$$

$$C'_s=\frac{\rho_s}{\rho_s-\rho_{w20}} \tag{2.4}$$

式中：V——悬液体积（mL）；

C'_s——土粒相对密度校正值，也可按表 2.4 执行；

R_2——乙种密度计读数；

m'_T——温度校正值；

n'_w——弯液面校正值；

C_D'——分散剂校正值。

对 151H 密度计，美国标准计算当前密度计读数时悬浮液中剩余土颗粒质量百分比采用式（2.5）。

$$P=[(100000/W)\times G/(G-G_1)](R-G_1) \tag{2.5}$$

式中：P——当前密度计读数时悬浮液中剩余土颗粒质量百分比；

R——复合校正的密度计读数；

W——取风干样的质量；

G——颗粒相对密度；

G_1——悬浮液的相对密度，式中取 1。

对比中国标准乙种密度计和美国标准 151H 密度计发现：① 两者均是计算土粒质量

的百分比，且实质也均是计算小于某粒径试样质量占试样总质量百分数；② 中美标准上述计算公式均是校正后的密度计读数减悬浮液相对密度后与土粒相对密度校正值乘积再与悬浮液体积相乘，然后除以风干土样的质量，公式代表内容一致，其中美国标准悬浮液体积为 1000mL，中国标准公式中悬浮液相对密度为 1 与美国标准一致；③ 中国标准在公式中给出了密度计读数校正的计算公式，包括温度校正、弯液面校正和分散剂校正，而美国标准采用的为经过上述复合校正后的密度计读数，公式中没有给出具体的计算公式。

对甲乙两种密度计，中国标准给出的粒径计算公式如式（2.6）所示。

$$d=\sqrt{\frac{1800\times10^{4}\eta}{(G_{s}-G_{wT})\rho_{w0}g}\cdot\frac{L_{t}}{t}} \tag{2.6}$$

式中：d——粒径；

η——水的动力黏滞系数；

G_{wT}——温度为 T℃时水的相对密度；

ρ_{w0}——4℃时水的密度（g/cm^3）；

g——重力加速度；

L_t——某一时间 t 内的土粒沉降距离（cm）；

t——沉降时间（s）。

对 151H 和 152H 密度计，美国标准给出的粒径计算公式如式（2.7）所示。

$$D=\sqrt{[30n/980(G-G_{1})]\times L/T} \tag{2.7}$$

式中：D——粒径；

n——水的黏滞系数（随温度而变化）；

G——颗粒相对密度；

G_1——悬浮液的相对密度，式中取 1；

L——悬浮液表面至密度计读数的竖向距离（cm）；

T——试验开始至读取密度计读数的时间（min）。

对比中美标准关于粒径的计算公式发现，两者实际内容相同，均可简化为式（2.8），其值均是根号下某时间 t 内土粒沉降距离 L 与沉降时间比值与土粒计算系数 K 的乘积，土粒计算系数与土粒相对密度和温度有关，中美标准均通过表格给出了一定温度和土粒相对密度下的定值。由于公式中中国标准的时间单位为秒，美国标准的时间单位为分，导致中美标准相同相对密度和温度下的土粒相对密度系数存在差异，但考虑时间单位的影响后，两者基本相同。中国标准给出的温度范围为 5～30℃，土粒相对密度范围为 2.45～2.85；美国标准给出的温度范围为 16～30℃，土粒相对密度范围为 2.45～2.85。

$$\begin{gathered}d=K\sqrt{\frac{L_{t}}{t}}\\D=K\sqrt{L/T}\end{gathered} \tag{2.8}$$

2.2 界限含水率试验

界限含水率是表征黏性土不同状态的参数，主要包括液限含水率、塑限含水率和缩限含水率，界限含水率试验的目的则是测试黏性土的上述参数。

2.2.1 中美标准

美国现行 ASTM 岩土工程标准涉及界限含水率试验的主要有：

（1）《用于测试土的液限、塑限和塑性指数的标准试验方法》ASTM D4318—17, *Standard Test Method for Liquid Limit, Plastic Limit, and Plasticity Index of Soils*。

（2）《用于土颗粒分析和土常数测定的干法制样标准试验方法》ASTM D421—85, *Standard Test Method for Dry Preparation of Soil Samples for Particle-Size Analysis and Determination of Soil Constants*。

（3）《用于土颗粒分析和常数测定的湿法制样标准试验方法》ASTM D2217—85, *Standard Practice for Wet Preparation of Soil Samples for Particle-Size Analysis and Determination of Soil Constants*。

（4）《用蜡封法测试土的收缩参数的标准试验方法》ASTM D4943—02, *Standard Test Method for Shrinkage Factors of Soils by the Wax Method*。

（5）《用水银法测试土的收缩参数的标准试验方法》ASTM D427—04, *Standard Test Method for Shrinkage Factors of Soils by the Mercury Method*。

中国标准关于界限含水率的测试方法有液塑限联合测定法、碟式仪液限法、搓滚塑限法和缩限试验，其中液塑限联合测定法可同时测试液限和塑限含水率，碟式仪液限法用于测试液限含水率，搓滚塑限法用于测试塑限含水率，缩限试验用于测试缩限含水率。美国标准 ASTM D4318—17 关于界限含水率的测试方法有碟式仪法和搓条法，碟式仪法用于液限含水率的测试，搓条法用于塑限含水率的测试；美国标准 ASTM D4943—02 和 D427—04 分别为蜡封法和水银法测试缩限含水率。鉴于美国标准无液塑限联合测定法测试液限和塑限含水率，本节从用于测试液限含水率、塑限含水率和缩限含水率的方法对中美标准的碟式仪法、搓条法和缩限试验分别进行对比分析。由于上述试验方法均是测试黏性土的界限含水率，中国标准要求土的粒径< 0.5mm 且有机质含量不大于土质量的 5%；美国标准则要求采用土颗粒通过 40 号筛（孔径 0.425mm），并给出了有机质量会影响液塑限含水率的测试但无有机质含量的具体规定。

2.2.2 碟式仪液限法

碟式仪液限法用于测试黏性土的液限含水率，主要技术要点有：试验仪器、试验步骤和数据处理。美国标准碟式仪法用于测试黏性土的液限含水率，主要技术要点有：试验仪器、仪器检定、试验步骤和数据处理。因此，美国标准技术要点比中国标准多一项仪器检定，其他技术要点基本相同，本节分别对其对比分析。

（1）试验仪器

中国标准试验仪器主要有碟式液限仪、天平、孔径 0.5mm 试验筛，美国标准试验仪器主要有碟式液限仪、含水盒、天平、土样拌合与储存容器等，因此中美标准要求的主要试验仪器基本相同，但美国标准碟式液限仪可分为手动和电动两种类型，且美国标准将碟式液限仪中的开槽工具和高度尺单独列出。

（2）试验步骤

绘制中美标准碟式仪液限法试验流程如图 2.3 所示。从图 2.3 可知，中国标准碟式仪液限法与美国标准试验总体流程基本相同，但也存在一定差别，主要体现在：① 中美标准过试验筛孔径不同，中国标准试验筛孔径为 0.5mm，而美国标准试验筛孔径为 0.425mm；② 美国标准碟式仪液限法可分为两种，即多点法和单点法，其多点法试验步骤与中国标准基本相同；③ 美国标准对制样的标准和步骤有详细说明且制样方法分为干法制样和湿法制样，无特殊规定采用干法制样，而中国标准规定取样既可以为天然含水率土样也可以为风干后土样，无详细制样要求；④ 中美标准对取样质量要求不一致，中国标准要求取样质量为 100g，而美国标准要求取样质量为 150～200g。中美标准均要求至少进行 3 次试验，中国标准对第 1 次试验的击数无相关要求，而美国标准多点法要求第一次击数为 20～30 击；中美标准对后 2 次试验的击数均有明确的要求，且规定的击数范围相同。此外，美国标准规定在试验前应进行仪器检定，检查仪器磨损情况。

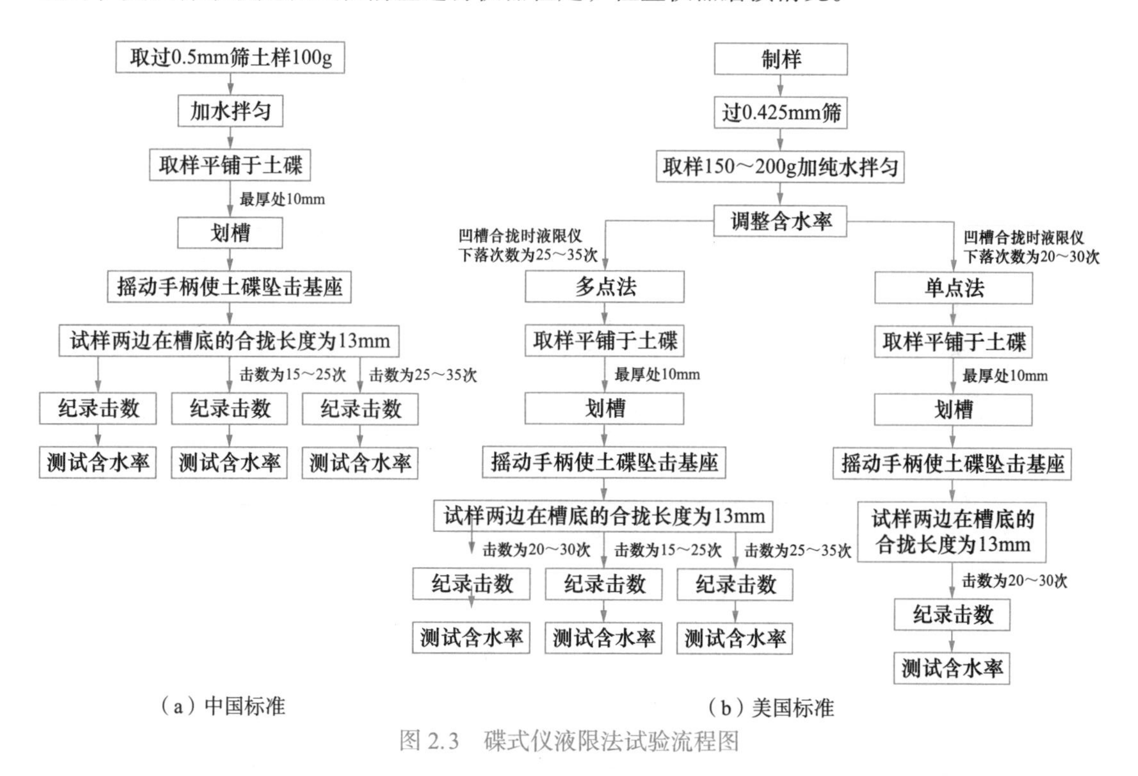

图 2.3　碟式仪液限法试验流程图

（3）数据处理

中国标准根据试验结果，以含水率为纵坐标，击次为横坐标，在单对数坐标上绘制击次与含水率关系曲线，查得曲线上击数25次所对应的含水率，即为试样的液限。美国标准多点法也是以含水率为纵坐标，在对数尺度上以击次 N^n 为横坐标，在半对数坐标轴上绘制击次与含水率的关系直线，直线尽量穿过三个或更多的点。因此，美国标准多点法液限含水率计算方法与中国标准基本一致。

而美国标准单点法则采用式（2.9）计算液限，并取两次试验计算结果的平均值，若两次试验计算液限值之差大于一个百分点，则需重新进行试验。

$$LL^n = W^n \cdot \left(\frac{N}{25}\right)^{0.121} = k \cdot W^n \tag{2.9}$$

式中：LL^n——单点法获得的液限含水率；

N——单点法试验中凹槽合拢时的击数；

W^n——单点法试验中凹槽合拢时土的含水率；

k——液限系数，见表2.5。

不同击数对应的液限系数　　表2.5

N（击数）	k（液限系数）
20	0.973
21	0.979
22	0.985
23	0.990
24	0.995
25	1.000
26	1.005
27	1.009
28	1.014
29	1.018
30	1.022

2.2.3 搓滚塑限法

中美标准搓滚塑限法用于测试黏性土的塑限含水率，主要技术要点有：试验仪器、试验步骤和数据处理，本节分别进行对比分析。

（1）试验仪器

中国标准搓滚塑限法试验仪器主要有毛玻璃板、卡尺、天平、孔径0.5mm试验筛、干燥箱和其他仪器，美国标准塑限法试验仪器主要有毛玻璃板、塑限搓制装置、调土刀、孔径0.425mm试验筛、洗涤瓶、干燥箱等。可见，中美标准所需试验仪器基本相同，但试验筛孔径存在差异，且美国标准还规定了塑限搓制装置，中国标准则无此装置。

（2）试验步骤

绘制中美标准搓滚塑限法试验步骤如图 2.4 所示。从图 2.4 可知，中美标准搓滚塑限法试验总体流程基本相同，但也存在一定的差异性，主要体现在：① 中美标准过试验筛孔径不同，中国标准试验筛孔径为 0.5mm，而美国标准试验筛孔径为 0.425mm；② 美国标准搓滚塑限法即可直接用手搓滚，也可采用试验装置进行搓滚，而中国标准无搓滚装置的规定；③ 美国标准试验制样采用碟式液限法土样进行降低含水率处理，采用试样质量为 20g，而中国标准则规定取过 0.5mm 筛土样 100g，与中国标准碟式液限法试验取样质量相同；④ 美国标准规定搓滚后土条直径为 3.2mm 并且开始断裂时的含水率为塑限含水率，而中国标准则规定的相应土条直径为 3mm；⑤ 美国标准测试含水率取土条质量为不小于 6g，而中国标准规定的相应土条质量为 3～5g。

（3）数据处理

中国标准要求进行两次平行试验，取平均值，两次试验测定的塑限含水率的最大允许差值见表 2.6。美国标准也要求进行两次试验，取平均值，两次试验测定的塑限含水率的最大允许差值见表 2.7。对比表 2.6 和表 2.7 可知，中国标准规定不同含水率的最大允许差值，而美国标准则根据不同类型土给出了相应的最大允许标准偏差和允许极差。

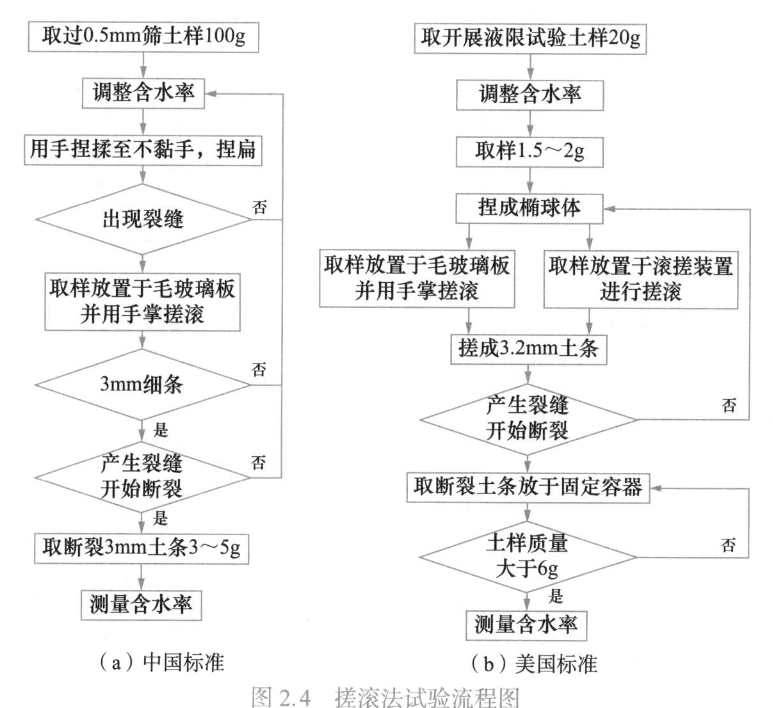

（a）中国标准　（b）美国标准

图 2.4　搓滚法试验流程图

含水率测定的最大允许平行差值　表 2.6

含水率 /%	最大允许平行差值 /%
＜10	±0.5
10～40	±1.0
＞40	±2.0

界限含水率试验结果汇总 表 2.7

(1) 土的类型	(2) 三重试验数量			(3) 平均值 /%			(4) 标准偏差 /%			(5) 可接受的两次结果极差 /%		
试验类型												
	LL	PL	PI	LL	PL	PI	LL	PL	PI	LL	PL	PI
单个操作员结果（室内试验的重复性）												
CH 可塑黏土	13	13	13	59.8	20.6	39.2	0.7	0.5	0.8	2	1	2
CL 低塑黏土	14	13	13	33.4	19.9	13.6	0.3	0.4	0.5	1	1	1
ML 粉土	12	11	11	27.4	23.4	4.1	0.5	0.3	0.6	2	1	2

2.2.4 缩限试验

中美标准缩限试验用于测试黏性土的缩限含水率，美国标准包括蜡封法和水银法，而中国标准仅有蜡封法。试验主要技术要点有：试验仪器、试验步骤和数据处理，本节分别进行对比分析。

（1）试验仪器

中国标准蜡封法试验仪器主要有收缩皿、天平、试验筛、蜡、烧杯、细线、针、烘箱、调土刀、铝盒和干燥缸等，美国标准蜡封法试验仪器主要有收缩皿、天平、试验筛、烘箱、研钵及研杵、调土刀、蜡、缝纫线、针、蒸馏水、恒温箱、温度计、玻璃板或塑料板、液限装置和开槽工具等，其中中国标准规定收缩皿直径为 4.5～5.0cm、高为 2.0～3.0cm，而美国标准规定收缩皿直径为 4.0～4.5cm、高为 1.2～1.5cm；中美标准天平均为最大称量 500g，分度值 0.01g；中国标准规定试验筛孔径为 0.5mm，美国标准规定试验筛孔径为 0.425mm；美国标准规定调土刀宽 20mm、长 100mm，而中国标准无详细规定。可见，中美标准蜡封法缩限试验仪器基本相同，但个别试验仪器的型号和规格存在差别。

美国标准水银法试验仪器主要有蒸发皿、调土刀、收缩皿、直尺、玻璃杯、玻璃板、量杯、天平、水银和托盘等。蒸发皿为直径 140mm 的瓷瓶，调土刀长 76mm、宽 19mm，收缩皿直径 44mm、高 12mm，直尺长 150mm，玻璃杯直径 57mm、高 31mm，量杯体积为 25mL、分度值为 0.2mL，天平分度值为 0.01g，托盘为 20cm×20cm×5cm 的非金属盘。

（2）试验步骤

绘制中美标准蜡封法缩限试验步骤和美国标准水银法缩限试验步骤如图 2.5 所示。从图 2.5 可知，中美标准蜡封法试验流程基本相同，但也存在一定的差异性，主要体现在：① 中国标准取过 0.5mm 筛土样，而美国标准取液限后土样，其过筛孔径为 0.425mm；② 中国标准土样加水调至含水率为液限含水率，而美国标准取液限试样后加水调至含水率为超过液限 10%；③ 美国标准是收缩皿涂抹凡士林后需要测量收缩皿体积和质量再加入土样，而中国标准不单独测量收缩皿的体积和质量；④ 中国标准装入土样时要求分层装入但无定量要求分层的次数，而美国标准规定每次装入土样为收缩皿体积的 1/3；⑤ 中国标准要求土样在烘箱内烘至恒量时测量收缩皿和干土总质量，而美国标准要求土样在烘箱内烘至恒量时需要检验土样是否干裂，若干裂则需要重新取样进行试验。

此外，从图 2.5 可知美国标准水银法流程较中美标准蜡封法流程多，主要体现在水银法缩限试验在测量收缩皿质量后需要将水银填满收缩皿并测量收缩皿和水银的质量、测量收缩皿中水银体积。而其他流程则与美国标准蜡封法流程基本一致，但也存在一定差异，主要有：① 水银法取过 0.425mm 筛土样 30g 并加水调至略高于液限，而蜡封法直接取液限试验样品并调含水率为超过液限 10%；② 水银法最后测试干土质量采用水银法，而蜡封法最后测试干土质量采用蜡封法。

（a）中国标准蜡封法　　（b）美国标准蜡封法　　（c）美国标准水银法

图 2.5　中美标准缩限试验流程图

（3）数据处理

中国标准要求进行两次平行试验，取两次试验的平均值，两次试验测定的塑限含水率的最大允许差值满足表 2.6。中国标准计算缩限含水率采用下式：

$$w_s = \left(0.01w' - \frac{V_0 - V_d}{m_d} \cdot \rho_w\right) \times 100 \tag{2.10}$$

式中：w_s——缩限（%）；

w'——土样所要求的含水率（制备含水率）（%）；

V_0——湿土体积（收缩皿或环刀的容积）（cm^3）；

V_d——烘干后土的体积（cm^3）；

ρ_w——水的密度（g/cm^3）；

m_d——烘干后土的质量（g）。

美国标准也要求进行两次试验，并给出了两次试验的允许偏差如表 2.8 所示。美国标准蜡封法缩限试验数据处理计算公式较多，分别给出了计算干土质量、收缩皿中湿土含水率、干土和蜡的体积、蜡的质量、蜡的体积、干土的体积和缩限含水率的计算公式，计算公式如下。

美国标准要求缩限试验允许偏差　　表 2.8

试验类型与指标		标准偏差	两次试验结果的可接受范围
单个操作员	缩限含水率	0.75	2.11
	收缩率	0.017	0.048
多次试验	缩限含水率	1.44	4.03
	收缩率	0.040	0.112

按公式（2.11）计算干土质量：

$$m_s = m_d - m \tag{2.11}$$

式中：m_s——干土质量（g）；

m_d——干土和收缩皿的质量（g）；

m——收缩皿的质量（g）。

收缩皿中湿土的含水率计算公式如下：

$$w = \left[\frac{m_w - m_d}{m_s}\right] \times 100 \tag{2.12}$$

式中：w——收缩皿中湿土含水率（%）；

m_w——湿土和收缩皿的质量（g）。

干土体积计算如下：

（1）干土和蜡的体积按下式计算：

$$v_{dx} = \frac{m_{sxa} - m_{sxw}}{\rho_w} \tag{2.13}$$

式中：V_{dx}——干土和蜡的体积（cm^3）；

m_{sxa}——干土和蜡在空气中的质量（g）；

m_{sxw}——干土和蜡在水中的质量（g）；

ρ_w——水的密度（g/cm^3）。

（2）蜡的质量按下式计算：

$$m_x = m_{sxa} - m_s \tag{2.14}$$

式中：m_x——蜡的质量（g）。

（3）蜡的体积按下式计算：

$$V_x = \frac{m_x}{G_x \rho_w} = \frac{m_x}{\rho_x} \tag{2.15}$$

式中：V_x——蜡的体积（g）；

G_x——蜡的相对密度；

ρ_x——蜡的密度（g/cm^3）。

（4）干土体积按下式计算：

$$V_d = V_{dx} - V_x \tag{2.16}$$

式中：V_d——干土的体积（cm^3）。

缩限含水率按下式计算：

$$SL = w - \left[\frac{(V - V_d)\rho_w}{m_s}\right] \times 100 \tag{2.17}$$

式中：SL——缩限含水率（%）；

V——湿土体积（cm^3）。

收缩率按下式计算：

$$R = \frac{m_x}{(V_d \times \rho_w)} \tag{2.18}$$

式中：R——收缩率。

体积收缩率按下式计算：

$$V_s = R\,(w_1 - SL) \tag{2.19}$$

式中：V_s——体积收缩率；

w_1——给定的含水率。

线性收缩率按下式计算：

$$L_s = 100\left[1 - \left(\frac{100}{V_s + 100}\right)^{1/3}\right] \tag{2.20}$$

式中：L_s——线性收缩率。

此外，美国标准水银法也要求进行两次试验，并给出了两次试验的允许偏差如表 2.9 所示。

水银法平行试验最大允许偏差　　表 2.9

试验类型与指标		平均值	标准偏差	两次试验结果的可接受范围
单个操作员	缩限含水率	16	0.6	1.8
	收缩率	1.9	0.04	0.13
多个操作员	缩限含水率	16	1.7	4.8
	收缩率	1.9	0.07	0.19

水银法缩限试验数据处理也包含较多计算公式，主要有湿土质量、干土质量、湿土含水率、缩限含水率，计算公式如下：

湿土质量按下式计算：

$$M = M_w - M_T \tag{2.21}$$

式中：M——湿土质量；

M_w——收缩皿和湿土质量；

M_T——收缩皿质量。

干土质量按下式计算：

$$M_0 = M_D - M_T \tag{2.22}$$

式中：M_0——干土质量；

M_D——收缩皿和干土质量。

湿土含水率按下式计算：

$$w = [(M - M_0)/M_0] \times 100 \tag{2.23}$$

缩限含水率按下式计算：

$$SL = w - \{[(V - V_0)\rho_w / M_0] \times 100\} \tag{2.24}$$

式中：V——湿土体积；

V_0——干土体积。

收缩率按下式计算：

$$R = \frac{M_0}{(V_0 \times \rho_w)} \tag{2.25}$$

式中：R——收缩率。

综上所述，中美标准最终计算缩限含水率的公式完全相同，但中国标准仅给出缩限含水率的计算公式，而美国标准则给出所有参数的计算公式，并给出最终计算收缩率、体积收缩率和线性收缩率的计算公式。中美标准均要求进行两次平行试验，且给出了平行试验的最大允许偏差；中国最大允许偏差按含水率大小不同给出了允许范围，而美国标准按试验人员不同给出了允许范围。美国标准水银法同蜡封法相似，也给出了较多参数的计算公式，并根据试验人员的不同给出了两次试验的最大允许偏差。

2.3 有机质含量试验

土的有机质含量主要用于土的工程分类，用于判定是否为有机土并用于有机土的进一步划分。

2.3.1 中美标准

美国现行 ASTM 岩土工程标准涉及有机质含量试验的主要有：

(1)《室内干法测定泥炭样品纤维含量的标准试验方法》ASTM D1997—13, *Standard*

Test Method for Laboratory Determination of the Fiber Content of Peat Samples by Dry Mass。

（2）《测定泥炭和其他有机质土含水率、灰含量和有机质含量的标准试验方法》ASTM D2974—20, *Standard Test Method for Determining the Water* (*Moisture*) *Content, Ash Content, and Organic Material of Peat and Other Organic Soils*。

《土工试验方法标准》GB/T 50123—2019 涉及有机质含量的测试方法为重铬酸钾法；《公路土工试验规程》JTG 3430—2020 涉及有机质含量的测试方法为烧失量法和重铬酸钾容量法；《土工试验规程》YS/T 5225—2016 涉及有机质含量的测试方法为灼烧减量法和重铬酸钾法，与公路试验规程的两种测试方法基本一致。美国标准 ASTM D1977 采用盐酸法，中国标准无对应方法。美国标准 ASTM D2974 采用灼烧减量法，与中国标准《公路土工试验规程》JTG 3430—2020 烧失量法和《土工试验规程》YS/T 5225—2016 灼烧减量法相对应。因此，本节主要对灼烧减量法进行对比分析。

2.3.2　灼烧减量法

中美标准灼烧减量法主要技术要点有：试验仪器、试验步骤和数据处理，本节分别进行对比分析。

（1）试验仪器

中国标准《土工试验规程》YS/T 5225—2016 规定烧灼减量法的试验仪器主要有：高温炉，控制温度在 550℃；电子天平，称量 200g，分度值 0.001g；真空干燥箱，控制温度允许范围为65～70℃；瓷坩埚，容积为20mL。中国标准《公路土工试验规程》JTG 3430—2020 规定的试验仪器与《土工试验规程》YS/T 5225—2016 基本一致，但部分仪器的具体规定不同，如《公路土工试验规程》JTG 3430—2020 规定控制温度为 1300℃，高于《土工试验规程》YS/T 5225—2016 规定的 550℃；《公路土工试验规程》JTG 3430—2020 规定天平感量为 0.0001g，比《土工试验规程》YS/T 5225—2016 规定天平感量为 0.001g 精度高。美国标准 D2974 规定的试验仪器主要有：烤箱，控制温度为 110℃±5℃；高温炉，分别控制温度为 440℃±40℃和 750℃±38℃，与中国标准规定的控制温度不相同；天平，称量 500g，分度值 0.01g，与中国标准规定的量程和精度不一致；瓷坩埚，容积 100mL；铝箱，瓷盘和干燥器等。因此，中美标准要求的试验基本相同，但具体仪器的规格和量程存在差异。

（2）试验步骤

绘制中美标准灼烧减量法试验流程如图 2.6 所示。从图 2.6 可知，中美标准灼烧减量法均包含两种方法，每个方法步骤基本相同，但具体细节存在较大差异，主要体现在：① 中国标准《土工试验规程》YS/T 5225—2016 规定试样首先在 65～75℃烘箱内烘干，而中国标准《公路土工试验规程》JTG 3430—2020 和美国标准规定试样在 105℃烘箱内烘干；② 中国标准《土工试验规程》YS/T 5225—2016 规定试样在烘箱内烘干时间不少于 18h，中国标准《公路土工试验规程》JTG 3430—2020 规定试样在烘箱内烘干时间不少于 8h，而美国标准规定在烘箱内烘干时间不少于 16h；③ 中国标准《土工试验规程》YS/T

5225—2016 规定土样在 550℃高温炉内灼烧，中国标准《公路土工试验规程》JTG 3430—2020 则规定土样在 950℃高温炉内灼烧，美国标准方法 c 规定样品在 440℃高温炉内灼烧，美国标准方法 d 则规定样品在 750℃高温炉内灼烧，中美标准各方法的灼烧温度相差较大；④ 中国标准《土工试验规程》YS/T 5225—2016 规定称量质量精确至 0.001g，中国标准《公路土工试验规程》JTG 3430—2020 则规定称量质量精确至 0.0001g，而美国标准规定称量质量精确至 0.01g。

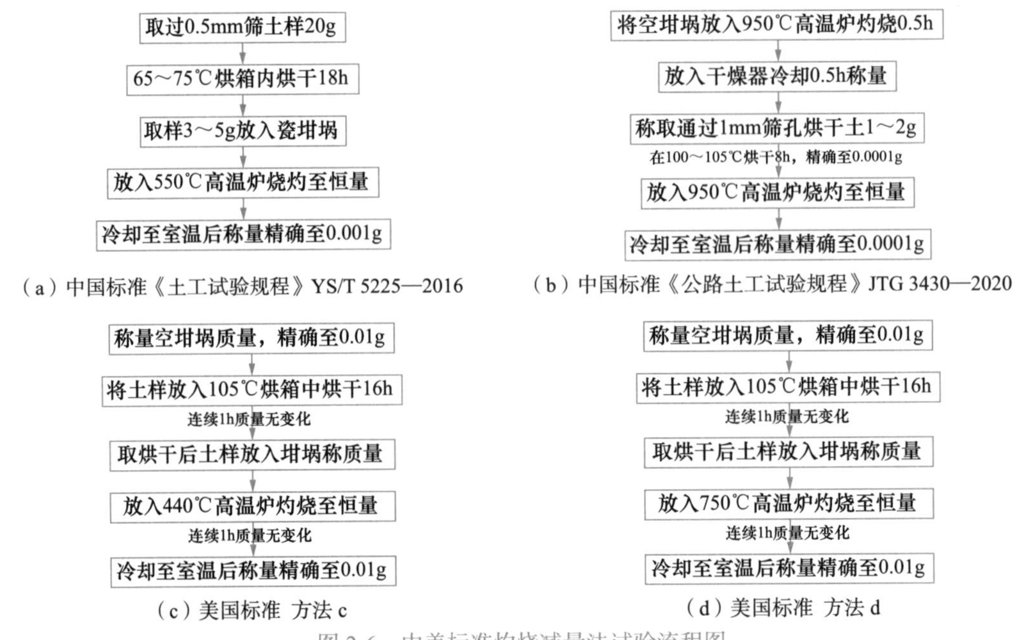

（a）中国标准《土工试验规程》YS/T 5225—2016　（b）中国标准《公路土工试验规程》JTG 3430—2020

（c）美国标准 方法 c　（d）美国标准 方法 d

图 2.6　中美标准灼烧减量法试验流程图

（3）数据处理

中国标准《土工试验规程》YS/T 5225—2016 给出灼烧减量（有机质含量）的计算公式（2.26），结果精确至 0.1%。此外，还规定灼烧减量法应进行平行测定，且平行差值不得大于 0.5%，取算术平均值。

$$Q=\frac{m_F-m_E}{m_F-m_Y}\times 100\% \tag{2.26}$$

式中：Q——烧灼减量；

m_F——在温度 65～70℃烘干后坩埚加土的质量（g）；

m_E——在温度 550℃烧灼后坩埚加土的质量（g）；

m_Y——坩埚质量（g）。

中国标准《公路土工试验规程》JTG 3430—2020 给出烧失量（有机质含量）的计算式（2.27），结果精确至 0.01%。该标准未要求进行两次平行测定。

$$X=\frac{m-(m_2-m_1)}{m}\times 100\% \tag{2.27}$$

式中：X——烧失量；

m——烘干土样质量（g）；

m_1——空坩埚质量（g）；

m_2——灼烧后土样+坩埚质量（g）。

美国标准灼烧减量法c和d均给出灼烧后试样质量百分比和有机质含量计算公式，如式（2.28）和式（2.29）所示，计算结果精确至0.1%。

$$D=(C\times100)/B\times100\% \tag{2.28}$$

式中：D——灼烧后试样质量（灰烬）百分比；

C——灼烧后试样质量（g）；

B——烘干土样质量（g）。

$$有机质含量=(100-D)\% \tag{2.29}$$

2.4　土的分类与定名

自然界中土的种类繁多，且其性质差异很大，工程中按一定原则对其进行分门别类，便于合理地选择研究内容和方法，并针对不同建筑工程的要求，对不同土给予正确的评价，为合理利用和改造各类土提供客观依据。土的统一分类最早是由美国提出的，之后大部分国家都制定了各国的统一分类，但基本均首先采用土颗粒粒径大小将其分为粗粒土和细粒土，然后进一步根据其粒径大小或液限及塑性指数，分别对粗粒土和细粒土进行细分。将土按粒径级配及液塑性进行分类，是世界上许多国家采用的分类方法。根据当前的科技水平，认为粗粒土的性质主要取决于构成土的颗粒粒径分布和它们的特征，而细粒土的性质却主要取决于土粒和水相互作用时的性态，即土的液塑性。土中有机质对土的工程性质也有影响，因此不管是中国标准还是美国标准，其对土的分类原则和依据主要都是基于以下三个方面。

（1）土颗粒组成特征；

（2）土的塑性指标：液限、塑限、塑性指数；

（3）土中有机质存在情况。

2.4.1　中美标准

美国现行ASTM岩土工程标准涉及土的工程分类的标准主要有：

（1）《工程用土的分类（土的统一分类体系）》ASTM D2487—17, *Classification of Soils for Engineering Purposes* (*Unified Soil Classification System*)。

（2）《土的描述与鉴定实践标准（目视手工操作程序）》ASTM D2488—09a, *Standard Practice for Description and Identification of Soils* (*Visual -Manual Procedure*)。

（3）《室内试验划分泥炭土标准》ASTM D4427—18, *Standard Classification of Peat Samples by Laboratory Testing*。

土的分类和定名是岩土工程勘察的基础工作，对后期勘察、设计和施工具有重要意义。美国标准工程上对土的统一分类标准为 D2487，野外描述和鉴定土的实践标准为 D2488，但其也遵循统一分类标准 D2487；此外，美国标准还给出了泥炭土的分类标准 D4427。中国标准涉及土分类标准的主要为《岩土工程勘察规范》GB 50021—2001（2009 年版）和《土的工程分类标准》GB/T 50145—2007，鉴于《公路土工试验规程》JTG 3430—2020 从试验方法到土分类定名都比较系统性地向美国标准靠拢，因此也将该规程列入对比范围。中美标准工程上主要将土分为粗粒土、细粒土和有机质土，但中国标准如《岩土工程勘察规范》GB 50021—2001（2009 年版）根据沉积时代、地质成因等因素对土进行了分类，考虑到美国标准分类和工程用途，本节主要从粗粒土、细粒土和有机质土方面对中美标准分类方法进行对比分析。

2.4.2 粗粒土

中美标准对粗粒土的划分均按照土颗粒粒径的组成特征，但具体分类原则存在差异，从而导致最终土分类定名也存在一定差异，本节分别从分类原则和粗粒土定名进行对比分析。

（1）分类原则

粗粒土的分类原则主要参考颗粒分析试验结果并结合级配指标。由第 2.1 节可知，中美标准颗分试验存在较大差异，但影响土分类的因素主要为颗粒粒径，如表 2.10 所示。中美标准采用的级配指标均为不均匀系数和曲率系数，但级配指标的条件存在差异，如表 2.11 所示。

中美标准颗分粒径对比表　　表 2.10

中国标准 /mm	美国标准	
	mm	in 或筛号
60.00	75.00	3in
	50.00	2in
40.00	37.50	1.5in
	25.00	1in
20.00	19.00	3/4in
10.00	9.50	3/8in
5.00	4.75	4 号筛
2.00	2.00	10 号筛
1.00	0.85	20 号筛
0.50	0.425	40 号筛
0.25	0.25	60 号筛
0.10	0.106	140 号筛
0.075	0.075	200 号筛

级配指标　　表 2.11

标准	级配指标	采用级配指标的条件	评价方法
《岩土工程勘察规范》GB 50021—2001（2009 年版）	—	—	对粗粒土不采用级配指标进行分类
《土的工程分类标准》GB/T 50145—2007	不均匀系数 C_u，曲率系数 C_c	细粒土含量小于等于 5%	$C_u \geqslant 5$ 且 $3 \geqslant C_c \geqslant 1$ 为级配良好，不满足则为级配不良
《公路土工试验规程》JTG 3430—2020	不均匀系数 C_u，曲率系数 C_c	细粒土含量小于等于 5%	$C_u \geqslant 5$ 且 $3 \geqslant C_c \geqslant 1$ 为级配良好，不满足则为级配不良
美国标准	不均匀系数 C_u，曲率系数 C_c	细粒土含量小于等于 12%	砾类土 $C_u \geqslant 4$ 且 $3 \geqslant C_c \geqslant 1$ 为级配良好，不满足则为级配不良。 砂类土 $C_u \geqslant 6$ 且 $3 \geqslant C_u \geqslant 1$ 为级配良好，不满足则为级配不良

从表 2.10 和表 2.11 可知，中美标准分类原则的差异性主要体现在：① 中国标准颗粒分析粒径可分为 11 级，而美国标准则分为 13 级，且中美标准各分析粒径多数不同，如中国标准最大粒径为 60mm，而美国标准为 75mm；② 中美标准级配指标均采用不均匀系数和曲率系数，但采用级配指标的条件不同，即中国标准和美国标准分别规定细粒土含量≤ 5% 和≤ 12%；③ 中国标准统一规定 $C_u \geqslant 5$ 为级配良好，而美国标准则规定砾类土 $C_u \geqslant 6$、砂类土 $C_u \geqslant 4$ 为级配良好。

（2）粗粒土的分类

中美标准关于土的粒组划分在宏观上基本一致，主要将颗粒分为巨粒、粗粒、细粒 3 大类，但在细分上存在差异，如表 2.12 所示。中美标准对粗粒土的分类都遵循从颗粒由大到小的原则，主要有漂（块）石、卵（碎）石、砾、砂这 4 类土，但具体划分条件和分类存在差异，如表 2.13 所示。

中美标准土的粒组划分　　表 2.12

粒组	中国标准《土的工程分类标准》GB/T 50145—2007		美国标准 D2487/2488	
	颗粒名称	粒径 /mm	颗粒名称	粒径 /mm
巨粒	漂石	＞ 200	漂石（Boulders）	＞ 300
	卵石	60～200	卵石（Cobbles）	75～300
粗粒	粗砾	20～60	粗砾（Coarse Gravel）	19～75
	中砾	5～20	细砾（Fine Gravel）	4.75～19
	细砾	2～5		
	粗砂	0.5～2	粗砂（Coarse Sand）	2.0～4.75
	中砂	0.25～0.5	中砂（Medium Sand）	0.425～2.0
	细砂	0.075～0.25	细砂（Fine Sand）	0.075～0.425

续表

粒组	中国标准《土的工程分类标准》GB/T 50145—2007		美国标准 D2487/2488	
	颗粒名称	粒径 /mm	颗粒名称	粒径 /mm
细粒	粉粒	0.005～0.075	粉土（Silt）	粒径小于 0.075mm，无塑性或有轻微塑性，风干强度低，塑性指数小于 4 或在塑性图上的分布在 A 线以下
	黏粒	≤ 0.005	黏土（Clay）	粒径小于 0.075mm，塑性较高，风干强度高，塑性指数大于等于 4 或在塑性图上的分布在 A 线及 A 线以上

从表 2.12 可知，中美标准粒组划分主要存在以下差异：① 中美标准不同颗粒名称的粒径范围不同且相同颗粒名称时美国标准粒径范围均偏大，如中国标准漂石的粒径范围为＞ 200mm，而美国标准为＞ 300mm，中国标准粗砂粒径范围为 0.25～0.5mm，而美国标准粗砂为 0.425～2.0mm；② 对砾粒的粒径定义不同，中国标准定义砾粒的粒径为 2～60mm，美国标准则定义砾粒的粒径为 4.75～75mm。同时，美国标准将砾粒分为“粗砾”（粒径大于等于 19mm，小于 75mm）和“细砾”（粒径大于等于 4.75mm，小于 19mm）两组，但并未在土分类的分类标准中出现；③ 中国标准细粒土的粉粒和黏粒仅根据粒径范围划分，而美国标准粉土和黏土的粒径均小于 0.075mm 且根据塑性指数和风干强度对其进一步划分。

中美标准粗粒土的分类和相应的粒径级配条件　　表 2.13

标准	颗粒名称（土类）	粒径级配条件（粒组含量）
《岩土工程勘察规范》GB 50021—2001（2009 年版）	漂（块）石	粒径大于 200mm 的颗粒含量＞ 50%
	卵（碎）石	粒径大于 20mm 的颗粒含量＞ 50%
	圆（角）砾	粒径大于 2mm 的颗粒含量＞ 50%
	砾砂	粒径大于 2mm 的颗粒含量＞ 25%
	粗砂	粒径大于 0.5mm 的颗粒含量＞ 50%
	中砂	粒径大于 0.25mm 的颗粒含量＞ 50%
	细砂	粒径大于 0.075mm 的颗粒含量＞ 85%
	粉砂	粒径大于 0.075mm 的颗粒含量＞ 50%
《土的工程分类标准》GB/T 50145—2007	巨粒土	巨粒（粒径大于 60mm 的颗粒）含量大于 75%
	混合巨粒土	50% ＜巨粒组含量≤ 75%
	巨粒混合土	15% ＜巨粒组含量≤ 50%
	砾	细粒（粒径小于 0.075mm 的颗粒）含量＜ 5%；$C_u \geq 5$ 且 $1 \leq C_c \leq 3$ 为级配良好，否则为级配不良
	含细粒土砾	5% ≤细粒含量＜ 15%
	细粒土质砾	15% ≤细粒含量＜ 50%，细粒组中粉粒含量不大于 50% 为黏土质砾，大于 50% 为粉土质砾
	砂	细粒（粒径小于 0.075mm 的颗粒）含量＜ 5%；$C_u \geq 5$ 且 $1 \leq C_c \leq 3$ 为级配良好，否则为级配不良

续表

标准	颗粒名称（土类）	粒径级配条件（粒组含量）
《土的工程分类标准》GB/T 50145—2007	含细粒土砂	5% ≤细粒含量< 15%
	细粒土质砂	15% ≤细粒含量< 50%，细粒组中粉粒含量不大于 50% 为黏土质砂，大于 50% 为粉土质砂
《公路土工试验规程》JTG 3430—2020	漂（卵）石	巨粒（粒径大于 60mm 的颗粒）含量大于 75%
	漂（卵）石夹土	50% <巨粒含量≤ 75%
	漂（卵）石质土	15% <巨粒含量≤ 50%
	砾	细粒（粒径小于 0.075mm 的颗粒）含量≤ 5%；$C_u \geqslant 5$ 且 $1 \leqslant C_c \leqslant 3$ 为级配良好，否则为级配不良
	含细粒土砾	5% <细粒含量≤ 15%
	细粒土质砾	15% 细粒含量≤ 50%
	砂	细粒（粒径小于 0.075mm 的颗粒）含量≤ 5%；$C_u \geqslant 5$ 且 $1 \leqslant C_c \leqslant 3$ 为级配良好，否则为级配不良
	含细粒土砂	5% <细粒含量≤ 15%
	细粒土质砂	15% 细粒含量≤ 50%
美国标准 D2487/D2488	漂石（Boulders）	粒径大于 300mm 的颗粒（未明确含量）
	卵石（Cobbles）	粒径介于 75～300mm 的颗粒（未明确含量）
	砾	细粒（粒径小于 0.075mm 的颗粒）含量< 5%；$C_u \geqslant 4$ 且 $1 \leqslant C_c \leqslant 3$ 为级配良好，否则为级配不良；砂（粒径为 0.075～4.75mm）含量≥ 15% 时为“含砂”
	含砂砾	
	含细粒土砾	细粒含量 5%～12%；$C_u \geqslant 4$ 且 $1 \leqslant C_c \leqslant 3$ 为级配良好，否则为级配不良；砂含量≥ 15% 时为“含砂”；细粒土可进一步分为粉土、粉质黏土、黏土
	含细粒土及砂砾	
	细粒土质砾	细粒含量> 12%；细粒土可进一步分为粉土、粉质黏土、黏土
	砂	细粒含量< 5%；$C_u \geqslant 6$ 且 $1 \leqslant C_c \leqslant 3$ 为级配良好，否则为级配不良；砾（粒径为 4.75～75mm）含量≥ 15% 时为“含砾”
	含砾砂	
	含细粒土砂	细粒含量 5%～12%；$C_u \geqslant 6$ 且 $1 \leqslant C_c \leqslant 3$ 为级配良好，否则为级配不良；砾含量≥ 15% 时为“含砾”；细粒土可进一步分为粉土、粉质黏土、黏土
	含细粒土及砾砂	
	细粒土质砂	细粒含量> 12%；细粒土可进一步分为粉土、粉质黏土、黏土

从表 2.13 可知，中国不同标准针对土的分类存在较大差异，其中《岩土工程勘察规范》GB 50021—2001（2009 年版）按不同粒径土粒含量依次将其命名为漂（块）石、卵（碎）石、圆（角）砾、砾砂、粗砂、中砂、细砂和粉砂。《土的工程分类标准》GB/T 50145—2007 与《公路土工试验规程》JTG 3430—2020 则结合粒组含量和级配指标对粗粒土进行划分，与美国标准在分类原则上基本一致，但具体的分类存在差异，主要体现在：① 中国标准对漂石和卵石的定名依据巨粒组含量并给出了范围，而美国标准仅给出了粒径而未给出具体的含量范围。② 中国标准根据细粒组含量对砾进一步分为三大类，分别为砾、含细粒土砾和细粒土质砾，并根据级配指标将砾进一步划分为级配良好砾和级配不良砾；

而美国标准则根据细粒含量将其分为五大类，分别为砾、含砂砾、含细粒土砾、含细粒土及砂砾和细粒土质砾，并根据级配指标将砾、含砂砾、含细粒土砾、含细粒土及砂砾进一步划分为级配良好和级配不良，美国标准对砾的划分更详细。③ 中国标准和美国标准对砂的分类差异与砾类似。

2.4.3 细粒土

（1）分类原则

中美标准对细粒土的划分均参照塑性指标或塑性图（表 2.14）。中国标准《岩土工程勘察规范》GB 50021—2001（2009 年版）采用塑性指数，而《土的工程分类标准》GB/T 50145—2007、《公路土工试验规程》JTG 3430—2020 和美国标准均采用塑性图。此外，《岩土工程勘察规范》GB 50021—2001（2009 年版）规定塑性指数的液限为 76g 圆锥仪沉入土中深度 10mm 时测定的含水率，而《土的工程分类标准》GB/T 50145—2007 和《公路土工试验规程》JTG 3430—2020 规定塑性指数的液限为 76g 圆锥仪沉入土中深度 17mm 时测定的含水率或由碟式液限仪测定，美国标准规定液限由碟式液限仪测定。中美标准塑性指数的塑限测试方法相同，均可由搓滚法测定。

中美标准对细粒土的分类方法和液塑性指标的试验方法　　表 2.14

标准	分类方法	液塑性指标试验方法
《岩土工程勘察规范》GB 50021—2001（2009 年版）	塑性指数	液限为 76g 圆锥仪沉入土中深度 10mm 时试样的含水率
《土的工程分类标准》GB/T 50145—2007	塑性图	液限为 76g 圆锥仪沉入土中深度 17mm 时试样的含水率，塑限由搓滚法测定
《公路土工试验规程》JTG 3430—2020	塑性图	液限为 76g 圆锥仪沉入土中深度 17mm 时试样的含水率；或者液限由碟式液限仪测定、塑限由搓滚法测定
美国标准 D2487/D2488	塑性图	液限由碟式液限仪测定，塑限由搓滚法测定

（2）细粒土的分类

根据塑性指数和塑性图，中美标准对细粒土的分类见表 2.15。从表 2.15 可知，《岩土工程勘察规范》GB 50021—2001（2009 年版）仅根据塑性指数将细粒土分为三大类，即粉土、粉质黏土和黏土，《土的工程分类标准》GB/T 50145—2007 和《公路土工试验规程》JTG 3430—2020 则考虑塑性图、液限和粗粒组含量，而美国标准则综合考虑塑性图、液限、粗粒组含量和塑性指数，因此美国标准考虑的因素更多。《土的工程分类标准》GB/T 50145—2007 和《公路土工试验规程》JTG 3430—2020 首先联合塑性图和液限将细粒土分为四大类，即高液限粉土、低液限粉土、高液限黏土和低液限黏土，美国标准则联合塑性图和液限将细粒土分为五大类，即低液限黏土（lean clay，CL）、高液限黏土（fat clay，CH）、低液限粉土（silt，ML）、高液限粉土（elastic silt，MH）和粉质黏土（silty clay，CL-ML），因此美国标准在大类上比中国标准多一类。此外，中国标准《土的工程分类标准》GB/T 50145—2007 和《公路土工试验规程》JTG 3430—2020 又根据粗粒组含量进行了进一步细分，并将细粒土最终分为 12 小类，即高（低）液限粉土、含砾高（低）液限粉土、含砂高（低）液限粉土、高（低）液限黏土、含砾高（低）液限黏土、含砂高（低）液限黏土。美国标准规定除上述五个分类外，当粗粒含量大于等于 15% 时，可进一步根据粗粒组含量再将每一类土细分为 6 个小类，具体分类及相应的粗粒含量如下：

含砂，15% <粗粒含量≤ 30% 且砂粒含量>砾粒含量；

含砾，15% <粗粒含量≤ 30% 且砾粒含量>砂粒含量；

砂质，粗粒含量≥ 30%，砂粒含量>砾粒含量且砾粒含量< 15%；

含砾砂质，粗粒含量≥ 30%，砂粒含量>砾粒含量且砾粒含量≥ 15%；

砾质，粗粒含量≥ 30%，砾粒含量>砂粒含量且砂粒含量< 15；

含砂砾质，粗粒含量≥ 30%，砾粒含量>砂粒含量且砂粒含量≥ 15%。

进一步分类命名时，在其前一级分类名称前冠以相应的修饰。以低液限黏土为例，根据其粗粒含量还有如下 6 种名称：含砂低液限黏土、含砾低液限黏土、砂质低液限黏土、砾质低液限黏土、砂质含砾低液限黏土和砾质含砂低塑性黏土，其他细粒土的进一步分类以此类推。由此可见，美国标准对细粒土的分类更为详细。

中美标准细粒土分类及相应的条件　　表 2.15

规范	土分类名称	分类条件
《岩土工程勘察规范》GB 50021—2001（2009 年版）	粉土	塑性指数≤ 10（10mm 液限）
	粉质黏土	10 <塑性指数≤ 17（10mm 液限）
	黏土	塑性指数> 17（10mm 液限）
《土的工程分类标准》GB/T 50145—2007《公路土工试验规程》JTG 3430—2020	粉土	粗粒含量≤ 25%；液限≥ 50% 为高液限，液限< 50% 为低液限；塑性图 A 线以下（17mm 液限）
	含砾粉土	25% <粗粒含量≤ 25%；砾粒≥砂粒，为“含砾”，砾粒<砂粒，为“含砂”；液限≥ 50% 为高液限，液限< 50% 为低液限；塑性图 A 线以下（17mm 液限）
	含砂粉土	
	黏土	粗粒含量≤ 25%；液限≥ 50% 为高液限，液限< 50% 为低液限；塑性图 A 线或以上（17mm 液限）
	含砾黏土	25% <粗粒含量≤ 25%；砾粒≥砂粒，为“含砾”，砾粒<砂粒，为“含砂”；液限≥ 50% 为高液限，液限< 50% 为低液限；塑性图 A 线或以上（17mm 液限）
	含砂黏土	
美国标准 ASTM D2487/2488	低液限黏土（lean clay）	液限（碟式仪液限，等效 17mm 液限）< 50%；塑性图 A 线或以上；塑性指数> 7
	高液限黏土（fat clay）	液限（碟式仪液限，等效 17mm 液限）≥ 50%；塑性图 A 线或以上；塑性指数> 7

续表

规范	土分类名称	分类条件
美国标准 ASTM D2487/2488	粉质黏土 （silty clay）	液限（碟式仪液限，等效 17mm 液限）＜ 50%；塑性图 A 线或以上；4 ≤塑性指数＜ 7
	低液限粉土 （silt）	液限（碟式仪液限，等效 17mm 液限）＜ 50%；塑性图 A 线以下；塑性指数＜ 4
	高液限粉土 （elastic silt）	液限（碟式仪液限，等效 17mm 液限）≥ 50%；塑性图 A 线以下

2.4.4 有机质土

（1）分类原则

中美标准对有机质土划分采用的方法如表 2.16 所示。从表 2.16 可知，中国标准划分有机质土均采用有机质含量，而美国标准则综合考虑烘干土样液限指标与初始土样液限指标的比值、塑性图、粗粒含量和砂粒含量。因此中美标准对有机质土的分类方法不一致，美国标准考虑的因素更多。

中美标准对有机质土的分类方法　　表 2.16

标准	分类方法
《岩土工程勘察规范》GB 50021—2001（2009 年版）	有机质含量
《土的工程分类标准》GB/T 50145—2007	有机质含量
《公路土工试验规程》JTG 3430—2020	有机质含量
美国标准 ASTM D2487/2488	烘干土样液限指标与初始土样液限指标对比 塑性图、粗粒组含量、砂粒含量

（2）最终分类名称

中美标准关于有机质土的分类名称如表 2.17 所示。从表 2.17 可知，中国标准《岩土工程勘察规范》GB 50021—2001（2009 年版）根据有机质含量将有机质土划分为 3 类，分别是有机质土、泥炭质土和泥炭。中国标准《土的工程分类标准》GB/T 50145—2007 和《公路土工试验规程》JTG 3430—2020 根据有机质含量将有机质土划分为 2 类，分别是有机质土和有机土。美国标准 ASTM D2487 判定有机质土的标准是烘干后土样的液限与烘干前的液限比值＜ 0.75，根据含有机质细粒土的性质可将有机质土分为有机质黏土和有机质粉土。与前述细粒土一样，当其粗粒含量大于等于 15% 时，还可根据粗粒含量将其再分为以下 6 个子类，即含砾、含砂、砾质、砂质、含砾砂质和含砂砾质，每个子类的划分标准与前述细粒土相同。以有机质黏土为例，根据粗粒含量还可将其分为含砾有机质黏土、含砂有机质黏土、砾质有机质黏土、砂质有机质黏土、含砾砂质有机质黏土和含砂砾质有机质黏土。当有机质粉土中的粗粒含量大于等于 15% 时，进一步分类与有机质黏土类似。

中美标准对有机质土的分类　　表 2.17

规范	分类名称	定名条件
《岩土工程勘察规范》 GB 50021—2001 （2009 年版）	有机质土	5% ≤有机质含量≤ 10%
	泥炭质土	10% <有机质含量≤ 60%
	泥炭	有机质含量> 60%
《土的工程分类标准》 GB/T 50145—2007 《公路土工试验规程》 JTG 3430—2020	有机质土	5% ≤有机质含量< 10%
	有机土	有机质含量≥ 10%
美国标准 ASTM D2487/2488	有机质黏土 （organic clay）	（1）土烘干后液限与烘干前的液限比值< 0.75 （2）塑性图 A 线或以上；塑性指数≥ 4
	有机质粉土 （organic silt）	（1）土烘干后液限与烘干前的液限比值< 0.75 （2）塑性图 A 线以下，或者塑性指数< 4

2.5　小结

综上所述，中美标准在土的分类中，主要从土颗粒粒径组成特征、界限含水率和有机质这 3 个指标将土划分为粗粒土、细粒土和有机质土，但土的相关试验方法、分类准则、分类方法均存在显著差异，主要体现在：

（1）中美标准土的粒径划分主要采用筛析法和密度计试验，其采用的试验仪器、试验步骤和数据处理均存在差异。筛析法的试验筛孔径存在较大差异，对某一粒径要求的最小土样质量不一致，中国标准筛析法流程较复杂，存在多个判定条件，而美国筛分法标准程序则较简单，但实际开展的工作量较大。中美标准密度计法采用的密度计（密度计）不一致，中国标准密度计刻度范围较小但精度较高，美国标准密度计则相反；另外，试验步骤不一致，中国标准试验程序较复杂且存在多个判定条件，而美国标准则较简单。

（2）中美标准界限含水率试验在基本原理、试验方法和数据处理方面基本一致，但在试验仪器和具体操作上存在较大差异，中国标准包括液塑限联合测定法，可直接用于测定液限和塑限，而美国标准无此方法；美国标准碟式液限仪法包括多点法和单点法，多点法与中国标准碟式仪液限法基本一致，但在试样制备、过筛孔径、土样质量和数据处理等方面存在差异；中美标准搓滚塑限法均用于测定细粒土的塑限，两者所用试验仪器、试验步骤和数据处理方法基本一致，但在过筛孔径、试样质量、搓条直径、土条质量和数据处理精度等细节存在差异；中美标准缩限试验用于测定细粒土的缩限，其试验仪器、试验步骤和数据处理基本一致，但在试验用样初始含水率、装样要点、计算公式和精度要求等细节存在差异。

（3）中国标准测定有机质含量方法包括灼烧减量法和重铬酸钾法，但不同标准的具体名称、试验仪器、试验步骤和数据处理方面存在差异；美国标准测定有机质含量方法包括灼烧法和盐酸法，其中灼烧法包括两种方法，其差异性体现在灼烧温度不一致。中美标准有机质测定方法均包括灼烧减量法，其试验基本原理一致，但在用样质量、称量精度、烘干温度、烘干时间、灼烧温度、灼烧时间和计算公式等细节存在差异。

（4）由于中美标准涉及的颗分试验、界限含水率试验和有机物测定存在差异，导致其土的分类和定名也存在较大差异。中美标准均以粒径 0.075mm 作为细粒土和粗粒土的界限，不同之处体现为在粗粒土的划分中，中国标准和美国标准采用的颗粒分析筛子孔径不一致，不同粒组划分定义的粒径也有差异；在细粒土的划分中，中国标准《岩土工程勘察规范》GB 50021—2001（2009 年版）采用塑性指数，而美国标准和中国《土的工程分类标准》GB/T 50145—2007 及《公路土工试验规程》JTG 3430—2020 均采用塑性图；中国标准对有机质土的划分均采用有机质含量；而美国标准则采用烘干土样液限与初始土样液限对比的方法，此法可直接反映有机质的存在对细粒土液塑性影响；中国标准《岩土工程勘察规范》GB 50021—2001（2009 年版）在粗粒土定名中未考虑级配指标曲率系数和不均匀系数的影响，而《土的工程分类标准》GB/T 50145—2007、《公路土工试验规程》JTG 3430—2020 和美国标准在分类中考虑了级配指标的影响；针对塑性图，美国标准根据工程经验提供了"U"线作为天然土塑性指标的经验"上限"，若试验测试土的塑性指标超出了"U"线，应对试验数据进行检查，中国标准则未提供类似的"U"线；相对中国标准而言，美国标准对土的分类更为详细，但在应用上略显繁琐。

然而，尽管中美标准对于土的分类存在一些差异，但在实际工程应用中，只要查明土中各粒组分布情况，特别是当粗粒土中细粒组含量超过 5% 时，查清细粒土的塑性指数（17mm 液限），以及细粒土中的粗粒组超过 15% 时的粗粒组级配，一般都可以通过分析数据而转换中美标准的土粒分类定名。针对颗粒分析，虽然采用的试验筛孔径不完全一致，但由于颗粒分析的成果是级配曲线，也可由级配曲线拟合出不同标准下各粒组分布情况，其成果经过转换后同样可在不同标准下进行分类定名。液限方面需要注意的是，《岩土工程勘察规范》GB 50021—2001（2009 年版）及《建筑地基基础设计规范》GB 50007—2011 中的"10mm 液限"以及根据该液限计算的塑性指数不能直接用于绘制塑性图。

第3章　基本物理性质试验

土是由固体颗粒和颗粒间孔隙中的水和气体组成，具有典型的三相性（固相、液相和气相），各相的性质和相对含量的大小直接影响土体的性质，使土在轻重、松密、湿干、软硬等物理性质上有不同的反映。而土的物理性质又在一定程度上决定了它的力学性质，所以物理性质是土的最基本的工程特性。目前，可用室内土工试验直接测定的土的物理特性指标为土粒相对密度 G_s、土的含水率 w 和密度 ρ，其他物性指标可通过计算获得。

3.1　土粒相对密度 G_s

土粒相对密度（specific gravity of solid particles）是指土粒在105～110℃温度下烘至恒重时的质量与同体积4℃时水的重量之比值。相对密度的大小随土粒的矿物成分而异，根据其大小可大致判定土中是否存在某种造岩矿物或有机物质，是土的基本物理指标之一。

3.1.1　中美标准

中国现行岩土工程标准涉及土粒相对密度测试试验的主要有：

（1）《土工试验方法标准》GB/T 50123—2019，中华人民共和国国家标准。

（2）《土工试验规程》YS/T 5225—2016，中华人民共和国行业标准。

（3）《公路土工试验规程》JTG 3430—2020，中华人民共和国行业标准。

美国现行ASTM岩土工程标准涉及土粒相对密度测试试验的主要有：

（1）《水密度计测试土粒相对密度试验方法标准》ASTM D854—14, *Standard Test Method for Specific Gravity of soil Solids by Water Pycnometer*。

（2）《气体密度计测试土粒相对密度试验方法标准》ASTM D5550—14, *Standard Test Method for Specific Gravity of Soil Solids by Gas Pycnometer*。

（3）《粗骨料吸水率和相对密度（比重）试验方法标准》ASTM C127—15, *Standard Test Method for Relative Density (Specific Gravity) and Absorption of Coarse Aggregate*。

《土工试验方法标准》GB/T 50123—2019是国家标准，其他标准为各行业依据其各自工程特点修订而成，内容与国家标准基本相同，因此本节及本章其他章节均采用国家标准《土工试验方法标准》GB/T 50123—2019（简称中国标准）与美国ASTM现用标准（简称美国标准）进行对比分析。中国标准土粒相对密度测试方法根据土颗粒粒径不同主要有密度瓶法、浮称法、虹吸筒法，粒径小于5mm的土，采用密度瓶法；粒径不小于5mm的土，且其中粒径大于20mm的颗粒含量小于10%时，应用浮称法；粒径大于20mm的颗粒含量不小于 10% 时，应用虹吸筒法。美国标准土颗粒粒径大小采用不同的测试方法，当土粒粒径＜ 4.75mm 时，采用水密度瓶法（D854），当土颗粒粒径≥ 4.75mm 时采用 ASTM C127，其与中国标准浮称法相似，而气密度瓶法（D5550）则适用于所有粒径土。因此，本节主要对中美标准密度瓶法和浮称法试验标准分别进行对比分析。

3.1.2　密度瓶法

中美标准密度瓶法用于测试土粒相对密度，主要技术要点有：试验仪器、试验步骤和数据处理，本节分别进行对比分析。

（1）试验仪器

中国标准《土工试验方法标准》GB/T 50123—2019 规定密度瓶法的试验仪器主要有：密度瓶，容量 100mL 或 50mL，分长颈和短颈两种；天平，称量 200g，分度值 0.001g；恒温水槽，最大允许误差为 ±1℃；砂浴，能调节温度；真空抽气设备，真空度为 −98kPa；温度计，测量范围 0～50℃，分度值 0.5℃；筛，孔径 5mm；其他如烘箱、纯水、中性液体、漏斗、滴管等。美国标准 D854 规定的试验仪器主要有：密度瓶，最小体积为 250mL；天平，分度值为 0.01g，当密度瓶最大体积为 250mL 时，最大称量至少为 500g，当密度瓶最大体积为 500mL 时，最大称量至少为 1000g；干燥箱，使温度保持在 110℃±5℃；温度计，分度值 0.1℃，最大允许误差 0.5℃，能浸入样品和校准溶液，深度介于 25～80mm；真空抽气设备，能产生 100mm 汞柱或更低绝对压力的真空；筛，孔径 4.75mm；带有侧向排气口的密度瓶填充管（可选），另外尚需干燥剂、隔热容器、漏斗和搅拌机等。美国标准 D5550 规定的仪器主要有：密度瓶，气体密度瓶是通过气体的压力变化来测量样品体积的，所需精度为试验样品体积的 ±0.2%；天平，测试精度样品质量的 0.1%；压缩气体系统，通常需要研究级的氦气、气体储罐以及在指定压力下输送气体所需的压力调节器；干燥箱，使温度保持在 110℃±5℃；另外尚需干燥剂、真空系统、研钵和杵、样品盘、称重纸和绝缘手套等。

由此可见，中美标准密度瓶法所用试验仪器基本相同，但个别仪器存在较大差异，如中国标准的密度瓶容量为 100mL 或 50mL，而美国标准 D854 要求密度瓶最小体积为 250mL，D5550 未给出对密度瓶容积的规定；中国标准真空抽气设备的真空度为 −98kPa，而美国标准 D854 规定的真空抽气设备的真空度为产生 100mm 汞柱（约为 13.3kPa）的负压。

（2）试验步骤

中国标准要求在试验前对密度瓶进行校准并给出了详细的校准步骤，美国标准 D854 和 D5550 也规定在试验前对密度瓶进行校准，D854 给出了详细的校准步骤，但 D5550 未给出详细的校准步骤。中国标准与美国标准 D854 对密度瓶校准的详细步骤如图 3.1 所示。从图 3.1 可以看出，中国标准与美国标准 D854 对密度瓶的校准方法基本一致，但具体细节存在差异，主要体现在：① 中美标准测试干密度瓶次数和要求的精确度不一致，中国标准要求测试 2 次，精确至 0.001g，最大允许平均差值为 ±0.002g，美国标准则要求测试 5 次，精确至 0.01g，其标准偏差≤ 0.02g。② 注水位置要求不一致，中美标准均指出根据不同型号密度瓶确定注水位置，但中国标准给出了具体类型密度瓶的注水位置，而美国标准未给出准确的注水位置。③ 水温稳定后要求测试瓶水总质量次数不一致，中国标准要求测试瓶水总质量 2 次，精确至 0.001g，最大允许平行差值为 ±0.002g，而美国标准未要求多次测试瓶水总质量，要求精确至 0.01g。④ 对水温测试要求不一致，美国标准规定在测试瓶水总质量后测试水温，并精确至 0.1℃；中国标准则未要求。⑤ 校准的测试组数不一致，中国标准要求以 5℃级差调节，逐级测试不同温度的瓶水总质量；而美国标准要求测试 5 组不同温度下的瓶水总质量。⑥ 数据处理方法不一致，中国标准在试验完成后绘制瓶水总质量与温度的关系曲线；而美国标准则根据不同温度下密度瓶质量、瓶水总质量和不同温度下水的密度计算密度瓶体积并要求 5 次测试的标准差≤ 0.05。

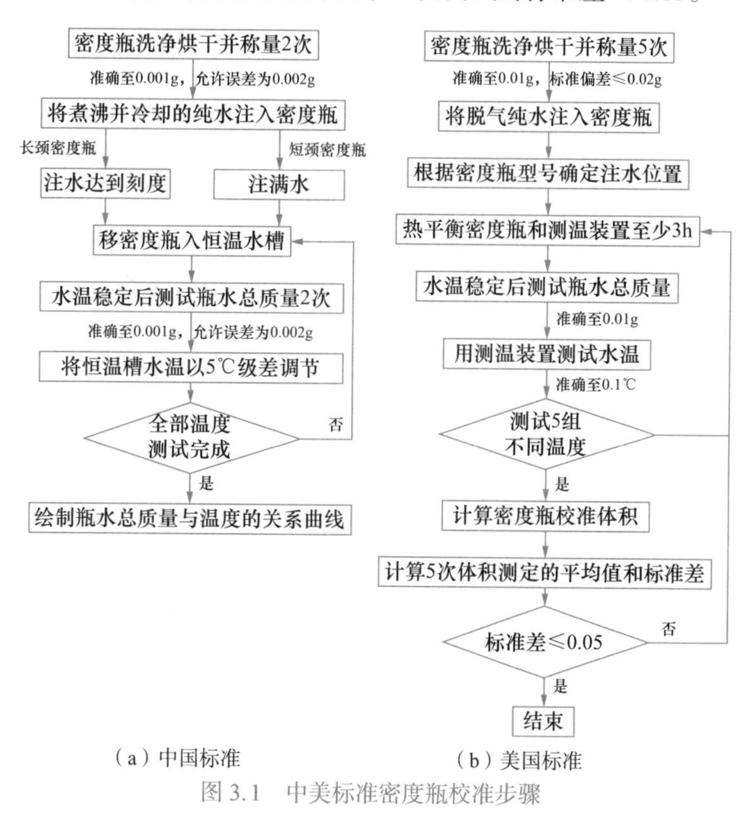

图 3.1　中美标准密度瓶校准步骤

中美标准均要求校准完密度瓶后开始试验，详细的试验步骤如图 3.2 所示。从图 3.2 可知，中国标准与美国标准 D854 均采用水密度计，其试验步骤总体相同，但在具体细节上存在较大差异；而美国标准 D5550 采用气体密度计，在试验方法和试验步骤上均有较大差别。美国标准 D5550 试验主要测试土颗粒的质量和体积，其试验步骤与中国标准和美国标准 D853 均不一致且步骤较少。中国标准与美国标准 D854 细节上的差异主要体现在：① 密度瓶质量测试要求不同，美国标准规定密度瓶烘干后测试干质量并与校准质量进行对比，而中国标准无此要求；② 土样处理方法不同，中国标准要求土样为烘干土样，而美国标准规定土样可为烘干土样或天然湿土样，并根据土样类别不同给出了两种试验方法；③ 土样质量不同，中国标准根据不同型号密度瓶给出了烘干土样的所需质量，而美国标准则未明确规定土样的所需质量，但规定在试验最后测试干土的质量；④ 排除土中空气方法不同，中国标准采用煮沸法和真空抽气法排除土中空气并规定了最少煮沸时间，而美国标准除了采用煮沸法和真空抽气法外还可采用以上两种方法的联合，且未规定煮沸的最少时间；⑤ 试验测量精度不一致，中国标准对质量的测量精度为 0.001g，温度测量精度为 0.5℃，而美国标准规定质量测试精度为 0.01g，温度测试精度为 0.1℃。

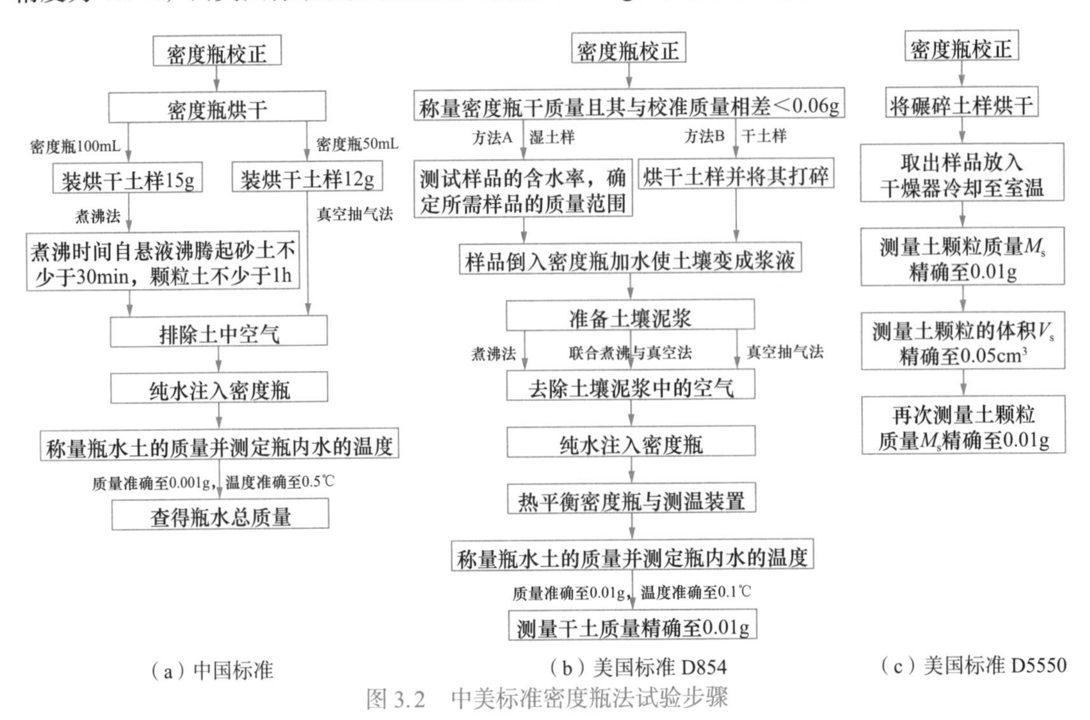

（a）中国标准　（b）美国标准 D854　（c）美国标准 D5550

图 3.2　中美标准密度瓶法试验步骤

此外，中美标准对含易溶盐土样的试验方法也不一致，中国标准规定土中含有易溶盐、亲水性胶体或有机质时，测定土粒相对密度应采用中性液体代替纯水，用真空抽气法代替煮沸法，排除土中空气；美国标准 D854 未明确规定含易溶盐土样的试验方法，美国标准 D5550 也未明确规定含易溶盐土样的试验方法，但给出了含易溶盐土样相对密度的计算公式。

（3）数据处理

中美标准均给出了土粒相对密度（G_s）的计算公式。其中中国标准根据所用液体的不同给出了土粒相对密度的两种计算公式，美国标准 D854 给出了不同温度下土粒相对密度的计算公式，美国标准 D5550 也给出了土粒相对密度的计算公式。

中国标准规定当用纯水测定时，采用式（3.1）计算土粒相对密度；采用中性液体测定时，采用式（3.2）。此外，中国标准要求试验应进行 2 次平行测定，试验结果取其算术平均值，其最大允许平行差值应为 ±0.02。

$$G_s=\frac{m_d}{m_{bw}+m_d-m_{bws}}G_{wT} \tag{3.1}$$

式中：m_d——土样干质量（g）；

m_{bw}——密度瓶、水总质量（g）；

m_{bws}——密度瓶、水、干土总质量（g）；

G_{wT}——T℃时纯水的相对密度，准确至 0.001。

$$G_s = \frac{m_d}{m_{bk} + m_d - m_{bks}} G_{wT} \quad (3.2)$$

式中：m_{bk}——密度瓶、中性液体总质量（g）；

m_{bks}——密度瓶、中性液体、干土总质量（g）；

G_{wT}——T℃时中性液体的相对密度，准确至 0.001。

美国标准 D854 给出测试温度下密度瓶和水的质量计算公式如式（3.3）所示，给出了测试温度下土粒相对密度（G_t）的计算公式如式（3.4）所示，给出了室温条件下土粒相对密度（$G_{20℃}$）的换算公式如式（3.5）所示。

$$M_{pw,t} = M_p + (V_p \cdot \rho_{w,t}) \quad (3.3)$$

式中：$M_{pw,t}$——测试温度下密度瓶和水的质量（g）；

M_p——干密度瓶的平均校准质量（g）；

V_p——密度瓶的平均校准体积（mL）；

$\rho_{w,t}$——测试温度下水的密度（g/mL）（表 3.1）。

$$G_t = \frac{\rho_s}{\rho_{w,t}} = \frac{M_s}{[M_{pw,t} - (M_{pws,t} - M_s)]} \quad (3.4)$$

式中：ρ_s——土粒的密度（g/cm^3）；

$\rho_{w,t}$——测试温度下水的密度（g/cm^3）；

M_s——干土粒的质量（g/mL）；

$M_{pws,t}$——测试温度下密度瓶、水和土粒的质量（g）。

$$G_{20℃} = K \cdot G_t \quad (3.5)$$

式中：K——温度系数（表 3.1）。

不同温度下水的密度和温度系数　　表 3.1

温度 /℃	密度 /（g/cm^3）	温度系数	温度 /℃	密度 /（g/cm^3）	温度系数	温度 /℃	密度 /（g/cm^3）	温度系数
15.0	0.99910	1.00090	15.9	0.99896	1.00076	16.8	0.99881	1.00061
15.1	0.99909	1.00088	16.0	0.99895	1.00074	16.9	0.99879	1.00059
15.2	0.99907	1.00087	16.1	0.99893	1.00072	17.0	0.99878	1.00057
15.3	0.99906	1.00085	16.2	0.99891	1.00071	17.1	0.99876	1.00055
15.4	0.99904	1.00084	16.3	0.99890	1.00069	17.2	0.99874	1.00054
15.5	0.99902	1.00082	16.4	0.99888	1.00067	17.3	0.99872	1.00052
15.6	0.99901	1.00080	16.5	0.99886	1.00066	17.4	0.99871	1.00050
15.7	0.99899	1.00079	16.6	0.99885	1.00064	17.5	0.99869	1.00048
15.8	0.99898	1.00077	16.7	0.99883	1.00062	17.6	0.99867	1.00047

续表

温度/℃	密度/(g/cm³)	温度系数	温度/℃	密度/(g/cm³)	温度系数	温度/℃	密度/(g/cm³)	温度系数
17.7	0.99865	1.00045	20.9	0.99802	0.99981	24.1	0.99727	0.99907
17.8	0.99863	1.00043	21.0	0.99799	0.99979	24.2	0.99725	0.99904
17.9	0.99862	1.00041	21.1	0.99797	0.99977	24.3	0.99723	0.99902
18.0	0.99860	1.00039	21.2	0.99795	0.99974	24.4	0.99720	0.99899
18.1	0.99858	1.00037	21.3	0.99793	0.99972	24.5	0.99717	0.99897
18.2	0.99856	1.00035	21.4	0.99791	0.9997	24.6	0.99715	0.99894
18.3	0.99854	1.00034	21.5	0.99789	0.99968	24.7	0.99712	0.99892
18.4	0.99852	1.00032	21.6	0.99786	0.99966	24.8	0.99710	0.99889
18.5	0.99850	1.00030	21.7	0.99784	0.99963	24.9	0.99707	0.99887
18.6	0.99848	1.00028	21.8	0.99782	0.99961	25.0	0.99705	0.99884
18.7	0.99847	1.00026	21.9	0.99780	0.99959	25.1	0.99702	0.99881
18.8	0.99845	1.00024	22.0	0.99777	0.99957	25.2	0.99700	0.99879
18.9	0.99843	1.00022	22.1	0.99775	0.99954	25.3	0.99697	0.99876
19.0	0.99841	1.00020	22.2	0.99773	0.99952	25.4	0.99694	0.99874
19.1	0.99839	1.00018	22.3	0.99770	0.99950	25.5	0.99692	0.99871
19.2	0.99837	1.00016	22.4	0.99768	0.99947	25.6	0.99689	0.99868
19.3	0.99835	1.00014	22.5	0.99766	0.99945	25.7	0.99687	0.99866
19.4	0.99833	1.00012	22.6	0.99764	0.99943	25.8	0.99684	0.99863
19.5	0.99831	1.00010	22.7	0.99761	0.99940	25.9	0.99681	0.99860
19.6	0.99829	1.00008	22.8	0.99759	0.99938	26.0	0.99679	0.99858
19.7	0.99827	1.00006	22.9	0.99756	0.99936	26.1	0.99676	0.99855
19.8	0.99825	1.00004	23.0	0.99754	0.99933	26.2	0.99674	0.99852
19.9	0.99823	1.00002	23.1	0.99752	0.99931	26.3	0.99671	0.99850
20.0	0.99821	1.00000	23.2	0.99749	0.99929	26.4	0.99668	0.99847
20.1	0.99819	0.99998	23.3	0.99747	0.99926	26.5	0.99666	0.99844
20.2	0.99816	0.99996	23.4	0.99745	0.99924	26.6	0.99663	0.99842
20.3	0.99814	0.99994	23.5	0.99742	0.99921	26.7	0.99660	0.99839
20.4	0.99812	0.99992	23.6	0.99740	0.99919	26.8	0.99657	0.99836
20.5	0.99810	0.99990	23.7	0.99737	0.99917	26.9	0.99654	0.99833
20.6	0.99808	0.99987	23.8	0.99735	0.99914	27.0	0.99652	0.99831
20.7	0.99806	0.99985	23.9	0.99532	0.99912	27.1	0.99649	0.99828
20.8	0.99804	0.99983	24.0	0.99730	0.99909	27.2	0.99646	0.99825

续表

温度 /℃	密度 /(g/cm³)	温度系数	温度 /℃	密度 /(g/cm³)	温度系数	温度 /℃	密度 /(g/cm³)	温度系数
27.3	0.99643	0.99822	28.6	0.99607	0.99785	29.9	0.99568	0.99747
27.4	0.99641	0.99820	28.7	0.99604	0.99783	30.0	0.99565	0.99744
27.5	0.99638	0.99817	28.8	0.99601	0.99780	30.1	0.99562	0.99741
27.6	0.99635	0.99814	28.9	0.99598	0.99777	30.2	0.99559	0.99738
27.7	0.99632	0.99811	29.0	0.99595	0.99774	30.3	0.99556	0.99735
27.8	0.99629	0.99808	29.1	0.99592	0.99771	30.4	0.99553	0.99732
27.9	0.99627	0.99806	29.2	0.99589	0.99768	30.5	0.99550	0.99729
28.0	0.99624	0.99803	29.3	0.99586	0.99765	30.6	0.99547	0.99726
28.1	0.99621	0.99800	29.4	0.99583	0.99762	30.7	0.99544	0.99723
28.2	0.99618	0.99797	29.5	0.99580	0.99759	30.8	0.99541	0.99720
28.3	0.99615	0.99794	29.6	0.99577	0.99756	30.9	0.99538	0.99716
28.4	0.99612	0.99791	29.7	0.99574	0.99753			
28.5	0.99609	0.99788	29.8	0.99571	0.99750			

此外，美国标准 D854 根据不同类型土样给出了相应的试验允许误差如表 3.2 和表 3.3 所示。从表 3.2 和表 3.3 可知，美国标准根据实验室和试验操作人员的不同给出了不同的标准差和允许偏差，当试验人员和实验室相同时，标准差和允许偏差较小；当试验在不同实验室完成时，标准差和允许偏差则较大。

室内三相试验结果汇总（土粒相对密度）　　表 3.2

土壤类型	试验数量	平均值	标准差	允许偏差
单个操作员结果（同一实验室）				
CH	14	2.717	0.009	0.03
CL	13	2.670	0.006	0.02
ML	14	2.725	0.006	0.02
SP	14	2.658	0.006	0.02
多个实验室试验结果（不同实验室）				
CH	14	2.717	0.028	0.08
CL	13	2.670	0.022	0.06
ML	14	2.725	0.022	0.06
SP	14	2.658	0.008	0.02

每个实验室单次测试结果汇总（土粒相对密度） 表 3.3

土壤类型	试验数量	平均值	标准差	可接受的极限值
实验室多次试验结果（每个实验室实施的单个测试）				
CH	18	2.715	0.027	0.08
CL	18	2.673	0.018	0.05
ML	18	2.726	0.022	0.06
SP	18	2.6600	0.007	0.02

美国标准 D5550 给出的土粒相对密度计算公式如式（3.6）所示，此外，该标准根据试验土样易溶盐含量和试验土样含水率给出了相应的计算公式如式（3.7）所示。该标准单个操作员的允许偏差为 0.001g/cm^3 或 0.04%，且由于目前该方法没有相关的数据支撑，其精度无法确定。

$$G_s=\frac{\left(\frac{M_s}{V_s}\right)}{\rho_w} \tag{3.6}$$

式中：M_s——试验样品的质量（g）；

V_s——试验样品的体积（cm^3）；

ρ_w——4℃时水的密度（g/cm^3）。

$$G_{sc1}=\frac{M_s-\left[\left(\frac{S}{1000-S}\right)\right]wM_s}{\left[V_s-\frac{\left(\frac{S}{1000-S}\right)wM_s}{\rho_s}\right]\rho_w} \tag{3.7}$$

式中：G_{sc1}——使用未校正含水率确定含易溶盐的土粒相对密度；

M_s——试验样品包括易溶盐的总质量（g）；

V_s——含盐试验样品的总体积（cm^3）；

S——空隙中的含盐量，以 1/1000 计；

w——含水率，未校正含盐量，以小数表示；

ρ_s——易溶盐的密度（g/cm^3）；

ρ_w——4℃时纯净水的密度（g/cm^3），1g/cm^3。

3.1.3 浮称法

中美标准浮称法用于测试大粒径土粒相对密度，中国标准用于测试粒径≥ 5mm 土样，而美国标准用于测试粒径≥ 4.75mm 土样，主要技术要点有：试验仪器、试验步骤和数据处理，本节分别进行对比分析。

（1）试验仪器

中国标准《土工试验方法标准》GB/T 50123—2019 规定浮称法的试验仪器主要有：铁丝框，孔径小于 5mm，直径为 10～15cm，高为 10～20cm。盛水容器，适合铁丝框沉入。浮称天平或称，称量 2kg，分度值 0.2g；称量 10kg，分度值 1g。试验筛，孔径为 5mm、20mm。其他则为烘箱和温度计。

美国标准 C127 采用的试验仪器主要有：天平，精确至样品质量的 0.05%，或 0.5g，以较大值为准，配备将样品容器悬挂在水中的装置。钢丝篮，孔径 3.35mm，高度和宽度大致相同。水箱，使悬浮在天平下方的样品容器放入其中。试验筛，孔径 4.75mm。干燥箱，能保持温度为 110℃±5℃。

（2）试验步骤

绘制中美标准浮称法试验步骤如图 3.3 所示。从图 3.3 可知，中美标准浮称法试验步骤和试验原理基本一致，但具体细节存在差异，主要有：① 取样质量不同，中国标准规定了取样的质量范围；而美国标准则未明确规定取样质量。② 试样粒径不同，中国标准浮称法要求粒径不小于 5mm，且粒径大于 20mm 的颗粒含量小于 10%；美国标准仅规定试样粒径大于 4.75mm，未规定最大粒径。③ 中国标准规定试样取出后先冲洗试样；而美国标准无此要求。④ 对试样烘干后的冷却温度规定不同，美国标准要求试样取出后冷却适宜处理的温度，并给出了建议温度 50℃；而中国标准未明确规定。⑤ 测量精度不同，中国标准要求试验过程中质量测量精确至 0.2g；而美国标准规定质量测量精度为 0.5g 或试样质量的 0.05%。⑥ 获取试样在水中质量的方法不同，中国标准规定饱和试样取出后置入铁丝框称量试样和铁丝框在水中的总质量，然后称量铁丝框在水中的质量；而美国标准未说明采用何种方法测试试样在水中的质量。⑦ 中国标准未要求试验过程水采用什么温度，要求试验完成后测试水的温度；而美国标准规定水的温度为 23℃±2℃。

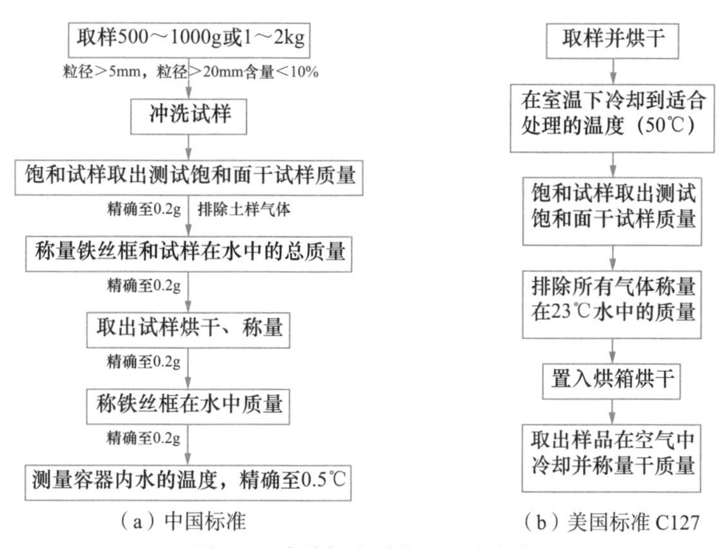

（a）中国标准　　（b）美国标准 C127

图 3.3　中美标准浮称法试验步骤

（3）数据处理

中美标准均给出了土粒相对密度的计算公式，计算公式依据的基本理论相同，但具体表达方式有所差异。中国标准土粒相对密度（G_s）计算公式如下：

$$G_s=\frac{m_d}{m_d-(m_{ks}-m_k)} \tag{3.8}$$

式中：m_{ks}——试样加铁丝框在水中总质量（g）；

m_k——铁丝框在水中质量（g）；

m_d——土样干质量（g）。

干相对密度按下式计算：

$$G_s'=\frac{m_d}{m_b-(m_{ks}-m_k)} \tag{3.9}$$

式中：m_b——饱和面干试样质量（g）。

吸着含水率按下式计算：

$$w_{ab}=\left(\frac{m_b}{m_d}-1\right)\times 100 \tag{3.10}$$

式中：w_{ab}——吸着含水率，计算至 0.1%。

土粒平均相对密度则按下式计算：

$$G_s=\frac{1}{\dfrac{P_5}{G_{s1}}+\dfrac{1-P_5}{G_{s2}}} \tag{3.11}$$

式中：P_5——粒径大于 5mm 土粒占总质量的含量；

G_{s1}——粒径大于 5mm 土粒的相对密度；

G_{s2}——粒径小于 5mm 土粒的相对密度。

美国标准基于烘干试样计算相对密度（土粒相对密度）（OD）的公式如下：

$$\mathrm{OD}=A/(B-C) \tag{3.12}$$

式中：A——干试样在空气中质量（g）；

B——饱和面干试样在空气中质量（g）；

C——饱和面干试样在水中质量（g）。

基于饱和面干试样计算相对密度（土粒相对密度）（SSD）的公式如下：

$$\mathrm{SSD}=B/(B-C) \tag{3.13}$$

表观相对密度（相对密度）的计算公式如下：

$$D=A/(A-C) \tag{3.14}$$

平均相对密度（相对密度）的计算公式如下：

$$G=\frac{1}{\dfrac{P_1}{100G_1}+\dfrac{P_2}{100G_2}+\cdots+\dfrac{P_n}{100G_n}} \tag{3.15}$$

式中：　G——平均相对密度；

$G_1, G_2, \cdots G_n$——不同粒径土样的相对密度；

$P_1, P_2, \cdots P_n$——不同粒径土样所占含量的百分比。

吸水率的计算公式如下：

$$\text{Absorption} = [(B-A)/A] \times 100 \tag{3.16}$$

此外，中国标准要求两次平行试验，且最大允许误差为 ±0.02；美国标准根据试验操作人员的不同给出了不同的标准差和允许偏差，如表 3.4 所示。

美国标准允许偏差　　表 3.4

		标准偏差	允许偏差
单个试验操作员	相对密度（OD）	0.009	0.025
	相对密度（SSD）	0.007	0.020
	表观相对密度（D）	0.007	0.020
多次试验结果	相对密度（OD）	0.013	0.038
	相对密度（SSD）	0.011	0.032
	表观相对密度（D）	0.011	0.032

3.2　含水率 w

含水率定义为土中水的质量与土粒质量之比，以百分数表示。该指标是表示土中含水多少的重要指标，对判断细粒土稠度及其工程性质具有重要意义。

3.2.1　中美标准

美国现行 ASTM 岩土工程标准涉及土的含水率试验的主要有：

（1）《质量法实验室测定土和岩石含水率（湿度）标准试验方法》ASTM D2216—2019, *Standard Test Methods for Laboratory Determination of Water (Moisture) Content of Soil and Rock by Mass*。

（2）《微波炉加热法测定土含水率标准试验方法》ASTM D4643—08, *Standard Test Method for Determination of Water (Moisture) Content of Soil by the Microwave Oven Heating*。

（3）《直接加热法测定土含水率标准试验方法》ASTM D4959—16, *Standard Test Method for Determination of Water Content of Soil By Direct Heating*。

（4）《含有超大颗粒土的重度和含水率校正标准实施规程》ASTM D4718—07, *Standard Practice for Correction of Unit Weight and Water Content for Soils Containing Oversize Particles*。

中国标准含水率测试方法有烘干法和酒精燃烧法。美国 ASTM 现行标准包括质量法（D2216）、微波炉加热法（D4643）和直接加热法（D4959），而微波炉加热法和直接加热法测试时间较短但精度较低。中国标准烘干法和酒精燃烧法均是通过高温加热而蒸发土中水，美国标准质量法、微波炉加热法和直接加热法也是通过蒸发土中水。中国标准烘干法与美国标准质量法均是通过烘箱加热试样，中国标准酒精加热法、美国标准微波炉加热法和直接加热法则是通过不同热源加热试样，如燃热酒精、微波炉和其他热源。

中国标准烘干法为室内试验的标准方法，其试验时间较长；而酒精燃烧法可快速测定含水率，但精度较低。两种方法规定试样有机质含量不大于干土质量的5%，当土中有机质含量在5%～10%之间时，仍允许采用本标准进行试验，但需注明有机质含量。

美国标准给出的3种测试含水率的试验方法各有优劣，质量法为室内试验的标准方法，试验方法又分为方法A和方法B，当使用的干燥温度与规定的标准干燥温度（110℃）不同时，所得到的含水率可能与标准干燥温度下测定的标准含水率有差异。微波炉加热法和直接加热法均适用于需要快速得到试验结果的情况但精度相对较低。微波炉加热法还具有可以测试较大粒径颗粒的优点，其缺点是可能会过分加热土壤，因而当需要高精度的结果时，或使用数据的试验对湿度变化非常敏感时，不适合采用此方法；由于试样在微波加热下局部温度过高，土的物理特性可能会发生改变，单个颗粒也可能发生分解，因此，试样在微波炉加热法干燥后不得用于其他试验。此外，这3种试验方法针对某些土壤，如含大量高岭石、云母、蒙脱石、石膏或其他含水材料的土、高有机土、孔隙水含有溶解固体的土（如海洋沉积物中的盐）等，试验得到的含水率结果可能不可靠，建议采用其他方法。

此外，美国标准（D4718）还给出了含有超大颗粒土的重度和含水率校正标准实施规程，如果土中含有卵石或砾石，美国标准3种试验方法均通过试验筛去除较大颗粒土样，只测试较细土样含水率，其仅能反映试验土样的含水特征，而不能反映土样的总含水率特征。在常规工程实践中，可以使用室内试验对土方施工土料进行设计和施工控制。如果施工用土中含有大颗粒，只对细颗粒组分进行室内试验，为了反映出所使用土料的总体含水特征，需要对室内试验结果进行校正。美国标准（D4718）介绍了校正土样中较细组分的容重和含水率的数学公式，可以据此计算所使用土料的总体重度和含水率。需要注意的是，当将此规程用于施工控制时，应说明引用的最大重度值是含有超大颗粒组分的重度还是含有较细颗粒组分的重度。

3.2.2 中美含水率测试方法标准

中美现行含水率测试方法的技术要点主要有试验仪器、试验取样、试验步骤和数据处理，本节分别从上述技术要点进行对比分析。

（1）试验仪器

中美上述5种含水率试验方法的试验仪器主要包括加热设备和称量设备。中国标准烘干法加热设备为烘箱，能保持温度为105～110℃；称量设备为电子天平和电子台秤，天平称量200g，分度值为0.01g，台秤称量5000g，分度值为1g。中国标准酒精燃烧法加热设备为酒精，纯度不小于95%；称量设备为电子天平，称量200g，分度值0.01g。美国标准质量法加热设备为烤箱，能保持温度为110℃±5℃；称量设备为天平，GP1型天平称量200g，分度值为0.01g，GP2型天平称量超过200g，分度值为0.1g。美国标准微波炉加热法加热设备为微波炉，输入功率为 700W，且可以调节额定功率；称量设备为 GP2 型天平称量精度。美国标准直接加热法加热设备为直接热源，包括电灯源、燃气、燃油、红外线灯、吹风机、小型加热器等可以使温度升高超过 110℃；称量设备为GP2 型天平。可见，中国标准烘干法和美国标准质量法需要的试验仪器和所要求的性能基本一致，如两者要求的烘箱需要保持的温度均为 110℃左右，两者的天平称量均为 200g 时，分度值均为 0.01g。中国标准酒精燃烧法、美国标准微波炉法和直接加热法的加热设备各不相同，但均要求温度能超过 110℃；中国标准酒精燃烧法天平精度为 0.01g，而美国标准微波炉法和直接加热法的天平精度为 0.1g。

（2）试验土样

无论是中国标准还是美国标准，在进行土样的含水率测试时，最主要的一步是选择有代表性的试样，选择试样的方式取决于试验目的、试验应用、试验方法、水分条件和试样类型。中国标准和美国标准使用不同方法测含水率，在代表性试样的选择上差异如下：

中国标准选择土样时，土的有机质含量不宜大于干土质量的 5%，当土中有机质含量为 5%～10% 时，应注明有机质含量。用烘干法进行试验时，取细粒土 15～30g，砂类土 50～100g，砂砾石 2～5kg。在试验过程中，对烘干时间的控制也较严格，对黏质土不得少于 8h，对砂类土不得少于 6h，对有机质含量 5%～10% 的土，应将烘干温度控制在 65～70℃的恒温下烘干。酒精燃烧法进行试验时，取黏土 5～10g，砂土 20～30g，用滴管将酒精滴入称量盒中直至盒中出现自由液面为止，将酒精和土样拌均匀，点燃酒精且烧至火焰熄灭。上述两个试验的细粒土、砂类土称量都应准确至 0.01g，砂砾石称量应准确至 1g。美国标准选择土样时，保证试样储存在不腐蚀的密封容器中，温度控制在 3～30℃之间，并放置在避免阳光直射的区域。置于罐或其他容器中的扰动试样，其储存方式应尽量减少容器土样的水分丢失。取样后，应尽快测定含水率，尤其是在使用潜在腐蚀的容器（如薄壁钢管、油漆罐等）或塑料袋时。用质量法进行试验时，取自然湿土 20g 在烘箱中烘烤 12h 至恒量；微波炉加热法进行试验时，选择一定的烘干模式烘干，时间一般控制在 7～10min。

美国标准取代表性试样时，针对不同试验方法和不同土样，其选择标准有所不同，如表 3.5 所示。

美国标准下不同方法测不同土样的含水率试样选择　　表 3.5

试验方法	试样样品	试样选择方法
质量法	扰动试样	（1）如果试验过程中对土样的操作和搬运没有明显水分损失和析出时，应将试样充分混合。 （2）如果土样不能充分混合或不能用量勺取样的，则形成料堆，尽可能将其混合在一起。使用取样管、铲子、勺子、抹子等工具在土样任意位置取至少 5 份试样。 （3）如果试样无法形成料堆，根据实际情况，在最能代表湿度条件的随机位置，尽可能多地采用试样部分
	原状试样	（1）在选择试样前，使用刀、钢锯或其他工具，从土样的外露边缘移除足够的表面土层，查看土样是否分层。如分层，将试样切成两半。 （2）如果是分层土或遇到多个土样类型，选择平均取样或单个取样，或两者都取。必须正确标识试样的位置或代表内容，并在试验数据表或试验数据单上进行适当的说明。

续表

试验方法	试样样品	试样选择方法
质量法	原状试样	（3）如果试样未分层，则通过以下方法，获得符合质量要求的试样： ① 取被测土样的全部或一半试样； ② 从被测的土样中，切出代表性切片； ③ 修整半个或被测间隔处露出的表面
微波炉加热法		（1）对于散装试样，从充分混合材料中选择试样。所选潮湿材料的质量应符合表 3.6 的要求。 （2）对于小（罐）试样，按照以下程序选择代表性部分：对于无黏性土，充分混合材料后根据表 3.6 选择具有代表性的潮湿试样。对于黏性土，在选择试样之前，从样本的外露边缘移除约 3mm 的材料，并将剩余试样切成两半（以检查材料是否分层）。如果土壤分层，请选择平均部分或单个部分，或同时两者都选择，并在成果报告中记录被测试的是哪一部分。如果注意到样品中含有粗颗粒，则所选潮湿材料的质量应符合表 3.6 的要求。将黏性试样破碎或切割至约 6mm（1/4in）颗粒会加快干燥速度，防止内部干燥时表面结壳或过热
直接加热法		（1）对于无黏性土，充分混合材料，然后根据表 3.6 选择潮湿试样。 （2）对于黏性土，在选择试样（质量如表 3.6 所示）之前，从试样的外露边缘移除约 3 mm 的表层材料，并将剩余试样切成两半（以检查材料是否分层）。将粘性样本破碎或切割至约 6mm 颗粒会加快干燥速度，防止内部干燥时，表面结壳或过热。如果是分层土，请选择平均部分或每一单个部分，并在结果报告中说明试验的是哪一部分

湿试样质量　　表 3.6

筛上试样超过总量 10% 的筛径 /mm	潮湿试样的最小质量 /g
2.0（10 号）	200～300
4.75（4 号）	300～500
19.0（3/4 号）	500～1000

注：推荐使用较大样本。一般来说，通过使用较大质量的样本，使试验固有的不准确性降至最低。

（3）试验步骤

中国标准的烘干法与美国标准的质量法、微波炉加热法和直接加热法，在测试含水率时步骤基本一致，均需要先称量湿土质量，使用烘箱、微波炉等烘干至恒定质量，冷却后称量记录干土质量，随后计算含水率。但是在具体试验细节上，上述 5 种方法又存在较大差异。中国标准规定，在使用烘干法和酒精燃烧法进行试验时使用相同方法称取湿土质量，首先都需要将所选代表性试样放入称量盒内盖好盒盖称量。当使用恒质量盒时，可先将其放置在电子天平或电子台秤上清零再称量，此时称量结果为湿土质量；随后烘干法将试样盒放入烘箱中烘到恒定质量；最后将烘干后的试样盒取出，盖好盒盖放入干燥器内冷却至室温，称干土质量。酒精燃烧法用滴管将酒精注入放有试样的称量盒中，直至盒中出现自由液面；然后点燃盒中酒精，烧至火焰熄灭；试样冷却数分钟后重复前两步再次燃烧两次；最后在第 3 次火焰熄灭后，立即盖好盒盖称干土质量。美国标准不论是质量法、微波炉加热法还是直接加热法，都需要先选择清洁干燥的容器和对应标签的盖子，将湿土放入容器，固定盖子，记录容器和潮湿试样的质量。质量法随后将装有湿土的容器放在烤箱中干燥 12～16h 至恒定质量，如果试样未能干燥到恒定干质量，应继续干燥并检查试样是否有质量损失。最后试样在干燥至恒定质量后取出容器冷却至室温，测定记录容器和干土质量。而微波炉加热法和直接加热法除热源可能不同外，其试验步骤基本一致，随后都需要将装有土的容器放入微波炉中或其余热源加热，待设定时间过后，取出容器和土，放置在干燥器中立即称重或在冷却后称重试样。然后对试样小心拌合后再次放回微波炉或其他热源后中重新加热，重复拌合和加热，直到连续两次质量测定变化对含水率的计算影响不明显为止。最后使用最终测定的干土质量，计算含水率。

需要注意的是，在使用微波炉加热法时，3min 初始设定值适用于最小质量为 100g 的试样。如果试样较小，由于微波炉加热干燥速度太快，无法控制合理时间，不建议使用微波炉加热。如果试样较大或是含有大砾石颗粒的土时，可能需要将试样分割成几段并分别干燥，以获得总试样的干质量。同时，在逐步加热和拌合过程中，对于颗粒小于 4 号筛子，质量约为 200 g 的大多数试样，适当增加加热时间是合适的；但是，这并非对所有土壤和微波炉均适用，实际试验过程中可能需要进行调整。最后，由于微波炉加热会使土样发生颗粒破裂、化学变化或损失、熔化或有机成分损失等问题，因而含水率土样应在试验后丢弃，不得用于任何其他试验。

（4）数据处理

中国标准和美国标准测试含水率方法不同，使用的部分仪器有所不同，但计算原理均为土样中水的质量与土样干质量的比值。此外，中国标准要求试验应进行两次平行测定，取其算术平均值，最大允许平行差值应符合表 3.7 的规定。而美国标准未给出明确的精度要求，并指出试验结果受试验操作员、试验样本等影响较大。中美不同标准计算公式如下：

① 中国标准

烘干法和酒精燃烧法计算含水率公式如下：

$$w=\left(\frac{m_0}{m_d}-1\right)\times 100 \tag{3.17}$$

式中：w——含水率（%），精确至 0.1%；

m_0——湿土质量（g）；

M_d——干土质量（g）。

含水率测定的最大允许平行差值（%）　　表 3.7

含水率 w	最大允许平行差值
＜ 10	±0.5
10～40	±1.0
＞ 40	±2.0

② 美国标准

质量法含水率计算公式如式（3.18）所示：

$$w=[(M_{cms}-M_{cds})/(M_{cds}-M_c)]\times 100=(M_w/M_s)\times 100 \tag{3.18}$$

式中：w——含水率（%）；

M_{cms}——容器和湿土质量（g）；

M_{cds}——容器和干土质量（g）；

M_c——容器质量（g）；

M_w——水的质量（$M_w = M_{cms} - M_{cds}$）（g）；

M_s——烤箱干试样的质量（$M_s = M_{cds} - M_c$）（g）。

微波炉加热法和直接加热法含水率计算公式如式（3.19）所示：

$$w = [(M_1 - M_2)/(M_2 - M_c)] \times 100 = (M_w / M_s) \times 100 \quad (3.19)$$

式中：w——含水率（%）；

M_1——容器和湿土质量（g）；

M_2——容器和干土质量（g）；

M_c——容器质量（g）；

M_w——水的质量（g）；

M_s——干试样的质量（g）。

3.2.3 含超大颗粒土含水率校正标准

（1）适用条件

含超大颗粒土含水率标准实施的使用条件见表 3.8。从表 3.8 可知，本标准主要适用于土岩混合物，其中粒径大于 4.75mm 颗粒土含量达 40%，粒径大于 19mm 颗粒含量达 30%。

含有超大颗粒土的重度和含水率校正标准适用条件　表 3.8

适用条件	不适用条件
（1）当不能通过 4 号筛的土和土－岩石混合物含量高达 40% 时； （2）当超大颗粒组分不能通过 3/4in 等其他规格的筛子，但经有效校正后，超大颗粒的限制百分比较低时； （3）对于超大颗粒含量多达 30%，且超大颗粒组分是保留在 3/4in 筛子上的部分时	（1）此矫正规程适用于含任何百分比超大颗粒的土，但对于含有少量超大颗粒的土而言，校正可能不具有实际意义。进行说明时应表明本规程可适用的超大颗粒的最小含量百分比，小于该百分比，本规程不适用。如未说明最小含量百分比，则应使用 5%； （2）本规程不适用于经现场碾压出现分解的土－岩石混合物

（2）校正步骤

① 总样本重度和含水率的校正

测定湿样本中细颗粒组分的质量及湿样本总样中超大颗粒部分的质量，较细颗粒组分和超大颗粒组分的干质量，按下式计算：

$$M_D = M_M / (1 + w) \quad (3.20)$$

式中：M_D——干土样质量（g）；

M_M——湿土样质量（g）；

w——含水率，用小数表示。

试样中细颗粒组分和超大颗粒组分的含量百分比（以干重量计），按下式计算：

$$P_F = 100 M_{DF} / (M_{DF} + M_{DC}) \quad (3.21)$$

$$P_c = 100M_{DC}/(M_{DF} + M_{DC}) \tag{3.22}$$

式中：P_F——细粒组分的百分比（按重量计）；

P_c——含超大颗粒组分的百分比（按重量计）；

M_{DC}——超大颗粒组分的干质量；

M_{DF}——细粒组分的干质量。

含超大颗粒部分相对密度（GM）按美国标准 ASTM C127 测试，总材料（包含较细颗粒和超大颗粒组分）中修正后的含水率和干重度，按下式计算：

$$C_w = (W_F P_F + w_c P_c) \tag{3.23}$$

式中：C_w——较细和超大组分校正后含水率；

W_F——较细组分中的含水率，以小数表示；

w_c——超大颗粒组分中的含水率，以小数表示。

② 土样较细颗粒组分的重度和含水率修正

当需要将现场压实土（含超大颗粒）的重度和含水率与细粒组分的室内压实试验结果进行对比时，可以使用以下方法进行比较，在现场指定的试验位置，采集总材料试样，并测定单位干重量（δ_D）和含水率（w）。由于本规程通常用于含有粗砾石和卵石的材料，应特别注意确保采集材料的体积足以准确代表现场试验位置的材料。清除现场样本中的超大颗粒并测定总样本中超大颗粒的含量百分比。如果在材料的实验室试验中，已经测定了超大颗粒的体积相对密度和含水率，在计算时可以使用这些数值。

现场样本中较细组分的含水率，按下式计算：

$$W_F = (100w - w_c P_c) \tag{3.24}$$

式中：w_c——超大颗粒组分中的含水率，以小数表示。

3.3　密度 ρ

土的密度定义为单位体积土的质量，工程上还常用重度表示类似的概念，是判断土工程特性的重要指标之一。根据其状态可定义为天然密度、干密度和饱和密度等。

3.3.1　中美标准

美国现行 ASTM 岩土工程标准涉及密度测试的试验标准主要有：

（1）《驱动圆筒法（环刀法）现场土密度标准试验方法》ASTM D2937—17e, *Standard Test Method for Density of Soil in Place by the Drive-Cylinder Method*。

（2）《试坑换砂法现场土及岩石密度标准试验方法》ASTM D4914/D4914M—2016, *Standard Test Methods for Density of Soil and Rock in Place by the Sand Replacement Method in a Test Pit*。

（3）《试坑换水法现场土及岩石密度标准试验方法》ASTM D5030/D5030M—13a, *Standard Test Methods for Density of Soil and Rock in Place by the Water Replacement Method in a Test Pit*。

（4）《使用振动台测定土最大干密度和最大干重度的标准试验方法》ASTM D4253—14, *Standard Test Methods for Maximum Index Density and Unit Weight of Soils Using a Vibratory Table*。

（5）《土最小干密度和最小干重度标准试验方法及相对密度计算》ASTM D4254—14, *Standard Test Methods for Minimum Index Density and Unit Weight of Soils and Calculation of Relative Density*。

（6）《采用振动锤击法测试土壤最大干密度试验方法标准》ASTM D7382—20, *Standard Test Methods for Determination of Maximum Dry Unit Weight of Granular Soils Using a Vibrating Hammer*。

（7）《采用标准力度测试土压实特性的室内试验方法标准》ASTM D698—12, *Standard Test Methods for Laboratory Compaction Characteristics of Soil Using Standard Effort* (12400 ft • lbf/ft^3 (600kN • m/m^3))。

（8）《含超大颗粒土压实特性与含水率修整标准方法》ASTM D4718—15, *Standard Practice for correction of Unit Weight and Water Content for Soils Containing Oversize Particles*。

（9）《套筒法现场测定土密度的标准试验方法》ASTM D4564—02, *Standard Test Method for Density of Soil in Place by the Sleeve Method*。

（10）《橡胶气球法现场测定土密度和重度的标准试验方法》ASTM D2167, *Standard Test Method for Density and Unit Weight of Soil in Place by the Rubber Balloon Method*。

（11）《核子法（浅层法）现场测定土和土集料密度的标准试验方法》ASTM D2922—01, *Standard Test Methods for Density of Soil and Soil-Aggregate in Place by Nuclear Methods (Shallow Depth)*。

（12）《砂锥法原位土密度和重度的标准试验方法》ASTM D155/D1556M—15, *Standard Test Method for Density and Unit Weight of Soil in Place by Sand-Cone Method*。

中国标准土的密度试验可分为室内试验和现场试验，室内试验常用的方法包括环刀法、蜡封法、相对密度试验、击实试验、粗粒土相对密度试验、浮称法、充砂法和联合测定法，现场常用的试验方法有灌水法和灌砂法。美国标准土的密度试验也可分为室内试验和现场试验，室内试验方法主要有振动台测定法（D4253）、振动锤击法（D7382）、土最小干密度和最小干重度标准试验（D4254）、击实试验（D698），现场试验方法主要有环刀法（D2937）、灌砂法（D4914）、灌水法（D5030）、套筒法（D4564）、橡胶囊法（D2167）、核子法（D2922）和砂锥法（D155/D1556M）。

中国标准室内试验环刀法主要用于细粒土的密度试验，中国标准相对密度试验与美国标准振动台试验方法、振动锤击法、最小干密度试验方法均为室内进行最大干密度和最小干密度试验方法，中国标准浮称法、充砂法和振动台联合测定法主要用于冻土密度试验。中国标准击实试验用于测试土壤干密度与含水率关系曲线，与美国标准击实试验（D698）

相似。美国标准密度试验主要为现场试验，其灌砂法、灌水法与中国标准灌砂法、灌水法相似。本节对中美标准相似的密度测试方法进行对比分析，并简要介绍美国其他密度测试方法。

3.3.2 常用密度试验

中国标准常用密度试验方法有环刀法、灌砂法、灌水法。环刀法主要用于细粒土，灌砂法和灌水法适用于细粒土、砂类土和砂砾土。美国标准原位密度试验也有环刀法、灌砂法、灌水法。本节对中美标准环刀法、灌砂法、灌水法进行对比分析，中国标准采用《土工试验方法标准》GB/T 50123—2019，美国标准环刀法采用 ASTM D2937，灌砂法采用 ASTM D4914，灌水法 ASTM D5030。

3.3.2.1 环刀法

中国标准规定环刀法主要用于细粒土，一般用于室内试验；美国标准环刀法用于现场原位试验，不适用于采样过程中可能会导致土样压缩或变形的易碎土、有机质土、软土、高塑性土、非黏性土、饱和土等，且不适用于非常坚硬的天然土和压实土，对含有粒径大于 4.75mm 的土，其可能导致环刀破坏或在环刀中产生空隙，试验结果也不准确。可见，中美标准环刀法均主要适用于易取样的细粒土。环刀法试验的技术要点主要有试验仪器、试验步骤和数据处理，本节从上述技术要点进行对比分析。

（1）试验仪器

中国标准环刀法试验仪器主要有环刀和天平。环刀尺寸参数应符合国家现行标准《岩土工程仪器基本参数及通用技术条件》GB/T 15406 及《土工试验仪器 环刀》SL 370 的规定，岩土工程土工试验常用环刀面积为 $30cm^2$ 和 $50cm^2$，高度均为 20mm；天平称量 500g 时、分度值 0.1g，称量 200g 时、分度值 0.01g。美国标准环刀法试验仪器主要环刀、传动驱动头、直尺、铲子、天平、干燥设备和其他设备。环刀直径一般为 100～152mm，常用环刀外径为 100mm，体积一般大于或等于 $850cm^3$，环刀的间隙比应为 0.5%～3%，面积比应不超过 10%～15%，面积比和间隙比计算公式见式（3.25）和式（3.26）；传动驱动头用于连接环刀并驱动环刀压入土中；直尺尺寸为 3mm×38mm×305mm，一边按 45° 角削尖，可使试样表面与环刀齐平；铲子用于将打入土中的环刀挖出；天平最小称量为 10kg，分度值为 1g，较大环刀需要天平最小称量为 25kg，精度也为 1g；干燥设备用于烘干土样，测定含水率。由此可见，美国标准环刀法试验所需试验仪器比中国标准多，其用途说明也更加详细。

$$A_r = [(D_w^2 - D_e^2)/D_e^2] \times 100 \tag{3.25}$$

式中：A_r——面积比；

D_w——环刀最大外径（mm）；

D_e——刃口处取样器的有效（最小）内径（mm）。

$$C_r = \frac{D_i - D_e}{D_e} \times 100 \tag{3.26}$$

式中：C_r——间隙比；

D_i——取样器的内径。

（2）试验步骤

中国标准关于环刀法的试验步骤为：① 按工程需要取原状土试样或制备所需状态的扰动土试样，整平其两端，将环刀内壁涂一薄层凡士林，刃口向下放在试样上；② 用切土刀将土样削成略大于环刀直径的土柱，然后将环刀垂直下压，边压边削，至土样伸出环刀为止，将两端余土削去修平，取剩余代表性土样测试含水率；③ 擦净环刀外壁称量，准确至 0.1g。

美国标准关于环刀法试验步骤为：① 整平现场试验场地，清除松散颗粒，保证放置环刀的地面平坦，保证试样区域和周围无变形、压缩、张裂或其他扰动；② 组装环刀和驱动装置，将削尖一边向下对应取样表面，通过落锤或千斤顶或其他装置驱动传动头使环刀垂直向下进入土中（环刀压入土的过程中注意压入速度，若速度太快会压缩土壤而影响测试精度），直到环刀顶部进入土中约 13mm，拆除驱动传动头，用铲子从环刀周围挖土，并在环刀底部以下几英寸处切断土样，取出环刀和试样；③ 清除环刀侧面土样，用直尺修整试样两端，使土样两端与环刀两端齐平，用松散的土填补因修整而产生的空隙，确保环刀中无根系或其他外来物质；④ 称量并记录环刀和土样质量，精确至 1g；⑤ 从环刀中取出土样，取代表性试样测试含水率，土样质量不应小于 100g。

对比中美标准环刀法试验步骤发现，中美标准环刀法取样方法和原理基本一致，均是通过不同方式使环刀压入土中，修整试样两端使其与环刀两端齐平，并擦净环刀外壁，从而获得土样质量和体积，并据此计算密度。但是，中国标准环刀法规定用于室内试验，用于现场试验从道理上讲应该是可以的，只是在现场需要事先采取到不扰动试样，接下来的环刀取样操作方法与室内试验相同。而美国标准环刀法规定为现场试验，是直接在现场土体中采取环刀试样，不能用于室内试验，且美国标准对取样过程中环刀压入土中的速度和取样质量给出了详细说明，规定压入速度过快和取样质量不符合要求时应舍弃后重新取样。

（3）数据处理

中国标准环刀法密度计算公式如式（3.27）所示，干密度如式（3.28）所示。中国标准要求应进行两次平行测定，其最大允许误差为 0.03g/cm^3，并取算术平均值。

$$\rho = \frac{m_0}{V} \tag{3.27}$$

$$\rho_d = \frac{\rho}{1+0.01w} \tag{3.28}$$

式中：ρ——试样湿密度（g/cm^3）；

ρ_d——试样干密度（g/cm^3）；

V——环刀容积（cm^3）。

美国标准环刀法密度计算公式如式（3.29）所示，干密度如式（3.30）所示。美国标准未要求进行平行试验，也未给出允许误差，但规定采用内径为 73mm 小环刀时应进行相同土的相邻试验，根据经验给出了密度为 2.022～2.154g/cm^3 时，标准偏差为 0.032g/cm^3。

$$\rho_{wet}=\frac{M_1-M_2}{V} \tag{3.29}$$

$$\rho_d=\frac{\rho_{wet}}{1+(w/100)} \tag{3.30}$$

式中：ρ_{wet}——试样湿密度（g/cm^3）；

M_1——环刀和湿土质量（g）；

M_2——环刀质量（g）；

V——环刀容积（cm^3）。

3.3.2.2　灌砂法

中国标准规定灌砂法适用于细粒土、砂类土和砾类土，美国标准规定灌砂法适用于试坑容积为 0.03～0.17m^3、试验土样最大粒径小于 75～125mm，对于较大试坑和含较大颗粒的土，优先使用灌水法。美国标准灌砂法根据试验土样是否含有超大颗粒分为方法 A 和方法 B，方法 B 在方法 A 的基础上，用于测试含超大粒径颗粒试样。

灌砂法的主要技术要点有试验仪器、试验步骤和数据处理，本节分别对其进行对比分析。

（1）试验仪器

中国标准灌砂法试验仪器主要有灌砂装置（包括漏斗、漏斗架、防风筒、套环、附有 3 个固定器）、台秤、量砂和其他工具（包括有盖的量砂容器、直尺、铲土工具）。美国标准灌砂法试验仪器主要有天平或台秤、干燥箱、试验筛、金属模板、衬垫、灌砂装置（包括盛砂容器和喷口）、金属直尺、标准砂和其他设备（包括铲子、锤子、刷子、有盖的量砂容器等）。中国标准台秤称量为 10kg、分度值为 5g，称量为 50kg、分度值为 10g；美国标准台秤称量 20kg、分度值为 1g，天平称量为 1kg、分度值为 0.1g。中国标准量砂为干净清洁的标准砂，其粒径为 0.25～0.50mm，质量为 10～40kg；美国标准量砂为干净、干燥、均匀、非胶结、耐磨和自由流动，最大粒径可达 4.75mm。由此可见，中美标准灌砂法主要试验仪器基本相同，且关键仪器为灌砂装置、台秤和量砂。

中国标准和美国标准灌砂装置均主要包括盛砂容器和灌砂喷口，但表现形式不同，中国标准为漏斗状，美国标准为喷壶状，且美国标准要求灌砂过程中保持自由落体且与砂土表面的落差约为 50mm。同时，中国标准量砂的粒径、台秤的最大称量和精度也与美国标准有所不同。

（2）试验步骤

美国标准根据试验土样是否含超大粒径颗粒分为方法 A 和方法 B，试验步骤如图 3.4 所示。中国标准灌砂法可分为套环法和不用套环法，其试验步骤如图 3.5 所示。由图 3.4 可知，美国标准方法 B 是在方法 A 的基础上开展，其试验步骤较方法 A 多。由图 3.5 可知，中国标准套环法试验步骤较不用套环法试验步骤多。对比图 3.4 和图 3.5 可知，中美标准灌砂法试验步骤和试验原理基本一致，主要有如下两点：① 中美标准要求标准砂填充试坑的下落速度大致相等；② 要求测试过程中防止标准砂丢失。在试验过程中的一些具体要求存在差异，美国标准灌砂法试验步骤整体上较中国标准多且美国标准对试验步骤描述较详细，主要差异性体现在：① 美国标准试验前有较多准备工具，需要校准和组装试验仪器、估算测试开挖材料的容器体积、估算标准砂的质量等，而中国标准无此要求；② 美国标准需要 2 组标准砂，分别测试填充模板与测试土样空隙砂的质量和填满试坑至模板顶部的质量，而中国标准试验过程仅需要 1 组标准砂；③ 中国标准采用套环、防风筒和漏斗将标准砂放入试坑，而美国标准则采用灌砂装置；④ 美国标准最后需要测试试坑的容积，而中国标准则采用标准试坑尺寸，试验最后不再重复测试试坑体积；⑤ 美国标准规定当测试土样含超大粒径颗粒时，需要采用方法 B 测试大颗粒含量百分比及其干密度，而中国标准无此要求，但对试样最大粒径及其对于试坑尺寸有相应规定。

此外，中美标准均针对不同大小粒径提出了开挖试坑的标准尺寸，中国标准规定试坑尺寸与相应的最大粒径如表 3.9 所示，美国标准规定试坑尺寸与最大粒径如表 3.10 所示。对比表 3.9 和表 3.10 可知，中国标准针对试样最大粒径给出了对应的试坑直径和深度，而美国标准给出了对应的试坑最小体积、试坑深度和试验设备，且粒径小于 125mm 时，试验设备为方形框架，粒径大于 200mm 时为环形框架。中美标准给出的试样最大颗粒粒径不同，中国标准给出试样颗粒的最大粒径分别为 5mm、20mm、40mm、60mm 和 200mm；而美国标准给出试样颗粒的最大粒径分别为 75mm、125mm、200mm、300mm 和 450mm。

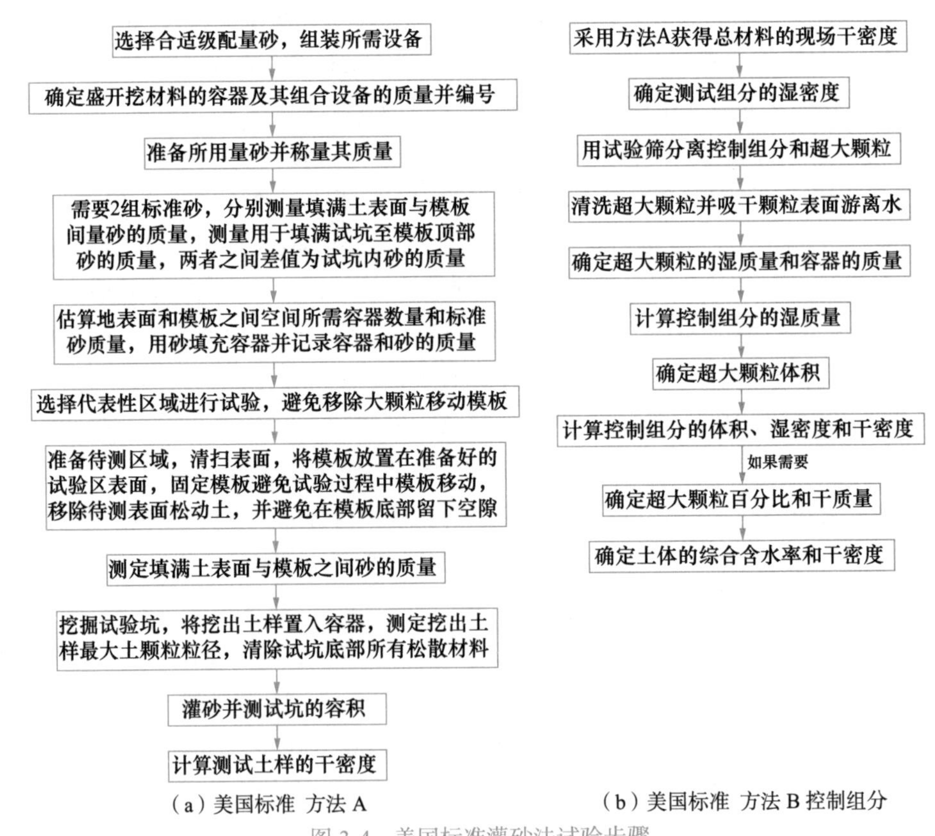

（a）美国标准 方法 A　　（b）美国标准 方法 B 控制组分

图 3.4 美国标准灌砂法试验步骤

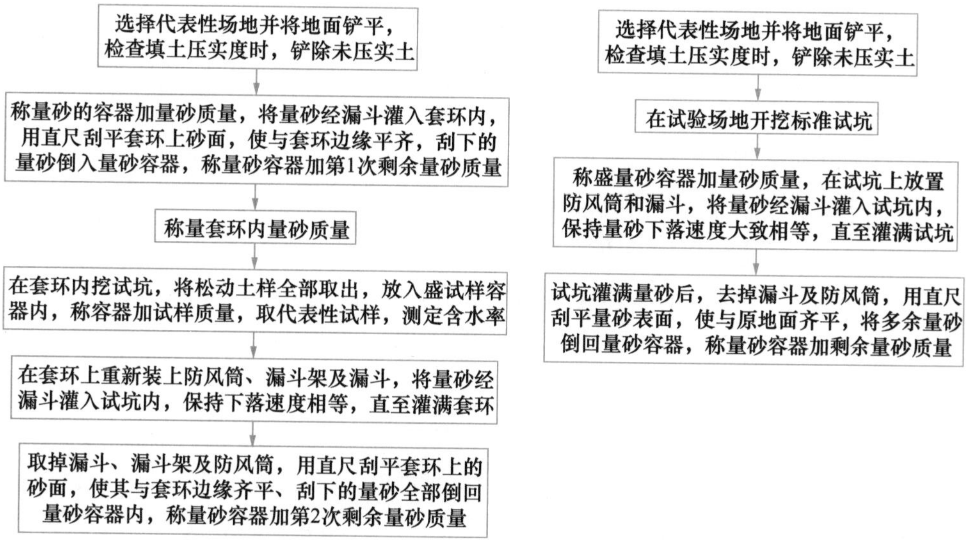

选择代表性场地并将地面铲平，检查填土压实度时，铲除未压实土
↓
称量砂的容器加量砂质量，将量砂经漏斗灌入套环内，用直尺刮平套环上砂面，使与套环边缘平齐，刮下的量砂倒入量砂容器，称量砂容器加第1次剩余量砂质量
↓
称量套环内量砂质量
↓
在套环内挖试坑，将松动土样全部取出，放入盛试样容器内，称容器加试样质量，取代表性试样，测定含水率
↓
在套环上重新装上防风筒、漏斗架及漏斗，将量砂经漏斗灌入试坑内，保持下落速度相等，直至灌满套环
↓
取掉漏斗、漏斗架及防风筒，用直尺刮平套环上的砂面，使其与套环边缘齐平、刮下的量砂全部倒回量砂容器内，称量砂容器加第2次剩余量砂质量

（a）中国标准　套环法

选择代表性场地并将地面铲平，检查填土压实度时，铲除未压实土
↓
在试验场地开挖标准试坑
↓
称盛量砂容器加量砂质量，在试坑上放置防风筒和漏斗，将量砂经漏斗灌入试坑内，保持量砂下落速度大致相等，直至灌满试坑
↓
试坑灌满量砂后，去掉漏斗及防风筒，用直尺刮平量砂表面，使与原地面齐平，将多余量砂倒回量砂容器，称量砂容器加剩余量砂质量

（b）中国标准　不用套环法

图 3.5　中国标准灌砂法试验步骤

中国标准试坑尺寸与相应的最大粒径　　表 3.9

试样最大粒径 /mm	试坑尺寸 /mm	
	直径	深度
5（20）	150	200
40	200	250
60	250	300
200	800	1000

美国标准试坑尺寸及试验设备与颗粒最大粒径　　表 3.10

试样最大粒径 /mm	试坑最小体积 /m³	试验设备模板直径 /m	试坑最小深度 /mm
75	0.03	0.6m 方形框架	300
125	0.06	0.75m 方形框架	450
200	0.23	1.2m 环形框架	600
300	0.76	1.8m 环形框架	600
450	2.55	2.7m 环形框架	900

注：最大粒径颗粒大于 450mm 应根据具体情况而定。

（3）数据处理

中国标准规定套环法湿密度计算公式如式（3.31）所示，不用套环法计算土样湿密度公式如式（3.32）所示，试验需进行两次平行测定，取算术平均值。

$$\rho=\frac{(m_{y4}-m_{y6})-[(m_{y1}-m_{y2})-m_{y3}]}{\dfrac{m_{y2}+m_{y3}-m_{y5}}{\rho_{1s}}-\dfrac{m_{y4}-m_{y2}}{\rho_{1s}{}'}} \tag{3.31}$$

$$\rho=\frac{(m_{y4}-m_{y6})}{\dfrac{m_{y4}-m_{y7}}{\rho_{1s}}} \tag{3.32}$$

式中：m_{y1}——量砂容器加原有量砂质量（g）；

m_{y2}——量砂容器加第1次剩余量砂质量（g）；

m_{y3}——从套环中取出量砂质量（g）；

m_{y4}——试样容器加试样质量（包括少量遗留砂质量）（g）；

m_{y5}——量砂容器加第2次剩余量砂质量（g）；

m_{y6}——试样容器质量（g）；

m_{y7}——量砂容器加剩余量砂质量（g）；

ρ_{1s}——往试坑内灌砂时量砂的平均密度（g/cm^3）；

ρ_{1s}'——挖试坑前，往套环内灌砂时量砂的平均密度（g/cm^3），计算精确至$0.01g/cm^3$。

美国标准方法A计算试样密度主要公式分以下步骤进行。计算填充模板所用砂的质量，按式（3.33）计算：

$$m_6=m_2-m_4 \tag{3.33}$$

式中：m_6——填充模板所用砂的质量（kg）；

m_4——模板中砂和容器的质量（试验前）（kg）；

m_2——模板剩余砂和容器的质量（试验后）（kg）。

计算填充试坑和模板砂的质量如式（3.34）所示：

$$m_5=m_1-m_3 \tag{3.34}$$

式中：m_5——填充试坑和模板所用砂的质量（kg）；

m_1——砂和容器的质量（试验前）（kg）；

m_3——剩余砂和容器的质量（试验后）（g）。

计算填充试坑所用砂的质量如式（3.35）所示：

$$m_7=m_5-m_6 \tag{3.35}$$

式中：m_7——填充试坑所用砂的质量（kg）；

m_5——填充砂和模板所用砂的质量（kg）；

m_6——填充模板所用砂的质量（kg）。

计算试坑容积如式（3.36）所示：

$$V_T=\frac{m_7}{\rho_s}\times\frac{1}{10^3} \tag{3.36}$$

式中：V_T——测试坑容积（kg）；

ρ_s——校准砂密度（Mg/m^3）。

计算从试坑中开挖试样的质量如式（3.37）所示：

$$m_{10}=m_8-m_9 \tag{3.37}$$

式中：m_{10}——从试坑开挖试样的质量（kg）；

m_8——从试坑开挖试样和盛试样容器的质量之和；

m_9——盛试坑土样的容器的质量。

计算试样的湿密度如式（3.38）所示：

$$\rho_{wet} = \frac{m_{10}}{V_T} \times \frac{1}{10^3} \tag{3.38}$$

式中：ρ_{wet}——测试试样的湿密度（Mg/m^3）。

计算试坑挖出试样的干密度如式（3.39）所示：

$$\rho_d = \frac{\rho_{wet}}{1+\left(\frac{w}{100}\right)} \tag{3.39}$$

式中：ρ_d——测试试样的湿密度（Mg/m^3）。

美国标准方法 B 计算试样密度在方法 A 的基础上采用以下步骤进行。计算试样超大颗粒湿质量如式（3.40）所示：

$$m_{13} = m_{11} - m_{12} \tag{3.40}$$

式中：m_{13}——试样超大颗粒湿质量（kg）；

m_{11}——超大颗粒和容器的质量之和（kg）；

m_{12}——容器的质量（kg）。

计算控制组分湿质量如式（3.41）所示：

$$m_{18} = m_{10} - m_{13} \tag{3.41}$$

式中：m_{18}——控制组分湿质量（kg）；

m_{10}——从试坑开挖试样的质量（kg）；

m_{13}——试样中超大颗粒湿质量（kg）。

根据超大颗粒在空气中的质量和水中的质量计算其体积如式（3.42）所示：

$$V_{os} = \frac{m_{13} - m_{14}}{1g/cm^3} \times \frac{1}{10^3} \tag{3.42}$$

式中：V_{os}——超大颗粒体积（m^3）；

m_{14}——悬浮在水中超大颗粒的质量（kg）；

m_{13}——试样中超大颗粒湿质量（kg）；

$1g/cm^3$——水的密度；

$1/10^3$——将 g/cm^3 转化为 kg/m^3 时所用的常数。

根据已知的体积相对密度计算超大颗粒体积如式（3.43）所示：

$$V_{os} = \frac{m_{13}}{G_m \times (1g/cm^3)} \times \frac{1}{10^3} \tag{3.43}$$

式中：V_{os}——超大颗粒体积（m^3）；

m_{13}——试样中超大颗粒湿质量（kg）；

$1g/cm^3$——水的密度；

$1/10^3$——将 g/cm^3 转化为 kg/m^3 时所用的常数；

G_m——超大颗粒体积相对密度。

控制组分的体积如式（3.44）所示：

$$V_c = V_T - V_{os} \tag{3.44}$$

式中：V_c——控制组分体积（m^3）；

V_T——试样体积（m^3）；

V_{os}——超大颗粒体积（m^3）。

控制组分的湿密度计算公式如式（3.45）所示：

$$\rho_{wet}(c) = \frac{m_{18}}{V_c} \tag{3.45}$$

式中：$\rho_{wet}(c)$——控制组分的湿密度（Mg/m^3）；

m_{18}——控制组分湿质量（kg）；

V_c——控制组分体积（m^3）。

控制组分的干密度计算公式如式（3.46）所示：

$$\rho_d(c) = \frac{\rho_{wet}(c)}{1+\left(\frac{w_f}{100}\right)} \tag{3.46}$$

式中：$\rho_d(c)$——控制组分的干密度（Mg/m^3）；

$\rho_{wet}(c)$——控制组分的湿密度（Mg/m^3）；

w_f——控制组分含水率。

控制组分的干质量计算公式如式（3.47）所示：

$$m_{19} = \frac{m_{18}}{1+\left(\frac{w_f}{100}\right)} \tag{3.47}$$

式中：m_{19}——控制组分的干质量（Mg/m^3）；

m_{18}——控制组分的湿质量（Mg/m^3）；

w_f——控制组分含水率。

超大颗粒干质量计算公式可采用式（3.48）和式（3.49）之一：

$$m_{17} = m_{15} - m_{16} \tag{3.48}$$

$$m_{17} = \frac{m_{13}}{1+\left(\frac{w_{os}}{100}\right)} \tag{3.49}$$

式中：m_{17}——超大颗粒干质量（kg）；

m_{15}——超大颗粒和容器干质量（kg）；

m_{16}——容器质量（kg）；

m_{13}——超大颗粒湿质量（kg）；

w_{os}——超大颗粒含水率（%）。

计算总试样干质量公式如式（3.50）所示：

$$m_{20}=m_{19}+m_{17} \tag{3.50}$$

式中：m_{20}——总试样干质量（kg）；

m_{19}——控制组分干质量（kg）；

m_{17}——超大颗粒干质量（kg）。

计算超大颗粒百分比如式（3.51）所示：

$$p=\frac{m_{17}}{m_{20}}\times 100 \tag{3.51}$$

式中：p——超大颗粒百分比（%）；

m_{20}——总试样干质量（kg）；

m_{17}——超大颗粒干质量（kg）。

试验总试样的含水率如式（3.52）所示：

$$w=\frac{m_{10}-m_{20}}{m_{20}}\times 100 \tag{3.52}$$

式中：w——试验总试样的含水率（%）；

m_{20}——总试样干质量（kg）；

m_{10}——总试样湿质量（kg）。

中国标准灌砂法分别给出了两种试验方法的密度计算公式，而美国标准分步骤给出了不同参数的计算公式，并最终给出了试验试样的密度计算公式。因此，美国标准概念更加清晰，对每个参数的概念也易于理解。

3.3.2.3　灌水法

中国标准规定灌水法适用于细粒土、砂类土和砾类土，美国标准规定灌水法适用于试坑容积为 0.08～2.83m^3，试验土样最大粒径可能大于 125mm，且如果需要可用于更大尺寸试坑。美国标准灌水法（D5030）根据试验对象是否含超大颗粒又划分为方法 A 和方法 B，方法 A 主要适用于不含超大颗粒土测试，方法 B 主要适用于测试含超大粒径颗粒试样。

灌水法的主要技术要点有试验仪器、试验步骤和数据处理，本节分别对其进行对比分析。

（1）试验仪器

中国标准规定试验仪器主要有储水筒、台秤、薄膜和其他设备（铲土工具、水准尺和直尺等）。美国标准则规定试验仪器主要有天平或台秤、干燥箱、试验筛、温度计、金属模板（相当于中国标准的套环）、衬垫、水测量设备、水位指示器、虹吸软管、泵、水箱和其他设备（防止模板移动的设备、用来开挖试验坑的设备、水桶、能保持含水率保存试样的容器、适合干燥土样的秤盘和瓷盘、工作平台、处理负荷的升调设备、水准仪和标尺）。中国标准储水筒直径均匀，并附有刻度；台秤称量 20kg、分度值 5g，称量 50kg、分度值 10g。美国标准台秤最小量程为 1000g，读数精度为 0.1g；干燥箱保持温度为 110℃±5℃，试验筛为 4.75mm 筛；金属模板为圆形金属环，具有足够的刚度；衬垫，厚 100～150μm，韧性材料；水测量设备包括储存容器、输送软管和水表等测量设备，可测量水的体积或质量；误差不超过 1%。可见，中美标准灌水法试验仪器主要为储水容器、水测量设备、称量设备和防水材料，但具体规定存在差异。

（2）试验步骤

美国标准则根据试验土样是否含超大粒径颗粒分为方法 A 和方法 B，其试验步骤如图 3.6（a）和图 3.6（b）所示；中国标准灌水法试验步骤如图 3.6（c）所示。由图 3.6 可知，中美标准试验步骤均主要包括开挖试坑→测试开挖土样质量和含水率→测试开挖试坑体积→计算试验土样湿密度和干密度。对比中美标准试验步骤可知，美国标准试验步骤较中国标准说明多，美国标准方法 B 是在方法 A 的基础上开展的，其试验步骤较方法 A 多。此外，美国标准对各试验步骤还给出了详细的描述，如说明“确定试验坑体积”，标准中分别给出了测试水的体积和质量两种方法，对每种方法又给出了详细的说明。

（a）美国标准 方法 A　（b）美国标准 方法 B　（c）中国标准

图 3.6 中美标准灌水法试验步骤

中国标准试坑开挖尺寸按表 3.9 确定，美国标准规定的试坑开挖尺寸见表 3.11。可见，中国标准灌水法和灌砂法采用的试坑尺寸完全相同，均根据试验土样最大粒径确定；美国标准灌水法则与灌砂法采用不同的试坑尺寸。对比中美标准灌水法试坑尺寸，中国标准针对试样最大粒径给出了对应的试坑直径和深度；而美国标准给出了对应的试坑最小体积、试坑深度和模板形状及尺寸，且粒径小于等于 5in 时，试验设备为方形框架，粒径大于等于 8in 时为环形框架。中美标准给出的试样最大颗粒粒径有差别，中国标准给出试样颗粒的最大粒径分别为 5mm、20mm、40mm、60mm 和 200mm；而美国标准给出试样颗粒的最大粒径分别为 3in、5in、8in、12in 和 18in。

美国标准灌水法试坑尺寸　　　　表 3.11

最大尺寸 /in	开挖最小体积 /ft^3	开孔模板	开挖深度 /in
3	1	24in 方形框架	18
5	2	30in 方形框架	12
8	8	4ft 直径圆环	24
12	27	6ft 直径圆环	24
18	90	9ft 直径圆环	36

注：最大颗粒尺寸超过 18in 时，视情况而定；1in = 25mm。

（3）数据处理

中美标准均给出各试验方法的数据处理步骤和计算公式，中国标准要求进行两次平行测定，取算术平均值；美国标准则未要求两次平行测定。

中国标准的计算步骤和公式主要有：

试坑体积按式（3.53）计算：

$$V_{sk}=(H_{t2}-H_{t1})A_w-V_{th} \tag{3.53}$$

式中：V_{sk}——试坑体积（cm^3）；

H_{t1}——储水筒内初始水位高度（cm）；

H_{t2}——储水筒内注水终了时水位高度（cm）；

A_w——储水筒断面积（cm^2）；

V_{th}——套环体积（cm^2）。

湿密度 ρ 与干密度 ρ_d 分别按式（3.54）和式（3.55）计算，计算至 0.01g/cm^3：

$$\rho=\frac{m_0}{V_{sk}} \tag{3.54}$$

$$\rho_d=\frac{\rho}{1+0.01w} \tag{3.55}$$

式中：m_0——试坑土样质量（kg）；

w——含水率（%）。

美国标准方法 A 计算步骤和公式主要有：

填满试坑和模板的水的质量按式（3.56）计算：

$$m_5=m_1-m_3 \tag{3.56}$$

式中：m_5——填满试坑和模板的水的质量（kg）；

m_1——填满模板和试坑水及容器的质量（试验前）（kg）；

m_3——填满模板和试坑水及容器的质量（试验后）（kg）。

填满模板的水的质量按式（3.57）计算：

$$m_6 = m_2 - m_4 \tag{3.57}$$

式中：m_6——填满模板的水的质量（kg）；

m_2——填充模板的容器的水的质量（试验前）（kg）；

m_4——填充模板的容器的水的质量（试验后）（kg）。

填充试坑的水的质量按式（3.58）计算：

$$m_7 = m_5 - m_6 \tag{3.58}$$

式中：m_7——填满试坑所用水的质量（kg）。

填满试坑所用水的体积按式（3.59）计算：

$$V_4 = (m_7 / \rho_w) \times \frac{1}{10^3} \tag{3.59}$$

式中：V_4——填满试坑所用水的体积（m^3）；

m_7——填满试坑所用水的质量（kg）；

ρ_w——水的密度（g/cm^3）。

填满试坑所用水的体积也可按式（3.60）计算：

$$V_4 = (V_1 - V_2) \times \frac{1}{10^3} \tag{3.60}$$

式中：V_4——填满试坑所用水的体积（m^3）；

V_1——填满试坑与模板所用水的体积（L）；

V_2——填满模板所用水的体积（L）。

砂浆体积按式（3.61）计算：

$$V_5 = \frac{m_{11}}{\rho_m} \tag{3.61}$$

式中：V_5——试坑内砂浆体积（m^3）；

m_{11}——试坑内砂浆质量（kg）；

ρ_m——砂浆密度（Mg/m^3）。

试坑容积按式（3.62）计算：

$$V_6 = V_4 + V_5 \tag{3.62}$$

式中：V_6——试坑容积（m^3）。

从试坑开挖土样湿质量按式（3.63）计算：

$$m_{10} = m_8 - m_9 \tag{3.63}$$

式中：m_{10}——从试坑开挖土样的湿质量（kg）；

m_8——从试坑开挖土样的湿质量与容器质量之和（kg）；

m_9——容器质量（kg）。

从试坑开挖土样湿密度按式（3.64）计算：

$$\rho_{wet}=\left(\frac{m_{10}}{V_6}\right)\times\frac{1}{10^3} \tag{3.64}$$

式中：ρ_{wet}——从试坑开挖土样的湿密度（Mg/m^3）。

从试坑开挖土样干密度按式（3.65）计算：

$$\rho_d=\frac{\rho_{wet}}{1+(w/100)} \tag{3.65}$$

式中：ρ_d——从试坑开挖土样的干密度（Mg/m^3）；

w——从试坑开挖土样的含水率（%）。

美国标准方法 B 计算试样密度在方法 A 的基础上采用以下步骤进行。计算试样超大颗粒湿质量如式（3.66）所示：

$$m_{14}=m_{12}-m_{13} \tag{3.66}$$

式中：m_{14}——试样超大颗粒湿质量（kg）；

m_{12}——超大颗粒和容器的质量和（kg）；

m_{13}——容器的质量（kg）。

计算控制组分湿质量如式（3.67）所示：

$$m_{18}=m_{10}-m_{14} \tag{3.67}$$

式中：m_{18}——控制组分湿质量（kg）；

m_{10}——试坑开挖试样湿质量（kg）；

m_{14}——试样超大颗粒湿质量（kg）。

根据已知的体积相对密度计算超大颗粒体积如式（3.68）所示：

$$V_{os}=\frac{m_{14}}{G_m\times(1g/cm^3)}\times\frac{1}{10^3} \tag{3.68}$$

式中：V_{os}——超大颗粒体积（m^3）；

m_{14}——试样中超大颗粒湿质量（kg）；

$1g/cm^3$——水的密度；

$1/10^3$——将 g/cm^3 转化为 kg/m^3 时所用的常数；

G_m——超大颗粒体积相对密度。

控制组分的体积计算如式（3.69）所示：

$$V_c=V_6-V_{os} \tag{3.69}$$

式中：V_c——控制组分体积（m^3）；

V_6——测试坑体积（m^3）；

V_{os}——超大颗粒体积（m^3）。

控制组分的湿密度计算如式（3.70）所示：

$$\rho_{wet}(c)=\frac{m_{18}}{V_c}\times\frac{1}{10^3} \tag{3.70}$$

式中：$\rho_{wet}(c)$——控制组分的湿密度（Mg/m^3）；

m_{18}——控制组分湿质量（kg）；

V_c——控制组分体积（m^3）。

控制组分的干密度计算如式（3.71）所示：

$$\rho_d(c)=\frac{\rho_{wet}(c)}{1+\left(\frac{w_f}{100}\right)} \tag{3.71}$$

式中：$\rho_d(c)$——控制组分的干密度（Mg/m^3）；

$\rho_{wet}(c)$——控制组分的湿密度（Mg/m^3）；

w_f——控制组分含水率。

控制组分的干质量计算如式（3.72）所示：

$$m_{19}=\frac{m_{18}}{1+\left(\frac{w_f}{100}\right)} \tag{3.72}$$

式中：m_{19}——控制组分的干质量（Mg/m^3）；

m_{18}——控制组分的湿质量（Mg/m^3）；

w_f——控制组分含水率。

超大颗粒干质量计算如式（3.73）和式（3.74）所示：

$$m_{17}=m_{15}-m_{10} \tag{3.73}$$

$$m_{17}=\frac{m_{14}}{1+\left(\frac{w_{os}}{100}\right)} \tag{3.74}$$

式中：m_{17}——超大颗粒干质量（kg）；

m_{15}——超大颗粒和容器干质量（kg）；

m_{10}——容器质量（kg）；

m_{14}——超大颗粒湿质量（kg）；

w_{os}——超大颗粒含水率（%）。

计算总试样干质量如式（3.75）所示：

$$m_{20}=m_{19}+m_{17} \tag{3.75}$$

式中：m_{20}——总试样干质量（kg）；

m_{19}——控制组分干质量（kg）；

m_{17}——超大颗粒干质量（kg）。

计算超大颗粒百分比如式（3.76）所示：

$$p=\frac{m_{17}}{m_{20}}\times 100 \tag{3.76}$$

式中：p——超大颗粒百分比（%）；

m_{20}——总试样干质量（kg）；

m_{17}——超大颗粒干质量（kg）。

试验总试样的含水率如式（3.77）所示：

$$w=\frac{m_{10}-m_{20}}{m_{20}}\times 100 \quad (3.77)$$

式中：w——试验总试样的含水率（%）；

m_{20}——总试样干质量（kg）；

m_{10}——总试样湿质量（kg）。

由以上公式可见，相对于中国标准而言，美国标准分步骤给出了不同参数的计算公式，并最终给出了试验试样的密度计算公式，每个公式及参数概念清晰，易于理解。

3.3.3　相对密度试验

中国标准相对密度试验包括细粒土相对密度试验和粗粒土相对密度试验，其又分别包括最大干密度和最小干密度试验。相对密度试验适用于能自由排水的砂砾土，粒径不大于 5mm，其中粒径为 2～5mm 的土样质量不应大于土样总质量的 15%，其规定最小干密度试验宜采用漏斗法和量筒法，最大干密度试验宜采用振动锤击法。粗粒土相对密度试验适用于最大粒径不大于 60mm 的能自由排水的粗颗粒土且粗粒土中细粒土的含量不应大于 12%，其最小干密度试验方法分为 2 种，分别针对粒径不大于 10mm 烘干土和粒径大于 10mm 烘干土；最大干密度试验首先根据试验仪器分为振动台法和表面振动法，然后根据土样中是否加水又分为干法和湿法。

美国标准相对密度试验包括最小干密度（D4254）、振动台最大干密度试验（D4253）和锤击法最大干密度试验（D7382），均用于测试可自由排水的无黏性土，也适用于对粒径小于 0.075mm 占 15% 的具有黏聚力但可自由排水的土；对于可自由排水的无黏性土，美国标准振动台试验方法比冲击压实法（D1557）获得的干密度更大，但比振动锤击法（D7382）获得的干密度小。最小干密度（D4254）包括 3 种测试方法，即方法 A、方法 B、方法 C，其适用范围如表 3.12 所示。美国标准振动锤击法（D7382）采用振动锤击实获取土样最大干密度，与中国标准相对密度试验最大干密度试验方法相似。最大干密度试验（D4253）采用振动台，其首先根据电动台型号分为方法 1 和方法 2，又根据试验采用土样分为干法试验和湿法试验，该方法与中国标准粗粒土相对密度试验最大干密度试验方法较接近，该标准指出振动台试验过程中可能会导致无黏性土试样颗粒破碎，导致最大干密度增加，而中国标准未指出该情况。

美国标准最小干密度测试方法适用范围　　表 3.12

方法	A	B	C
适用范围	所有土颗粒粒径小于 75mm，且 30% 土颗粒粒径大于 37.5mm	所有土颗粒粒径小于 19mm	所有土颗粒粒径小于 9.5mm，且 10% 土颗粒粒径大于 2mm

中国标准相对密度试验中的最小干密度试验方法与美国标准最小干密度试验方法 C 试验中的相似，最大干密度试验与美国标准最大干密度锤击法试验相似。中国标准粗粒土相对密度最小干密度试验（以下简称粗粒土最小干密度试验）与美国标准最小干密度试验方法 A 相似，粗粒土相对密度试验的最大干密度试验（以下简称粗粒土最大干密度试验）与美国标准振动台试验相似。因此，本节分别对以上相似方法从试验仪器、试验步骤和数据处理进行对比分析。

3.3.3.1 最小干密度试验

1）试验仪器

中国标准最小干密度试验仪器主要有量筒、长颈漏斗、锥形塞、天平和砂面拂平器；美国标准最小干密度（D4254）试验仪器主要有干燥箱、试验筛、玻璃量筒和天平。中国标准量筒容积为 500mL 和 1000mL 两种，后者内径应大于 6cm；长颈漏斗颈管内径约 1.2cm，颈口磨平；锥形塞为直径约 1.5cm 的圆锥体，焊接在铜杆下端；天平称量 1000g，分度值为 1g。美国标准干燥箱保持恒温 110℃±5℃；玻璃量筒容积 2000mL，最小刻度 20mL，内径约 75mm；天平称量 2kg，分度值为 0.1g；试验筛孔径为 9.5mm、2mm 和 0.075mm。可见，中美标准最小干密度试验仪器基本相同，但相同仪器的型号和参数存在差异。如中国标准量筒容积为 500mL 和 1000mL，而美国标准量筒容积为 2000mL；中国标准天平称量为 1000g，分度值为 1g，而美国标准天平称量为 2kg，分度值为 0.1g，其最大称量和精度均高于中国标准。此外，美国标准要求试验前对试验仪器如量筒进行容积校正，采用直接测量法或注水法校正的体积应在标准值的 1.5% 以内。

2）试验步骤

绘制中美标准最小干密度试验步骤如图 3.7 所示。从图 3.7 可知，中美标准最小干密度试验均是将一定质量烘干土样缓慢装入量筒中，然后倒转量筒再旋转至原来的垂直位置后获取量筒中试样的最大体积，从而计算土样的最小干密度，但试验步骤的具体细节存在差异。具体差异有：① 中国标准取样 1.5kg 拌和均匀后称 700g 土样放入 1000mL 量筒容器内，而美国标准取样 1000g 放入 2000mL 量筒容器内；② 中国标准通过提高锥形塞体使漏斗中土样缓慢均匀地落入量筒中，而美国标准未详细说明土样装入量筒的方法；③ 中国标准采用砂面拂平器将量筒内砂面拂平，测读砂样体积时估读至 5mL，而美国标准未规定拂平量筒内砂面，也未规定体积读数的精度；④ 中国标准将量筒倒置时未规定重复次数，而美国标准规定至少重复 3 次且 3 次读数基本一致；⑤ 中国标准规定取土样落入量筒后体积与重复倒转后体积最大值为松散土样的最大体积，而美国标准采用倒转后 3 次差值在 2% 以内的体积。

3）数据处理

中国标准规定本试验应进行两次平行测定，两次测定值最大允许平行差值为 $0.03g/cm^3$，取两次测值的平均值为试验结果；美国标准则规定在试验过程中进行 3 次体积测试且差值在 2% 以内。

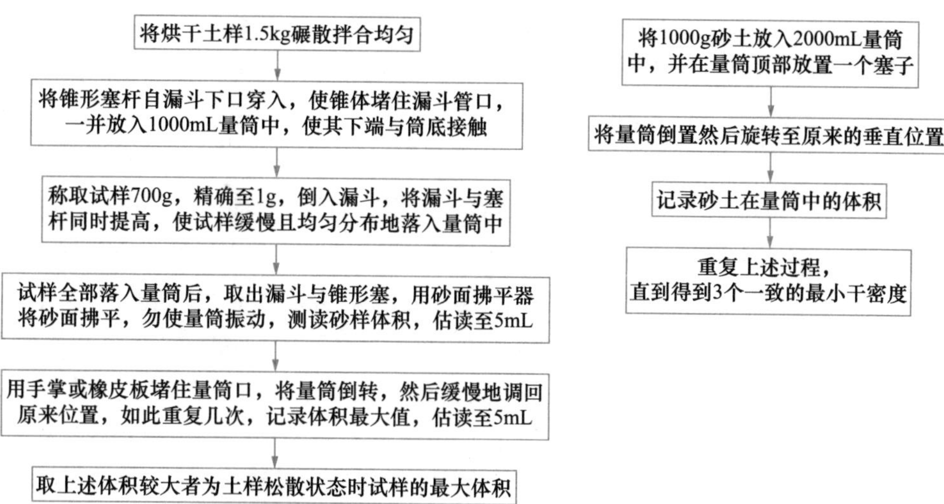

（a）中国标准　　（b）美国标准 方法 C

图 3.7　中美标准相对密度最小干密度试验

中国标准最小干密度计算采用式（3.78），

$$\rho_{\mathrm{dmin}}=\frac{m_{\mathrm{d}}}{V_{\max}} \tag{3.78}$$

式中：ρ_{dmin}——最小干密度（g/cm^3）；

$V_{\max}$——松散状态时试样的最大体积（cm^3）；

m_{d}——试样干质量（g）。

最大孔隙比计算采用式（3.79），

$$e_{\max}=\frac{\rho_{\mathrm{w}}G_{\mathrm{s}}}{\rho_{\mathrm{dmin}}}-1 \tag{3.79}$$

式中：G_{s}——颗粒相对密度；

$e_{\max}$——最大孔隙比；

ρ_{w}——水的密度（g/cm^3），取 $1.0g/cm^3$。

美国标准最大干密度计算采用式（3.80），

$$\rho_{\mathrm{dmin,n}}=\frac{M_{\mathrm{s}}}{V} \tag{3.80}$$

式中：$\rho_{\mathrm{dmin,n}}$——最小干密度（g/cm^3）；

V——松散状态时试样的最大体积（cm^3）；

M_{s}——试样干质量（g）。

最小干重度计算采用式（3.81），

$$\gamma_{\mathrm{dmin}}=9.807\times\rho_{\mathrm{dmin}} \tag{3.81}$$

式中：γ_{dmin}——干重度（kN/m^3）。

最大孔隙比计算采用式（3.82），

$$e_{\max}=(\rho_{\mathrm{w}}\times G_{\mathrm{avg}}/\rho_{\mathrm{dmin}})-1 \tag{3.82}$$

式中：G_{avg}——土样加权平均颗粒相对密度；

e_{max}——最大孔隙比；

ρ_{dmin}——水的密度（g/cm^3），取 1.0g/cm^3。

3.3.3.2 最大干密度试验

中国标准相对密度最大干密度试验采用烘干试样，仅有 1 种试验方法，即振动锤击法；而美国标准振锤法根据试验土样最大干密度则分为 4 种试验方法，分别是 1A、1B、2A 和 2B，方法 1A 采用饱和试样和内径 152.44mm 金属容器，适用于最大粒径小于等于 19mm 试样，或者大于 19mm 的土样颗粒质量百分比小于等于 30% 的试样；方法 1B 采用饱和试样和内径 279.4mm 金属容器，适用于最大粒径小于等于 50mm 试样；方法 2A 采用烘干试样和内径 152.44mm 金属容器，适用于最大粒径小于等于 19mm 试样，或者大于 19mm 土样颗粒的质量百分比小于等于 30% 的试样；方法 2B 采用烘干试样和内径 279.4mm 金属容器，适用于最大粒径小于等于 50mm 试样。可见美国标准方法 2A 与中国标准相似，本节对中国标准和美国标准方法 2A 进行对比分析。

1）试验仪器

中国标准最大干密度试验仪器主要有金属容器、振动叉、击锤和台秤，美国标准锤击法最大干密度试验仪器（D7382）主要有振动锤、金属容器、锤架、推出试样岩芯的装置、天平、干燥箱、直尺、试验筛和其他设备。可见中美标准试验仪器主要为金属容器、振动叉、击锤和台秤，但相同仪器的具体参数存在较大差异。如中国标准金属容器有两种，分别是容积 250mL、内径 5cm、高 12.7cm 和容积 1000mL、内径 10cm、高 12.75cm；美国标准金属容器也有两种，分别是 6in 容器（内径 152.4mm±0.7mm、高度 116.4mm±0.5mm、体积 2124cm^3±25cm^3）和 11in 容器（内径 279.4mm±0.7mm、高度 230.9mm±0.5mm、体积 14200cm^3±142cm^3）。中国标准击锤质量 1.25kg，落高 15cm，锤底直径 5cm；美国标准振动锤频率为 3200～3500 次 /min，冲击能为 9.5～12m・N，重 53～89N。中国标准台秤称量为 5000g，分度值为 1g；美国标准根据不同的金属容器采用不同参数的天平，6in 容器对应的天平称量为 15kg，分度值为 1g，11in 容器对应的天平称量度为 60kg，分度值为 15g。此外，美国标准还列出了柱形锤架和土样岩芯推出装置，而中国标准未列出。

2）试验步骤

中美标准最大干密度试验步骤如图 3.8 所示。从图 3.8 可知，中美标准最大干密度试验均是将一定质量烘干土样分 3 次装入金属容器内，每次装样完成后采用压力和振动击实使土样体积达到最小值，从而计算土样的最大干密度，但试验步骤的具体细节存在差异。具体差异有：① 中国标准整体取样 4kg 拌合均匀后称 600～800g 土样放入 1000mL 金属容器内，而美国标准未规定取样质量；② 中国标准装样后采用击锤和振动叉密实土样，锤击和振动时间为 5～10min，而美国标准则采用振动锤密实土样，锤击和振动时间为 60s±5s；③ 美国标准在前两层土样击实完成后为防止分层对土样表面进行划痕，而中国标准未规定进行表面划痕处理；④ 中国标准在最后一次夯击过程中安装套环，而美国标准未规定安装套环；⑤ 美国标准在土样击实完成后，采用推土器使土样顶部高出金属容器 10cm 左右，并采用修土刀修剪高出容器土样使其与金属顶部平行，而中国标准则是取下套环后用修土刀刮去金属容器顶部多余土样使其与金属容器顶部平行；⑥ 中国标准直接称取击实后土样质量，而美国标准则通过计算获取土样干质量。

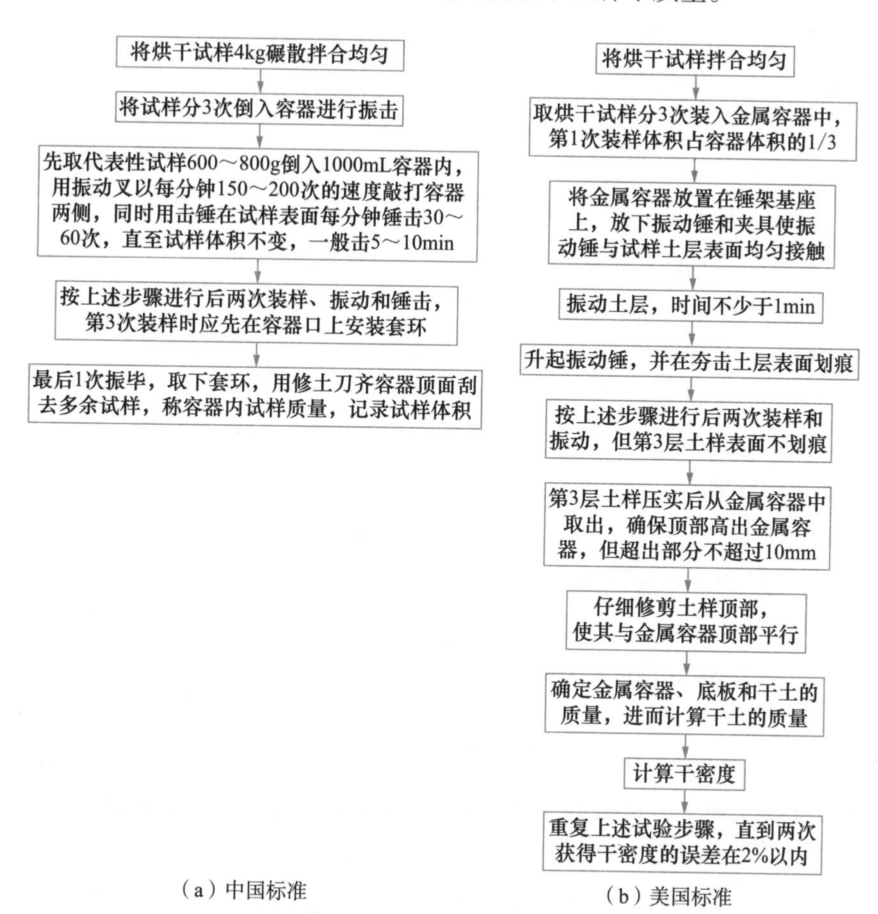

（a）中国标准　　（b）美国标准

图 3.8　中美标准试验步骤

3）数据处理

中国标准规定本试验应进行两次平行测定，两次测定值最大允许平行差值为 0.03g/cm^3，取两次测值的平均值为试验结果；美国标准没有规定试验次数，但需要满足试验结果（最大干密度计算结果）差值在 2% 以内。

中国标准最大干密度计算采用式（3.83），

$$\rho_{\mathrm{dmax}}=\frac{m_{\mathrm{d}}}{V_{\min}} \tag{3.83}$$

式中：ρ_{dmax}——最大干密度（g/cm^3）；

$V_{\min}$——紧密状态时试样的最小体积（cm^3）；

m_{d}——试样干质量（g）。

最小孔隙比计算采用式（3.84），

$$e_{\min}=\frac{\rho_{w}G_{s}}{\rho_{d\max}}-1 \tag{3.84}$$

式中：G_s——颗粒相对密度；

$e_{\min}$——最小孔隙比；

ρ_w——水的密度（g/cm^3），取 $1.0g/cm^3$。

美国标准最大干密度计算采用式（3.85），

$$\rho_{d}=\frac{M_{s}}{V} \tag{3.85}$$

式中：ρ_d——最大干密度（g/cm^3）；

V——紧密状态时试样的最小体积（cm^3）；

M_s——试样干质量（g）。

最小干重度计算采用式（3.86），

$$\gamma_{d}=9.807\times\rho_{d} \tag{3.86}$$

式中：γ_d——干重度（kN/m^3）。

最小孔隙比计算采用式（3.87），

$$e_{\max}=(\rho_{w}\times G_{avg}/\rho_{d})-1 \tag{3.87}$$

式中：G_{avg}——土样加权平均颗粒相对密度；

$e_{\max}$——最大孔隙比；

ρ_w——水的密度，取 $1.0g/cm^3$。

3.3.3.3 粗粒土最小干密度试验

中国标准粗粒土最小干密度试验方法与美国标准最小干密度（D4254）试验方法 A 相似，中国标准粗粒土最小干密度试验适用于最大粒径不大于 60mm 的能自由排水的粗颗粒土，且细粒土含量不应大于 12%；而美国标准最小干密度试验方法 A 适用于最大颗粒粒径不大于 75mm 能自由排水的粗颗粒土，且大于 37.5mm 颗粒含量大于 30%。本节对上述两种方法从试验仪器、试验步骤和数据处理三方面进行对比分析。

1）试验仪器

中国标准粗粒土最小干密度所用的试验仪器主要有试样筒、套筒、灌注设备、试样筛、台秤和其他设备，美国标准试验方法 A 所用的试验仪器主要有干燥箱、试样筛、标准模具、特殊模具、天平、浇筑设备和其他设备。中国标准试样筒尺寸为内径 30cm、高度 34cm、体积 $24033cm^3$、允许试样最大粒径 60mm、试样质量 40～50kg，美国标准的标准模具体积分别为 $2830cm^3$ 和 $14200cm^3$，特殊模具体积小于 $2830cm^3$，内径大于等于 70mm 且小于 100mm。中国标准浇筑设备为带管嘴的漏斗，管嘴直径 10～20mm，漏斗喇叭口径为 100～150mm，管嘴长度视套筒高度而定；美国标准浇筑设备管嘴长 150mm，体积为标准模具容积的 1.25～2 倍，两个管嘴，一个内径为 13mm，一个内径为 25mm。中国标准台秤称量 50kg，分度值 50g；称量 10kg，分度值 5g。美国标准天平分两种型号，模具体积为 $2830cm^3$ 时，天平最大称重 15kg，分度值 1g；模具体积为 $14200cm^3$ 时，天平最大称重 40kg，分度值为 5g；模具体积小于 2830cm³ 时，天平最大称重不小于 2kg，分度值 0.1g。中国标准需要全部孔径试样筛，而美国标准试验筛孔径为 75mm、37.5mm、19mm、9.5mm、4.75mm、2mm 和 0.075mm。可见，尽管中美标准采用的试验仪器基本一致，但相同仪器的参数存在较大差异。

2）试验步骤

中美标准最小干密度试验步骤如图 3.9 所示。由图 3.9 可知，中国标准固定体积法与美国标准方法 A 试验步骤基本一致，但也存在一定的差别，如①中国标准根据粒径大小不同采用的装样工具不同，而美国标准尽管也给出了两种装样方式，但未考虑粒径大小；②中国标准采用漏斗自由下落时要求自由下落高度为 2～5mm，而美国标准规定为 13mm；③中国标准规定土样超出瓶口高度不超过 25mm，而美国标准规定高出筒顶高度为 15～25mm。

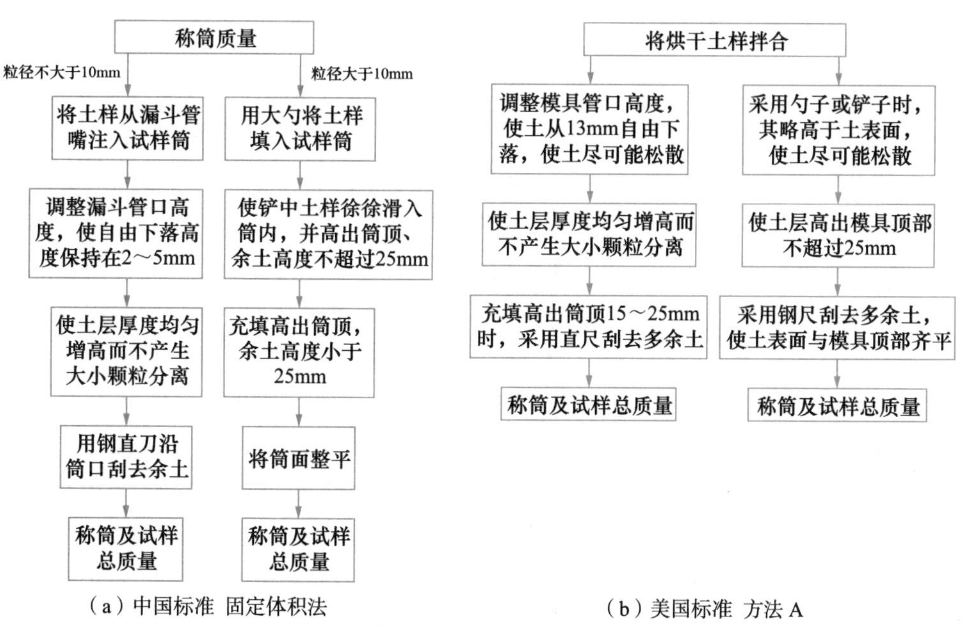

图 3.9　中美标准最小干密度试验步骤

3）数据处理

中国标准最小干密度试验要求按规定进行平行试验，取算术平均值，且最大允许平行差值为 0.03g/cm³。美国标准方法 A 也要求至少进行 2 次试验，且 2 次试验结果最小干密度的误差在 2% 以内。

中国标准最小干密度计算公式如式（3.88）所示，

$$\rho_{\mathrm{dmin}}=\frac{m_{\mathrm{d}}}{V_{\mathrm{c}}} \tag{3.88}$$

式中：V_{c}——试样筒体积（cm³）；

m_{d}——干土质量（g）。

美国标准最小干密度计算公式如式（3.89）所示，

$$\rho_{\mathrm{dmin,n}} = \frac{M_{\mathrm{s}}}{V} \tag{3.89}$$

式中：V——被测干土体积（cm^3）；

M_s——被测干土质量（g）。

3.3.3.4 粗粒土最大干密度试验

中美标准粗粒土最大干密度试验均采用振动台。中国标准粗粒土最大干密度试验适用于最大粒径不大于 60mm 的能自由排水的粗颗粒土，且细粒土含量不应大于 12%；而美国标准最大粒径小于 75mm 的能自由排水的粗粒土，对含 15% 小于 0.075 颗粒的无黏聚力能自由排水的土也适用。中国标准根据振动仪器和试样将其分为 4 种方法即振动台干法、振动台湿法、表面振动器干法和表面振动器湿法，而美国标准也根据振动仪器和试样分为 4 种方法，方法 1A 采用干土和电磁振动台，方法 1B 采用湿土和电磁振动台，方法 2A 采用干土和凸轮驱动振动台，方法 2B 采用湿土和凸轮驱动振动台。

1）试验仪器

中国标准粗粒土相对密度试验需要的试验仪器主要有振动台、表面振动器、试样筒、套筒、测针架及测针、灌注设备、试验筛、台秤和其他设备，美国标准振动台试验需要的试验仪器主要有模具组件、刻度盘指示器（百分表或千分表）、天平、起吊设备、烘箱、振动台、振动台振幅校准装置、试验筛、卡钳和其他仪器。中美标准粗粒土相对密度试验仪器的型号和规格见表 3.13。从表 3.13 可知，中美标准试验仪器基本一致，但具体参数存在差异，美国标准最大干密度和最小干密度试验仪器的要求基本一致。中美标准粗粒土相对密度试验仪器差异主要体现在：① 中国标准仅给出单个振动台的详细内容，而美国标准给出了 2 种型号振动台详细内容，分别为电磁振动台和偏心轮振动台。中国标准振动台与美国标准电磁振动台在台面尺寸、振动频率和振幅上基本一致，但具体参数存在差异；② 中国标准给出了表面振动器的详细介绍，而美国标准未规定采用表面振动器；③ 中国标准规定了试样筒的尺寸，而美国标准试样筒给出了标准模具和特殊模具的参数；④ 中国标准仅规定了测针的分度值，而美国标准对刻度盘的分度值和测针长度给出了具体说明，且刻度的精度大于中国标准；⑤ 中国标准规定试验筛需要所有的粗筛和细筛，而美国标准仅给出部分粗筛和细筛。可见，中国标准对试验仪器的要求较少且明确，而美国标准给出了多种试验仪器，针对不同的土样需要试验人员进行合理选择。

中美标准振动台试验仪器型号　　表 3.13

试验仪器	中国标准	美国标准
振动台	具有隔震装置，台面尺寸为 762mm×762mm，负荷满足试样筒、套筒、加重底板、加重物及试样总质量要求。振动频率为 40～60Hz，振幅为 0～2mm 可调，加重盖板为 1.2cm 厚的钢板，直径略小于试样筒，中心应有 15mm 未穿透的提吊螺孔，加重盖板与加重物的总压力为 14kPa	应安装在具有足够尺寸和刚度的混凝土地面，可防止振动不传到其他区域，工作台的垂直振动底板应有足够的尺寸和刚度，振动台垂直振动时间与位移为正弦曲线，频率为 60Hz，振幅为 0.33mm±0.05mm，或频率为 50Hz 时振幅为 0.48mm±0.08mm。振动台包括电磁振动台和偏心轮驱动振动台。电磁振动台台面尺寸为 760mm×760mm，由净重超过 45kg 的固体冲击型电磁振动器驱动，振动台应安装在质量大于 450kg 的混凝土板上。偏心轮振动台的质量高达 4500kg

续表

试验仪器	中国标准	美国标准
表面振动器	由振动电动机及钢制夯组成。钢制夯由连接杆、连接栓固定于振动电动机下，其底部为厚 15mm 的圆形夯板。夯板直径略小于试样筒内径2～5mm。表面振动器振动频率为40～60Hz，激振力为 4.2kN，夯与振动器对试样的静压力为 14kPa	
试样筒（模具组件）	试样筒尺寸为，内径（D）：30cm，高度（H）：34cm，体积（V）：24033cm^3，允许最大粒径（d_{max}）：60mm，试样质量（m）：40～50kg。套筒应与试样筒紧固连接	标准模具：两个圆柱形金属模具，一个容积为 2830cm^3，一个容积为 14200cm^3，体积误差在 ±1.5% 范围之内。特殊模具：体积小于 2830cm^3 的金属模具，内径大于等于 70mm 且小于 100mm。导向套筒：带有夹紧装置的导向套筒。附加荷载底板：每个标准模具配套一个附加荷载底板。附加荷载砝码：每个标准模具对应一个附加荷载砝码，附加荷载和附加荷载底板的总质量相当于附加应力为 13.8kPa±0.1kPa，对于特殊模具，附加荷载底板和附加荷载可由单个固定的金属块体。附加荷载底板手柄：用于移动附加底板
测针架及测针（刻度盘指示器）	测针的分度值为 0.1mm	与导向支架配合使用，用于测量密实后模具顶面与底板的高差。表盘指示器应长 50mm，刻度为 0.025mm，千分表柄与模具垂直轴平行，表盘指示器可以是数字，包括顺时针型和逆时针型，顺时针型为阀杆伸出时读数为零，逆时针型为阀杆完全插入时读数为零
台秤（天平）	称量 50kg，分度值 50g；称量 10kg，分度值 5g	有足够的量程来测试土样和模具的总质量，有足够的精度使读数可精确至测量总质量的 0.1%。对容积 14200cm^3 标准模具，天平最小称重为 40kg，分度值为 5g，对容积为 2830cm^3 标准模具，最小称量为 15kg，分度值为 1g，对容积小于 2830cm^3 的特殊模具，最小称重为 2kg，分度值为 0.1g
试验筛	粗筛：孔径为 60mm、40mm、20mm、10mm 和 5mm 细筛：孔径分别为5mm、2mm、1mm、0.5mm、0.25mm、0.075mm	孔径为 75mm、37.5mm、19mm、9.5mm、4.75mm、0.075mm
其他设备	起吊设备	起吊设备：具有 140kg 的起吊能力
	烘箱	烘箱：保持温度为 110℃±5℃

2）试验步骤

中美标准最大干密度试验步骤如图 3.10 和图 3.11 所示。由图 3.10 可知中国标准振动台与表面振动器试验基本一致，差异主要体现在振动仪器不一致，干法与湿法试验也基本一致；差异主要为试验开始时湿法在烘干土样中加水或直接采用天然湿土，装样过程中湿法采用分层装土后振动，振动后需要吸出土样表面自由水，试验结束时湿法需要测试振动后土样的含水率。从图 3.11 可知美国标准振动台试验湿法与干法试验步骤也基本一致，差异为：① 试验开始时湿法采用天然湿土或在干土中加水拌匀，而干法直接采用烘干拌匀土样；② 干法先将土样装入模具，再将模具和土样安装至振动台，而湿法首先将模具安装至振动台，再将土样装至模具；③ 湿法在振动完成后需要将土样表面自由水吸出，且在试验完成后测试土样含水率。

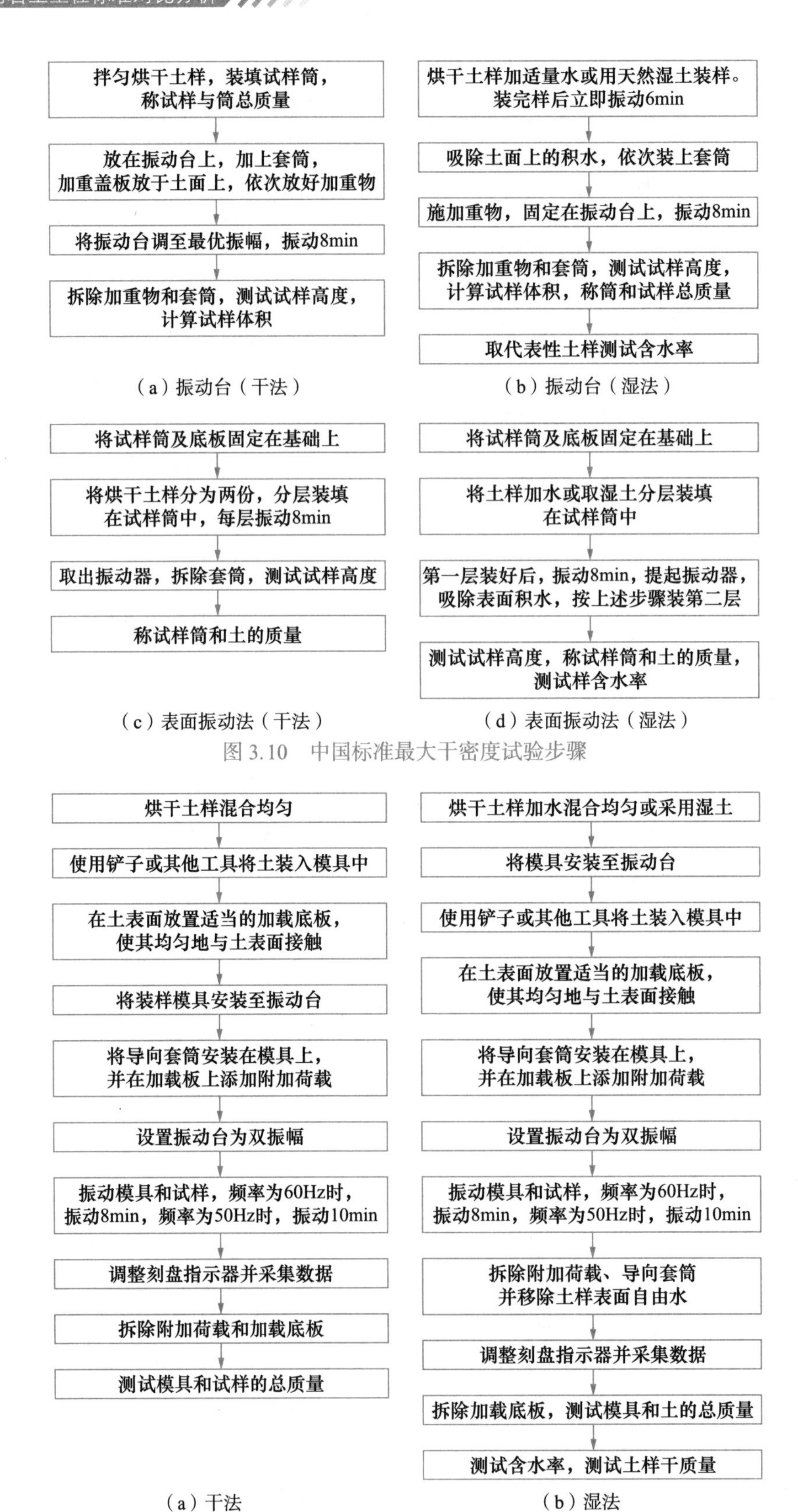

图 3.10　中国标准最大干密度试验步骤

图 3.11　美国标准振动台最大干密度试验步骤

对比图 3.10 和图 3.11 可知，中美标准振动台干法、湿法试验步骤基本一致，但美国标准对试验过程介绍更详细，且试验过程中的具体要求也存在差异，如① 美国标准规定试验前调整振动台为双振幅，而中国标准未具体说明；② 美国标准针对不同频率振动台给出了振动时间分别为 8min（60Hz）和 10min（50Hz），中国标准仅给出振动时间为 8min；③ 中国标准采用指示针读取振动后试样的高度，而美国标准采用刻度盘指示器（类似于百分表）。

3）数据处理

中国标准最大干密度试验要求按规定进行平行试验，取算术平均值，且最大允许平行差值为 0.03g/cm^3。美国标准方振动台试验要求进行至少两次试验，且两次试验结果（最大干密度）的误差在 2% 以内。

中国标准最大干密度计算公式如式（3.90）所示，

$$\rho_{\mathrm{dmax}}=\frac{m_{\mathrm{d}}}{V_{\mathrm{s}}}=\frac{m_{\mathrm{d}}}{V_{\mathrm{c}}-(R_{\mathrm{i}}-R_{\mathrm{t}})\times 0.1\times A} \tag{3.90}$$

式中：V_c——试样筒体积（cm^3）；

V_s——试样体积（cm^3）；

R_i——起始读数（g）；

R_t——振动加荷盖板上百分表的读数（mm）；

A——试样筒断面积（cm^2）。

美国标准最大干密度计算公式如式（3.91）所示，

$$\rho_{\mathrm{dmax,n}}=\frac{M_{\mathrm{s}}}{V} \tag{3.91}$$

式中：V——被测干土体积（cm^3）；

M_s——被测干土质量（g）。

被测干土体积可通过式（3.92）计算，

$$V=V_{\mathrm{c}}-(A_{\mathrm{c}}\cdot H\cdot \text{换算因子}) \tag{3.92}$$

式中：V_c——校准后模具体积（cm^3）；

A_c——校正后模具横截面积（g）；

H——模具顶面与被测土正高差（cm）。

其中 H 的计算公式如式（3.93）所示，

$$H=R_{\mathrm{f}}-R_{\mathrm{i}}+T_{\mathrm{p}} \tag{3.93}$$

式中：R_i——刻度盘初始读数（mm）；

R_f——振动结束后，附加荷载底板刻度盘读数平均值（mm）；

T_p——附加底板厚度（mm）。

此外，中国标准相对密度 D_r 计算公式如式（3.94）和式（3.95）所示，

$$D_{\mathrm{r}}=\frac{(\rho_{\mathrm{d0}}-\rho_{\mathrm{dmin}})\,\rho_{\mathrm{dmax}}}{(\rho_{\mathrm{d0}}-\rho_{\mathrm{dmin}})\,\rho_{\mathrm{d0}}} \tag{3.94}$$

$$D_r = \frac{e_{max} - e_0}{e_{max} - e_{min}} \tag{3.95}$$

式中：ρ_{d0}——天然状态或人工填筑之干密度（g/cm^3）；

e_0——天然或填筑孔隙比。

中国标准压实度计算公式如式（3.96）所示，

$$R_c = \frac{\rho_{d0}}{\rho_{dmax}} \tag{3.96}$$

式中：R_c——压实度，以小数计。

中国标准密度指数计算公式如式（3.97）所示，

$$I_D = \frac{\rho_{d0} - \rho_{dmin}}{\rho_{dmax} - \rho_{dmin}} \times 100\% \tag{3.97}$$

式中：I_D——密度指数（%）。

美国标准相对密度、压实度和密度指数计算公式与中国标准完全一致。

3.3.4 击实试验

中国标准击实试验根据土样不同分为击实试验和粗粒土击实试验，美国标准击实试验与中国标准击实试验相似。因此，本节主要对中美标准击实试验进行对比分析，不再涉及关于中国标准提到的粗粒土击实试验。

中国标准击实试验适用于颗粒小于 20mm 土样，可分为轻型击实和重型击实，轻型击实试验的单位体积击实功约为 592.2kJ/m^3，重型击实试验的单位体积击实功约为 2684.9592.2kJ/m^3。美国标准适用于粒径大于 19mm 土颗粒含量小于等于 30%，且不能重复使用已经击实后的土样。美国标准采用直径为 101.6mm 或 152.4mm 的模具（击实筒），使用 24.5N 的夯锤从 305mm 的高度落下锤击土样，击实功为 600kN · m/m^3。美国标准根据试验仪器和土样粒径大小不同分为方法 A、方法 B 和方法 C，各方法适用条件如表 3.14 所示。从表 3.14 可知，美国标准方法 A 适用于粒径小于 4.75mm 土样，方法 B 适用于粒径小于 9.5mm 土样，方法 C 适用于粒径小于 19mm 土样，并针对不同粒径土样采用了不同直径的击实筒和每层夯击数。

本节从试验仪器、试验步骤和数据处理对中美标准进行对比分析。

美国标准不同击实方法使用条件与技术标准　　表 3.14

方法	试样筒直径 /mm	试样粒径 /mm	分层数	每层击数	其他用途	备注
A	101.6	< 4.75	3	25	大于 4.75mm 粒径含量< 25%	如果不满足粒径要求，采用方法 C
B	101.6	< 9.5	3	25	大于 9.5mm 粒径含量< 25%	如果不满足粒径要求，采用方法 C
C	152.4	< 19	3	56	大于 19mm 粒径含量< 30%	—

1）试验仪器

中国标准采用的试验仪器主要有击实仪、击锤与导筒、天平、台秤和试验筛，美国标准采用的试验仪器主要有模具（击实筒）、击锤与导筒、推土器、天平、干燥箱、直尺、试验筛、土样拌合工具等。中国标准击实筒、击锤和导筒的规格符合表 3.15 的规定。美国标准击实仪分为手动击锤和机械击锤，击锤从土样表面以上 304.8mm±1.3mm 自由下落，击锤质量为 2.5mm±0.01kg，击锤为圆形、底板为平面、直径为 50.8mm±0.13mm，手动击锤应配备导套，并使击锤可以从一定高度自由下落，导套两端的位置各有 4 个排气孔，排气孔位于导套中心外侧 19mm±2mm 且排气孔角度互成 90°，排气孔直径为 9.5mm；机械击锤与模具内径的间距至少为 2.5mm±0.8mm。中国标准天平称量 200g，分度值 0.01g，台秤称量 10kg，分度值 1g；美国标准需要一个 GP5 型号天平（最大称量 2000g），用来测试压实土质量，分度值为 1g，需要一个称量含水的 GP2 型号天平（最大称量 200g），分度值为 0.1g。中国标准试验筛孔径分别为 20mm 和 5mm，美国标准规定试验筛孔径为 19mm、9.5mm 和 4.75mm。可见，中美标准采用的试验仪器基本一致，但具体参数存在差异。

中国标准击实仪主要技术指标　　　　**表 3.15**

试验方法	锤底直径 /mm	锤质量 /kg	落高 /mm	层数	每层击数	击实筒			护筒高度 /mm	备注
						内径 /mm	筒高 /mm	容积 /cm³		
轻型	51	2.5	305	3	25	102	116	947.4	≥ 50	
				3	56	152	116	2103.9	≥ 50	
重型	51	4.5	457	3	42	102	116	947.4	≥ 50	
				3	94	152	116	2103.9	≥ 50	
				5	56					

2）试验步骤

中美标准击实试验步骤如图 3.12 和图 3.13 所示。从图 3.12 和图 3.13 可知，中美标准击实试验步骤既有相同点，也有差异性。相同点主要有：① 击实试验开始前均需要制备土样，试样制备均包括干法制备和湿法制备，干法取风干土样，湿法取天然含水率土样；② 中美标准每组包括不少于 5 个不同含水率试样，且包含最优含水率，其中两个试样含水率小于最优含水率，另外两个试样含水率大于最优含水率，相邻含水率差值为 2%；③ 中美标准试样制备完成后均需要静置一段时间，再开展击实试验；④ 中美标准均将击实试样筒放置在刚性基础上；⑤ 中美标准均将试样分 3 次装入试样筒，且均既可采用手动击实仪，也可采用机械击实仪，锤击点均匀分布在试样表面，均要求各层击实完成后的试样高度基本相等；⑥ 中美标准试样击实完成后，均需要对试样筒顶部土层进行修剪，使其与试样筒顶面齐平。差异性主要有：① 中国标准根据击实仪质量不同分为轻型击实试验和重型击实试验，且轻型击实和重型击实的每层夯击数不等，而美国标准根据试验土样粒径不同分为方法 A、B、C，且各试验方法的每层击数均为 25 击；② 中国标准根据轻型击实和重型击实分别过 5mm 和 20mm 试验筛，而美国标准根据不同试验方法分别过 4.75mm、9.5mm 和 19mm 试验筛；③ 试样制备过程中当试验筛上部超大颗粒含量较多时，美国标准要求确定超大颗粒的含水率和占总试样的质量百分比，而中国标准无此要求；④ 中国标准试样制备完成后给出了试样的静置时间，而美国标准未给出确切的静置时间；⑤ 中国标准规定在试样筒底部和两侧涂抹润滑剂以减小试样筒对土样的侧阻力，而美国标准没有此规定。可见，中美标准试验步骤总体一致，差异性主要体现在具体的参数设定和仪器操作。

3）数据处理

中美标准均依据击实试验结果，分别计算含水率和干密度，并以干密度为纵坐标，以含水率为横坐标，绘制干密度与含水率的关系曲线。从曲线的峰值点分别获取土的最优含水率和最大干密度。两者均指出当不能从曲线获取峰值点时，应进行补点试验。

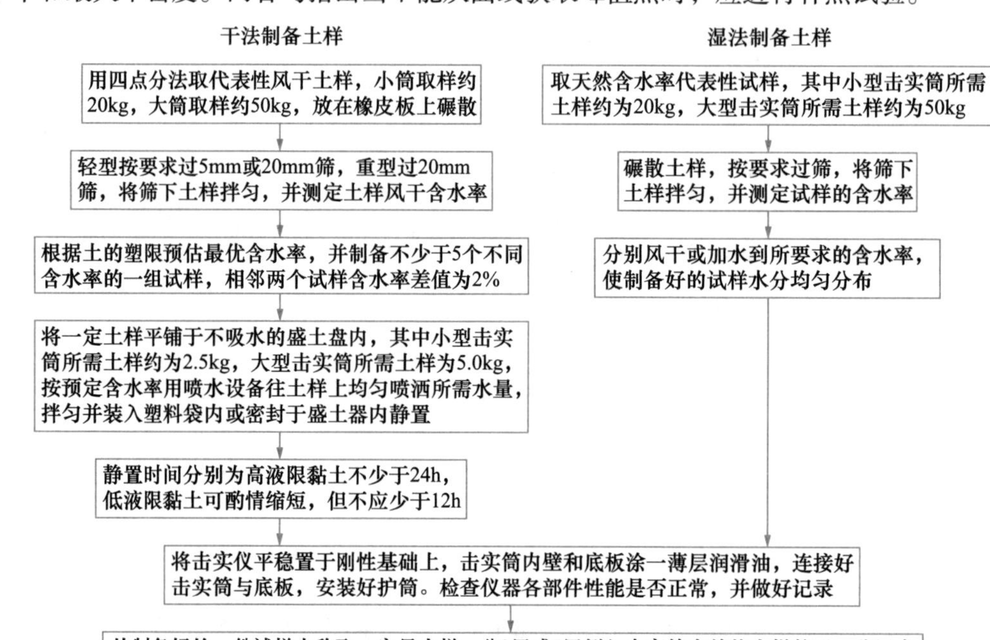

图 3.12　中国标准击实试验步骤

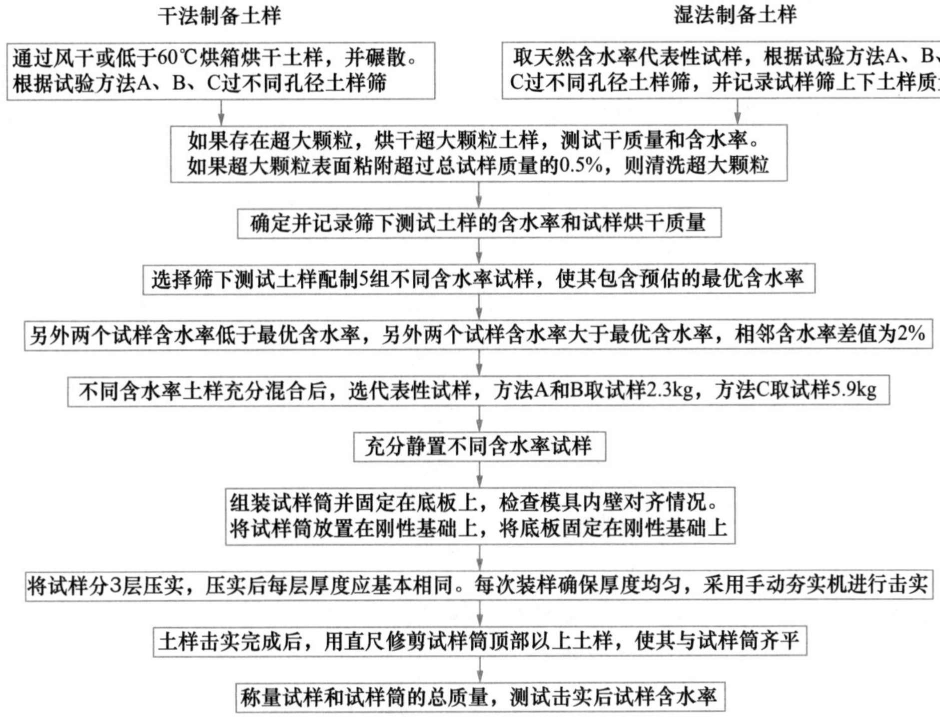

干法制备土样

通过风干或低于60℃烘箱烘干土样，并碾散。根据试验方法A、B、C过不同孔径土样筛

湿法制备土样

取天然含水率代表性试样，根据试验方法A、B、C过不同孔径土样筛，并记录试样筛上下土样质量

如果存在超大颗粒，烘干超大颗粒土样，测试干质量和含水率。如果超大颗粒表面粘附超过总试样质量的0.5%，则清洗超大颗粒

确定并记录筛下测试土样的含水率和试样烘干质量

选择筛下测试土样配制5组不同含水率试样，使其包含预估的最优含水率

另外两个试样含水率低于最优含水率，另外两个试样含水率大于最优含水率，相邻含水率差值为2%

不同含水率土样充分混合后，选代表性试样，方法A和B取试样2.3kg，方法C取试样5.9kg

充分静置不同含水率试样

组装试样筒并固定在底板上，检查模具内壁对齐情况。将试样筒放置在刚性基础上，将底板固定在刚性基础上

将试样分3层压实，压实后每层厚度应基本相同。每次装样确保厚度均匀，采用手动夯实机进行击实

土样击实完成后，用直尺修剪试样筒顶部以上土样，使其与试样筒齐平

称量试样和试样筒的总质量，测试击实后试样含水率

图3.13　美国标准击实试验步骤

中国标准规定击实后各试样的含水率按式（3.98）计算，

$$w=\left(\frac{m_0}{m_d}-1\right)\times 100 \tag{3.98}$$

式中：m_0——击实后试样烘干前湿质量（g）；

m_d——击实后试样烘干后干质量（g）。

击实后各试样的干密度按式（3.99）计算，

$$\rho_d=\frac{\rho}{1+0.01w} \tag{3.99}$$

式中：ρ——击实后试样湿密度（g/cm^3）；

ρ_d——击实后试样干密度（g/cm^3）。

土的饱和含水率按式（3.100）计算，

$$w_{sat}=\left(\frac{\rho_w}{\rho_d}-\frac{1}{G_s}\right)\times 100 \tag{3.100}$$

式中：w_{sat}——饱和含水率（%）；

ρ_w——水的密度（g/cm^3）。

美国标准对含水率和干密度计算公式原理一致，但具体表达形式存在差异。美国标准湿密度计算公式如式（3.101）所示，

$$\rho_m=K\times\frac{(M_t-M_{md})}{V} \tag{3.101}$$

式中：ρ_m——压实土的湿密度（g/cm^3）；

M_t——试样筒中湿土的质量（g）；

M_{md}——试样筒中烘干土的质量（g）；

V——试样筒的容积（cm^3）；

K——单位换算系数，单位为 g/cm^3，体积单位为 cm^3 时取 1。

干密度计算公式如式（3.102）所示，

$$\rho_d = \frac{\rho_m}{1 + \frac{w}{100}} \tag{3.102}$$

式中：ρ_d——压实土的干密度（g/cm^3）；

w——压实土含水率（%）。

干重度计算公式如式（3.103）所示，

$$\gamma_d = K_2 \times \rho_d \tag{3.103}$$

式中：K_2——转换常数，密度单位为 g/cm^3 时取 $K_2 = 9.8066$。

土的饱和含水率按式（3.104）计算，

$$w_{sat} = \frac{\gamma_w \cdot G_s - \gamma_d}{\gamma_d \cdot G_s} \times 100 \tag{3.104}$$

式中：w_{sat}——饱和含水率（%）；

γ_d——土的重度（kN/m^3）；

γ_w——水的重度（g/cm^3）；

G_s——土的颗粒相对密度。

此外，美国标准还对试验筛上部超大颗粒含量与筛下试验土质量占比给出了计算公式。试验筛下部试验土样的干质量按式（3.105）计算，

$$M_{d,tf} = \frac{M_{m,tf}}{1 + \frac{w_{tf}}{100}} \tag{3.105}$$

式中：$M_{d,tf}$——试验土样的干质量（g 或 kg）；

$M_{m,tf}$——试验土样的湿质量；

w_{tf}——试验土样含水率（%）。

超大颗粒质量百分比按式（3.106）计算，

$$P_c = \frac{M_{d,of}}{M_{d,of} + M_{d,tf}} \times 100 \tag{3.106}$$

式中：P_c——超大颗粒质量百分比（%）；

$M_{d,0f}$——超大颗粒干质量（g）。

试验土样质量百分比按式（3.107）计算，

$$P_F = 100 - P_C \tag{3.107}$$

式中：P_F——试验土样质量百分比（%）。

3.3.5 美国标准其他试验方法

美国标准测试土密度的其他方法主要有套筒法（D4564）、橡胶囊法（D2167）、核子法（D2922）和砂锥法（D1556），本节对上述四种方法分别进行简单介绍。

3.3.5.1 套筒法测试土的干密度

该方法通过将金属套筒打入待测土层中，测试套筒中每英寸深度内测试土样的干质量，每单位试验土样的干质量与干密度有一一对应关系，通过校准公式获取测试土样的干密度。本方法对技术人员要求较高，操作人员熟悉试验技术流程且有较丰富的操作经验。如果要获得准确的测量结果，需要技术人员遵循本方法规定的试验步骤和如下技术要求：① 只能顺时针将套筒推进土中；② 套筒旋进土层的顺序与校准时一致；③ 套筒入土时应尽可能与底板垂直，且变化尽可能小；④ 不得开挖套筒前缘下面的土。

1）适用条件

套筒法适用于现场测试无黏性砂砾土，其细粒含量≤ 5%、最大粒径小于等于 19mm。当其他方法如砂锥法、灌砂法、灌水法等不适用时采用该方法。与其他方法相比，该方法所用设备具有体积小、重量轻、可在较小的区域内进行试验等优点，便于现场试验。但采用该方法需要对试验结果进行校正。

2）试验仪器

该方法所需的试验仪器主要有套筒组件、天平、干燥设备和其他设备。套筒组件包括套筒底板、套筒、测量板和驱动器。天平最小量程为 1000g，分度值为 0.1g 并符合 D4753 标准的要求。干燥设备包括烘箱、底盘和平底锅。其他设备主要包括修整土层表面的铲子，用于固定套筒底板的钉子和锤子，开挖测试孔的勺子，有盖子的筒或其他容器用于保存土样且使土样不流失水分，用于测量测试孔深度的直尺，用于测量套筒直径的游标卡尺等。

3）试验步骤

本方法按以下步骤实施：① 准备一个光滑、平整的试验区。将底板放置在指定区域，确保底板与土层紧密接触，并用钉子固定；② 将套筒的斜边置于底板孔内的土层表面，把驱动器安装在套筒上，顺时针缓慢旋转套筒，同时按校准的顺序将套筒推进至土层中，旋入过程中保持套筒与底板垂直；③ 拆下驱动器，从套筒内取出试验土样，注意不要弄乱套筒前缘下面的土，将取出的土放入防潮的容器内，并封闭容器。在套筒内侧前缘以上约 1in（25cm）处做个标记。继续旋转和推进套筒，并按校准过程中确定的顺序提取土样，直到驱动器完全置于底板上；④ 当推进深度到达取土深度后，挖土时尽可能地整平孔底；⑤ 用挖出的土密封容器，以保持土层的含水率；⑥ 将测量板放在孔底土层中，并轻轻地旋转使其固定。提起测量板，检查孔底表面是否平整。检查并平整完孔底表面后，如果有必要，重新轻轻地放置测量板。使用测尺测量孔的深度，在套筒的每个键槽处测量一次，累计测量四次，两次测量间隔 180°，先用两个相对键槽上的测量值计算孔底的平均深度，再计算其他两个键槽处的平均深度，如果两个平均深度值相差超出 1.3mm，则需要重新测量；⑦ 测试试验孔中土的质量，测试试验孔中土的含水率；⑧ 计算孔中土的干质量，利用校准公式计算现场土干密度。

4）数据处理

按式（3.108）计算试验孔深度，

$$D_a=(a+b)/2 \tag{3.108}$$

式中：D_a——试验孔平均深度（mm）；

a——初始测量深度（mm）；

b——另外两个键槽测量的平均深度（mm）。

按式（3.109）计算测试土样的含水率，

$$w_f=[(m_1-m_2)/m_2]\times100 \tag{3.109}$$

式中：w_f——测试土样的含水率（%）；

m_1——测试土样的湿质量（g）；

m_2——测试土样烘干后干质量（g）。

按式（3.110）计算套筒中测试土样的干质量，

$$m_4=\frac{m_3}{1+\frac{w_f}{100}} \tag{3.110}$$

式中：w_f——测试土样的含水率（%）；

m_3——套筒中测试土样的湿质量（g）；

m_4——套筒中测试土样干质量（g）。

按式（3.111）计算每英寸测试孔中土的干质量，

$$M=m_4/D_a \tag{3.111}$$

式中：M——每英寸测试孔中土的质量（g）；

m_4——从测试孔中取土样的干质量（g）；

D_a——套筒中测试土样干质量（g）。

按式（3.112）计算现场土样的干密度，

$$M_d=(S\cdot M)+Y \tag{3.112}$$

式中：S——校准曲线的斜率；

Y——校准曲线的截距。

3.3.5.2 橡胶囊法测试土干密度

该方法用一个装有液体的校准容器，把液体倒入柔性橡胶薄膜，将薄膜填入现场试坑，测得试坑的体积。用挖出试坑湿土的质量除以试坑体积确定湿密度，然后用含水率和湿密度计算干密度和干重度。

1）适用条件

本试验方法适用于测试压实填土或由细粒土或砾粒土筑成的路堤，也可用于在原状土上施加压力而不会产生附加变形的土。本方法不适用于有机土、饱和或高度塑性土。在以下土层中应用时应予以特别注意：① 非胶结砾状材料组成的土（这些颗粒材料不能保持开挖试坑的侧壁稳定）；② 含有大量超过 37.5mm（11/2in）粗颗粒的土；③ 具有大孔隙比的砾状土；④ 含有尖锐棱角颗粒的土。

2）试验仪器

该方法所用的试验仪器主要有橡胶囊装置、底板、天平或台秤、干燥设备和其他设备。橡胶囊装置是一个经过校准的容器，将液体封装在较薄的、柔韧有弹性的橡胶薄膜里，用其量测试坑的体积；该装置应配备能够对液体施加外部压力或部分真空的设备；该装置的重量和大小应满足试验时不会导致已开挖测试坑和相邻区域的变形；该装置应包括用于控制校准和测试期间所施加压力和压力表或其他设备；该装置有一个测试试坑体积的指示器，精确到 1%；在测试试坑体积时，橡胶囊的尺寸和形状应足以完全填充试坑，且薄膜的强度足以抵抗压力不发生破坏，可以确保液体不流失的情况下完全填充测试坑。底板为刚性金属板，将其加工成适合橡胶囊装置的底座；底板的最小尺寸应至少为测坑直径的两倍，以便在装置和附加荷载的作用下，试坑不发生变形。天平或台秤最小称重 20kg，分度值为 5g。干燥设备与含水率所用烘箱相同。其他设备包括挖测试坑用的小镐头、凿子、勺子、刷子和螺丝刀，带盖子的塑料袋（桶）或其他合适的防潮容器，用于保存从测试孔中取出的土壤。

3）试验步骤

本试验方法步骤主要有：① 平整场地，使试验场地表面水平；② 在试验位置安装底板和橡胶囊装置，使用校准过程中确定的压力和附加荷载，读取并记录指示器的初始读读数。将底板固定在试验位置。③ 拆除试坑位置的橡胶囊装置，使用铲子或其他工具在底板上挖一个试坑，开挖时应注意坑顶周围土层不被扰动。试坑体积按测试土最大粒径按 D2167 的规定取值。当测试土层含超大颗粒不适宜采用橡胶囊法时，可在其他位置采用其他测试方法，如 D4914 和 D5030。当测试土的粒径大于 37.5mm 时，需要尺寸更大的设备和体积更大的试坑。试坑的最佳尺寸与测试设备的尺寸和附加荷载有关，一般来说，最好采用校准过程中的试坑体积，试坑应尽可能平滑，没有凹陷和凸起，以防止影响精度或刺穿橡胶膜。将测试孔开挖出的土样放入防潮容器内，并测试其质量和含水率。④ 测量试坑的体积。试坑开挖完成后，把测量装置放在底板上，保持与初始读数相同的位置。应用与校准时相同的压力和附加荷载，读取并记录体积指示器的读数。初始读数和最终读数的差值就是测试孔的体积。⑤ 称量试坑开挖出土样的湿质量，精确至 5g；彻底混合土样并取代表性试样，采用 D2216、D4643、D4959、D4944 等方法测试土的含水率。

4）数据处理

从试坑中取出土样的现场湿密度按式（3.113）计算，

$$\rho_{\mathrm{wet}}=\frac{M_{\mathrm{wet}}}{V_{\mathrm{h}}(1\times10^{3})} \tag{3.113}$$

式中：ρ_{wet}——现场测试土的湿密度（Mg/m^3）；

V_h——试坑的体积（m^3）；

M_{wet}——试坑中取出的湿土质量（kg）。

现场测试土的干密度按式（3.114）计算，

$$\rho_d = \frac{\rho_{wet}}{1+\frac{w}{100}} \tag{3.114}$$

式中：ρ_d——现场测试土的干密度（Mg/m^3）；

w——测试土的含水率（%）。

3.3.5.3 核子法测试土密度

核子法有两种测试方式，一种是将发射器和探测器均置于地表（反向散射法），另一种是将发射器或探测器之一置于地表深度300mm以下，而另一个（探测器或发射器）置于地表（直接透射法）。该方法的原理是通过对比校准时伽马射线的检出率与密度的关系曲线获得不同伽马射线检出率下测试材料的密度，可用来测试土或土石混合物的总密度或湿密度。该方法属无损检测，可在不破坏地层结构的情况下快速检测土或土石混合物的密度，可用于施工控制、施工验收和研究应用等场景。由于其非破坏性，该方法具有可重复测试的优点，但测试土样的化学成分可能会影响测试结果。

1）试验仪器

本试验方法的试验仪器主要有核子仪、参考标准材料、场地平整设备、驱动铁销、铁销拔出器。核子仪是一种电子计数仪器，能够安装在被测试岩土的表面，包括高能伽马射线源和伽马射线探测器。参考标准材料为用于检查仪器操作和具有建立可重现的参考计数率条件的材料。

2）仪器标定与检查

核子仪的放射源、探测器和电子系统受长期老化影响，可能改变计数率与岩土密度之间的关系。为了消除老化影响，可以将实测的计数率与参考标准上的计数率进行对比从而校准核子仪。每次试验前都需要进行仪器标定，并永久记录这些标定数据。标定时需要与具有其他放射性的物体至少保持8m距离，并消除其他可能影响基准计数率的物体。

3）试验步骤

本试验现场试验步骤主要有：① 标定试验仪器；② 选定试验场地；③ 清除所有松散和扰动的土层；④ 平整场地，确保核子仪与被测岩土层充分接触；⑤ 按反向散射法或直接透射法进行试验；⑥ 如果存在超大颗粒，则按标准D4718对含水率和湿密度进行校正。

反向散射法试验步骤为：① 把试验仪器平稳放置在准备妥当的试验场地；② 保持试验仪器远离其他放射源，避免影响测量结果；③ 在反向散射位置记录仪器读数；④ 确定读数与标准计数的比率，根据计数比调整试验数据，确定现场岩土湿密度。

直接透射法试验步骤：① 使用导向器和成孔装置，打一个与地面垂直的钻孔，孔的深度应大于探针长度，孔的垂直度应确保在仪器插入钻孔后其不会倾斜，导向器应与仪器底座尺寸相同，导向器孔位与仪器处于相同的位置；② 将试验仪器放置在岩土表面，与标记对齐，从而使探针位于预先成孔的上方；③ 将探针插入孔中；④ 将仪器与探针连接固定；⑤ 轻轻拉动仪器，使探针紧贴距离探测器最近的孔壁；⑥ 保持仪器远离其他放射源，记录试验读数；⑦ 确定读数与标准计数的比率，根据计数比调整试验数据，确定现场岩土湿密度。

3.3.5.4 砂锥法测试土密度

该方法手工在测试土层中开挖一个试验孔，并将所有从试验孔中开挖的土样放在防潮容器内；用已知密度可自由流动的砂填满该孔，从而确定该孔的体积。测试开挖土样的湿质量和含水率，从而获得测试土样的湿密度和干密度。该方法适用于不包括岩石或不包括粒径大于38mm粗粒土的土层。该方法不适用于有机土、饱和土或高塑性土。

1）试验仪器

本方法的试验仪器主要有砂锥密度仪、标准砂、天平、干燥设备和辅助设备等。砂锥密度仪由盛砂容器（砂箱）、砂锥和底板组成，砂箱容量超过试验孔所需要砂的体积；砂锥为一种可拆卸的装置，包括孔口直径为13mm的圆柱形阀门组成，阀门其一端与金属漏斗及砂箱相连，另一端与大型金属漏斗相连，阀门具有固定鞘，以防止完全打开或完全关闭的位置，还装置由不易变形的金属组成，圆锥体的侧壁与底座呈60°夹角，以便均匀地填充砂粒；底板为一个中央有孔的金属底板，底板可以为圆形或方形，其底部平整且有足够的刚度。试验砂需干净、干燥、密度和级配均匀、未胶结、耐用、可自由流动；根据试验标准C136试验砂不均匀系数小于2.0，最大颗粒粒径小于2mm且粒径小于0.25mm土颗粒占比小于3%；不含细砂或土是为了防止颗粒吸水导致试验砂密度出现变化；破碎或有棱角的砂砾不能自由流动，从而导致密度测定结果不准确，故不能采用；试验砂在使用前，应先清除所有污染土、检查级配、干燥度并重新测定密度；砂的体积密度测试时间间隔不得超过14天，在大气湿度发生重大变化之后，在重新使用之前以及在补充新砂之前，皆应测定其密度。天平的分度值为5g，最大称重为20g，符合标准D4753的规定。干燥设备与试验方法D2216、D4643、D4944或D4959规定的测试含水率的设备相同。辅助设备包括刀、小镐、凿子、小铲子、螺丝刀或勺子等用于挖掘测试孔，用以固定底板的大钉或长钉；带有盖子的桶、塑料衬里的布袋，或分别用于保存密度试样、水分试样和密度砂的其他适当容器；小油漆刷、计算器、笔记本或试验表格等。

2）试验步骤

本试验方法的试验步骤主要有：① 检查试验仪器的完整性、阀门是否可以自由旋转、底板是否匹配等；② 平整试验场地，确保测试场地表面水平；③ 将试验底板放置在待测岩土层表面，确保底板中央孔周围与地面充分接触，在待测岩土层上将底板固定；④ 试验孔的体积取决于被测土层中土颗粒的最大粒径，为了减少误差，确保测试孔体积足够大，应不小于表3.16所示的要求；⑤ 通过底板中心的孔挖掘试验孔，挖掘过程中确保试验孔周边土层不扰动变形，孔壁应略向内倾斜，孔底应避免凹凸不平，将挖出的土和挖掘过程中松动的土放置在防潮容器内；⑥ 清除底板孔周边散土，倒置砂锥漏斗装置，并将其置于试验孔上部，消除测试区域由于人员或设备原因导致的振动，打开阀门，让砂填满试验孔、漏斗和底板，砂停止流动时关闭阀门；⑦ 确定仪器和剩余砂的质量，计算试验用砂的质量；⑧ 确定并记录从测试孔中取出的湿土质量，当需要对大尺寸颗粒进行校正时，在适当的试验筛上确定过大尺寸颗粒的质量，并避免水分流失，当需要时采用标准 D4718 进行大颗粒尺寸的含水率和湿密度校正；⑨ 充分混合土样，取代表性土样测试含水率，根据标准 D2216、D4643、D4944 和 D4959 测试含水率。

美国标准砂锥法最小测试孔体积　　表 3.16

最大粒径		测试孔体积	
in	mm	cm^3	ft^3
1/2	12.7	1415	0.05
1	25.4	2125	0.075
11/2	38	2830	0.1

3）数据处理

本试验方法数据处理如下，试验孔体积计算按式（3.115）所示，

按式（3.115）计算现场土样的干密度，

$$V=(M_1-M_2)/\rho_1 \tag{3.115}$$

式中：V——试验孔的体积（cm^3）；

M_1——用于填充试验孔、漏斗和底板的砂的质量；

M_2——用于填充漏斗和底板砂的质量；

ρ_1——试验砂的密度（g/cm^3）。

试验孔中取出土层的干质量按式（3.116）计算，

$$M_4=100M_3/(w+100) \tag{3.116}$$

式中：w——试验孔中取出土样的含水率（%）；

M_4——试验孔中取出土样的干质量（g）；

M_3——试验孔取出土样的湿质量（g）。

试验孔中取出土层的湿质量和干质量按式（3.117）和式（3.118）计算，

$$\rho_m=M_3/V \tag{3.117}$$

$$\rho_d=M_4/V \tag{3.118}$$

式中：ρ_m——试验孔中土样的湿密度（g/cm^3）；

ρ_d——试验孔中土样的干密度（g/cm^3）；

V——试验孔的体积（cm^3）；

M_3——试验孔取出土样的湿质量（g）；

M_4——试验孔取出土样的干质量（g）。

3.4　小结

综上所述，中美标准基本物理性质试验在试验仪器、试验方法和数据处理等方面均存在较大差异，主要体现在：

1）土粒相对密度试验均根据土样粒径不同选取不同的试验方法，相同方法的实施细节存在差异。中国标准土粒相对密度试验方法根据土颗粒粒径不同分别采用相对密度瓶法、浮称法和虹吸筒法。粒径小于 5mm 的土采用相对密度瓶法；粒径不小于 5mm 的土且其中粒径大于 20mm 的颗粒含量小于 10% 时，应用浮称法；粒径大于 20mm 的颗粒含量不小于 10% 时，应用虹吸筒法。美国标准土粒相对密度测试方法主要有水相对密度瓶法、气体相对密度瓶法和浮称法，当土粒粒径＜ 4.75mm 时，采用水相对密度瓶法，当土颗粒粒径≥ 4.75mm 时采用浮称法（ ASTM C127），气体相对密度瓶法则适用于所有粒径的土样。中国标准规定了对含易溶盐土的相对密度试验方法，规定用中性液体代替纯水，而美国标准无此规定，但给出了含易溶盐土的土粒相对密度计算公式。中美标准水相对密度瓶法和浮称法所依据的基本原理相同，但在试验仪器、试验步骤和数据处理方面具体差异。中国标准的试验步骤较简单，要求的重复试验较少；而美国标准规定的试验步骤较为详细，且要求的重复试验次数较多。相对于美国标准而言，中国标准对试验精度的要求较高。

2）中美标准含水率试验均是通过加热蒸发土中水分，并根据加热蒸发前后土样质量变化之差与蒸发后土的质量之比计算含水率，根据加热源不同而分为不同的试验方法，各试验方法所遵循的原理基本一致，但在加热时间、测量精度、数据处理等方面存在差异。

3）密度试验方法均可划分为室内试验和现场试验，均是通过测试一定体积下土样的质量获得天然湿密度，再通过测试含水率而计算测试土样的干密度。关于室内密度试验，中国标准规定了两种方法，即环刀法和蜡封法，而在美国 ASTM 系列标准中未找到相应的室内试验方法；中国和美国标准都有环刀法，但中国标准环刀法用于室内试验，而美国标准环刀法只用于现场试验。关于现场密度试验，中国标准规定了灌砂法和灌水法；美国标准除了灌砂法和灌水法外，还有环刀法、套筒法、橡胶囊法、核子法和砂锥法等。关于砂土的相对密度试验，最小干密度试验中美标准均采用量筒法，试验方法类似；最大干密度试验中国标准采用振动叉的振击法，而美国标准采用振动锤，两者试验原理与方法类似，但采用的试验仪器设备不同。关于粗粒土的相对密度试验，最小干密度中国标准采用固定体积法，美国标准采用的方法与中国标准类似；最大干密度中国标准采用电磁振动台法或表面振动法，而美国标准规定可以采用两种振动台，分别为电磁振动台和凸轮振动台。

尽管中美在土粒相对密度、含水率和密度测试上存在上述差异，但各试验的基本原理的相关参数的计算公式基本相同，因此，同一个土样按中美标准试验获得土的基本物理性质参数在一定情况下应是可以相互转换的。

第4章　土的力学参数试验

土体的渗透性同土的变形和强度特性一起，是土力学中所研究的几个主要的力学性质。渗透性主要是指土被水透过的性能，主要参数为土的渗透系数。土的变形特性是指土的压缩特性，表现为其在压力作用下土体体积变小的特性，包括竖向变形和横向变形，工程上一般指竖向变形，主要参数为压缩模量和变形模量。土的强度特性主要是指土体具有一定的抵抗外荷载的能力，工程上一般指土的抗剪强度，主要参数为内摩擦角和黏聚力。

4.1　土的渗透特性

在岩土工程的各个领域内，许多课题都与土的渗透性有密切的关系，而土的渗透系数又是反应土体渗透性的主要指标之一，渗透系数的大小是直接衡量土的透水性强弱的一个重要力学性质指标，但渗透系数不能通过计算求出，只能通过试验直接测定。目前工程上测定渗透系数的方法主要分为室内试验和现场试验两大类，一般来说，现场试验比室内试验的测定结果要准确可靠。

4.1.1　中美标准

美国现用 ASTM 岩土工程标准涉及土粒相对密度测试试验的主要有：

1）《常水头下渗透性试验方法标准》D2434-15，*Standard Test Method for Permeability of Granular Soils (Constant Head)*。

2）《现场双环法测试渗透速率试验标准》D3385-18，*Standard Test Method for Infiltration Rate of Soils in Field Using Double-Ring Infiltrometer*。

3）《使用密封内环的现场双环测试渗透速率试验标准》D5093-15，*Standard Test Method for Field Measurement of Infiltration Rate Using Double-Ring Infiltrometer with Sealed-Inner Ring*。

中国标准渗透系数测定包括室内试验和现场试验，室内试验包括常水头渗透试验和变水头渗透试验，现场渗透试验包括双环法试坑渗透试验和单环法试坑渗透试验。中国标准常水头渗透试验与美国标准常水头试验（D2434）对应，中国标准双环法试坑渗透试验与美国标准现场双环法测定渗透速率试验标准（D3385）对应。本节分别对上述试验进行对比分析，并简要介绍美国标准密封内环的现场双环法渗透试验（D5093）。

4.1.2　常水头试验

中国标准常水头渗透试验适用于粗粒土，试验中宜采用实际作用于土中的天然水，有困难时采用纯水或经过滤的清水。中国标准规定渗透系数测定的最大允许差值为 $\pm 2\times 10^{-n}$cm/s，在测定结果中选取 3～4 个在允许差值范围内的数据，求得其平均值作为试样在该孔隙比 e 时的渗透系数。美国标准常水头渗透性试验适用于粒状土，其中土中颗粒粒径小于 0.075mm 颗粒占比不超过 10%。美国标准规定该试验的基本条件有：① 保持水流的连续性且试验期间土的体积没有变化；② 土的孔隙充满水，为饱和土；③ 保持水力梯度不变。可见中美标准常水头试验均主要用于粗粒土。

中美标准常水头渗透试验主要技术要点有：试验仪器、试验步骤和数据处理，本节分别进行对比分析。

1）试验仪器

中国标准《土工试验方法标准》GB/T 50123—2019 规定常水头渗透试验的试验仪器主要有常水头渗透仪装置、天平、温度计和其他仪器。渗透仪装置封底圆筒的尺寸参数应符合现行国家标准《岩土工程仪器基本参数及通用技术条件》GB/T 15406 的规定，当使用其他尺寸的圆筒时，圆筒内径应大于试样最大粒径的 10 倍，玻璃测压管内径为 0.6cm，分度值为 0.1cm；天平称量为 5000g，分度值为 1.0g；温度计分度值为 0.5℃；其他试验仪器为木锤和秒表。

美国标准常水头渗透性试验仪器主要有渗透仪、常水头过滤器、大漏斗、土样压实设备、真空泵或水龙头抽吸器、水头压力管、天平、勺子和其他设备。渗透仪圆筒最小直径为 8～12 倍最大土颗粒粒径，具体规定见表 4.1。圆筒底部为多孔圆盘或渗透系数大于土样渗透系数的筛网，为防止土颗粒流失，筛网开口尺寸不大于细粒土粒径的 10%。压力管用于测量水头损失，其长度应足够长。试样顶板为一个多孔圆盘，或者是一个顶部具有弹簧的刚性筛网，或者其他装置，当顶板安装好时可对其施加 22～45N 的总压力，这些措施可确保渗透试验过程中土样的体积和密度没有显著的变化。常水头过滤器，为供水装置且可消除水中的大部分空气，需要配置适当的控制阀。大漏斗，土样最大颗粒为 9.5mm 时配备直径 25mm 的特殊圆柱喷口，土样最大粒径为 2mm 时配备直径 13mm 的特殊圆柱喷口，喷口长度应大于渗透长度，不少于 150mm。试样压实设备，根据需要采用压实设备，建议采用如下设备：捣固脚直径为 51mm 的振动捣固机；捣固脚直径为 51mm 的滑动捣固机，滑动杆的质量为 100g～1kg，对于砂土，最大下落高度为 102mm，对于砾土，最大下落高度为 203mm。真空泵或水龙头抽吸器，用于完全真空下饱和土样。压力管，用于测量水头。天平，最大称量 2kg，分度值为 1g。勺子，可以盛 100g 土样。其他设备包括温度计、带秒针的时钟，250mL 刻度的量杯，混合锅。

美国标准渗透仪圆筒直径　　**表 4.1**

筛孔最大粒径范围	圆筒最小直径			
	总土样保留在试验筛上的质量小于 35%		总土样保留在试验筛上的质量大于 35%	
	2mm	9.5mm	2mm	9.5mm
2mm 和 9.5mm	76mm		114mm	
9.5mm 和 19mm		152mm		229mm

中美标准采用的主要试验仪器均为渗透仪装置，但美国标准规定的其他试验仪器多于中国标准规定的试验仪器，且美国标准对各试验仪器的型号和参数描述的也较为详细。

2）试验步骤

绘制中美标准试验步骤如图 4.1 和图 4.2 所示。从图 4.1 和图 4.2 可知，中美标准常水头试验步骤基本相同，但具体步骤的实施细节存在差异。主要体现为：① 中国标准使用的渗透仪具有上中下三个测压管，而美国标准只有上下两个测压管；② 中美标准均采用代表性风干土样，并测试其风干试样含水率，但美国标准规定小于 0.075mm 颗粒小于 10%，并要求去除粒径大于 19mm 的颗粒；中国标准只规定常水头试验适用于粗粒土，并未对各粒径颗粒的含量作出更详细的规定；③ 中美标准试样制备均采用分层压实法，每层压实厚度中国标准规定为 2～3cm，而美国标准规定约为 15mm，试样最终高出上测压孔的高度中国标准规定为 3～4cm，而美国标准规定为 2cm；④ 中国标准规定在试样的上端铺设 2cm 厚的砾石层作为缓冲，而美国标准规定为了使试样体积和密度不至于在试验期间发生显著变化，需在试样顶端放置多孔圆盘或带弹簧的刚性筛网并在其上施加 22～45N 的力；⑤ 为防止细颗粒流出，中国标准规定在试样底部铺设粗砂过渡层，而美国标准要求在试样下部放置渗透性大于试样的多孔圆盘或筛网，圆盘或筛网的开孔孔径应小于试样颗粒粒径；⑥ 中美标准均要求采用不同水头进行至少 3 次渗透试验，中国标准规定了水头调节管管口高度分别为试样上部的 1/3、试样中部和试样下部的 1/3，美国标准未明确规定相应的水头高度。

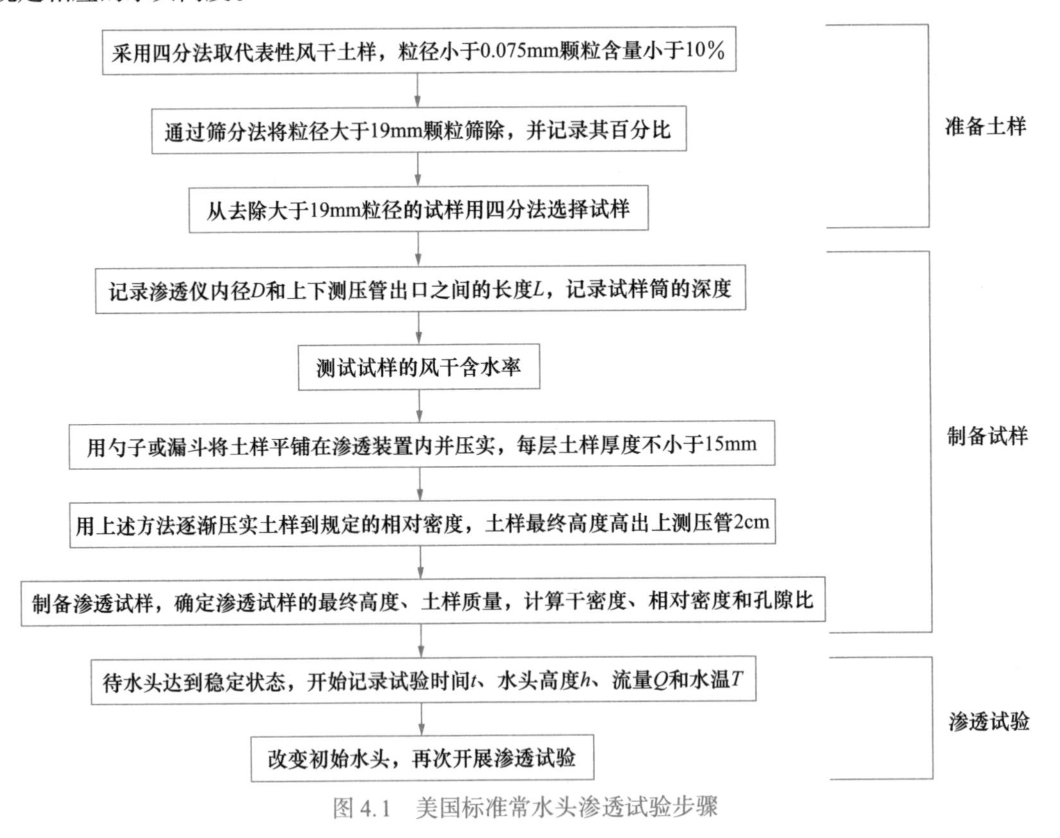

图 4.1　美国标准常水头渗透试验步骤

图 4.2　中国标准常水头渗透试验步骤

3）数据处理

中国标准渗透系数计算公式如式（4.1）和式（4.2）所示。

$$k_T = \frac{2QL}{At(H_1 + H_2)} \tag{4.1}$$

$$k_{20} = k_T \frac{\eta_T}{\eta_{20}} \tag{4.2}$$

式中：k_T——水温 T℃时试样的渗透系数（cm/s）；

Q——时间 t 内的渗透水量（cm^3）；

L——渗径（cm），等于两测压孔中心间的试样高度；

A——试样断面积；

t——时间（s）；

H_1、H_2——水位差（cm）；

k_{20}——标准温度（20℃）时试样的渗透系数（cm/s）；

η_T——T℃时水的黏滞动力系数；

η_{20}——20℃时水的黏滞动力系数。

此外，中国标准规定当进行不同孔隙比下的渗透试验时，可在半对数坐标上绘制以孔隙比为纵坐标，渗透系数为横坐标的 $e-k$ 关系曲线。

美国标准规定渗透系数计算公式如式（4.3）所示，

$$k = QL/Ath \tag{4.3}$$

式中：k——渗透系数（cm/s）；

Q——时间 t 内的渗透水量（cm^3）；

L——渗径（cm），等于上下压力测管之间的距离；

A——试样断面积（cm^2）；

t——时间（s）；

h——上下压力测管之间的水头差（cm）。

美国标准也规定通过不同温度下的水的黏滞系数将测试结果修正为标准温度（20℃）下的渗透系数。

4.1.3 现场渗透试验

中国标准现场试坑注水法用于测定非饱和土的渗透系数，试验方法可分为单环法和双环法，砂土和粉土宜采用单环法，黏性土宜采用双环法。美国标准现场试坑注水试验包括双环法试坑渗透试验（D3385）和带封闭内环的双环试坑渗透试验（D5093）。双环法试坑渗透试验适用于不包含黏粒和砾石颗粒的土，当渗透系数较大或较小（如渗透系数大于 1×10^{-2}cm/s 或小于 1×10^{-6}cm/s）时，在较干硬的土壤上安装双环破坏土体结构时，该方法测试结果不准确。带密封内环的双环渗透试验用于测试土的渗透速率变化范围为 1×10^{-8}～1×10^{-5}cm/s。美国标准上述两种方法均给出了渗透速率的计算公式，未给出渗透系数的计算公式。

中美上述现场试坑注水渗透试验的技术要点主要有：试验仪器及辅料、试验步骤和数据处理，本节分别对其对比分析。

1）试验仪器及辅料

中国标准《土工试验方法标准》GB/T 50123—2019 规定试坑渗透试验的试验仪器主要有：铁环、温度计和其他设备；双环法铁环为内环直径 25cm、高 15cm，外环直径 50cm、高 15cm；单环法铁环直径为 37～75cm，高 15cm；在木支架上倒置容量为 5000～10000mL 装有斜口玻璃管和橡皮塞的供水瓶，根据试验需要可为 1 个或多个，供水瓶的分度值为 50mL。

美国标准双环法渗透试验（D3385）试验仪器主要有：渗透环、驱动帽、驱动装置、泥浆、深度尺、挡泥板、钢卷尺、夯实仪、钢铲、液体容器、液体、秒表、水平尺、温度计、橡胶锤、pH 试纸、记录材料、手钻、安全阀、虚拟测试设备。渗透环，为直径

300mm或600mm、高500mm的圆柱体，外环直径是内环直径的2倍，圆环由厚3mm的硬合金或铝板制成，在黏性土层上进行试验时圆环也可以由具有足够强度的材料制成，如不锈钢和硬质塑料，圆环斜边锋利，以方便压入待测土层中。驱动帽是一个厚度13mm且边缘具有引脚的刚性铝合金圆盘，也可以是一个具有5mm深度凹槽的圆盘，凹槽的宽度应比渗透环厚度大1mm，其直径应略大于渗透环直径。驱动装置为一重5.5kg的锤子，其手柄为木质，长600～900mm。泥浆由膨润土和水混合而成，用来密封渗透环与土之间的缝隙。深度尺为具有一定长度、带有刻度的钢尺，用来测量环内水深。挡泥板，几片橡胶板或150mm^{2}的粗麻布，一大块纱布折叠几层后也可以用作挡泥板。钢尺或钢卷尺，钢卷尺长2m，钢尺长300mm。夯实设备，手柄长度不小于550mm的刚性设备，具有面积为650mm^{2}到4000mm^{2}的捣固脚，最大尺寸为150mm。钢铲，一把长柄铲，一把挖沟铲。液体容器，1个容积至少能装200L液体的桶，连接一段橡胶软管，可将液体抽出；1个13L的桶，用于初次填充渗透环；两个经过校准的水槽，用于测量水的流量；最小容量为3000mL具有刻度的量筒。液体，水或是与测试土层中具有相同温度和性质的液体，该液体必须与用于渗透环的液体相容。秒表，在渗透速率较大时需要秒表。水平尺，用于确定待测表面和圆环放置水平。温度计，分度值为0.5℃，可测量地温。橡胶锤，用于击打渗透环。pH试纸，分度值为0.5。记录材料，包括记录本和记录笔。手摇钻，直径75mm，长225mm的螺旋钻。浮阀，用于固定水位的球形阀门。覆盖设备，长期渗透时防止水分蒸发的覆盖材料。

美国标准带密封内环的双环渗透试验（D5093）试验仪器主要有：渗透环、弹性袋、管道系统、剪刀、挖掘工具、水平仪、水桶、平台、覆盖设备、灌浆、搅拌设备、泥铲、温度计、天平、秒表、供水设备、挡泥板。渗透环，为耐腐蚀的、坚硬的金属或塑料，也可以是玻璃纤维，形状应是方形或圆形的环，环的尺寸满足以下要求：① 内环的最小宽度或直径为610mm；② 外环与内环的间距至少为610mm，外环为方形，由长度3.6m、高0.9m、厚2mm的铝板构成，顶板中心设置小孔，顶部弯曲90°，以提供足够的刚度；内环为方环，边长为1.52m，为玻璃纤维材质，具有两个端口，一个端口位于顶板，一个端口位于顶板下部，底端为尖端，方便其嵌入土中，内环每个角上设置一个手柄。柔性袋，两个容量为1000～3000mL的干净柔性袋，每个柔性袋连接一根软管和阀门，并具有可以与软管连接的接口，可将水灌入渗透环。管道系统，长度约为4.5m，直径约为6mm的软管。辅助工具包括长120mm、宽40mm的梅森锤，能开挖宽150mm、深460mm沟槽的挖机，链条锯，手铲，水平尺，5个容量为20L的桶，用于放置盛水柔性带的平台，用于覆盖外环的透明盖子（防止水的蒸发）。用于填充沟槽和密封渗透环的膨润土泥浆及其搅拌设备。温度计，分度值为0.5℃，测量范围0～50℃。天平，最大称量4000g，分度值为1g。秒表，分度值为1s。水，与测试土层中的水质相同，大约需要5600L。挡泥板，胶合板或600mm×600mm粗麻袋。

对比中美标准试验仪器发现两者规定的试验仪器基本相同，但也存在一些差异，主要体现在如下几方面：① 美国标准带密封内环的双环渗透试验（D5093）推荐采用方环，而中国标准均采用圆环；② 美国标准采用的圆环均比中国标准采用的圆环体积大，D3385 规定渗透环外环直径为 300mm 或 600mm、高 500mm，而中国规定外环直径 50cm、高 15cm；D5093 规定外环为方形，边长 3.6m、高 0.9m，这比中国标准外环体积大得多；③ 美国标准 D5093 规定内环为方形且顶盖为密封的，只在侧板留有通气孔。

2）试验步骤

中国标准与美国标准试坑渗透试验步骤如表 4.2 所示。从表 4.2 可知，中美标准试验步骤基本相同，但在具体要求上存在差异性。相同点主要体现为其试验步骤主要为以下 6 点：① 选择试验场地；② 渗透环压入试验土层；③ 渗透环底部铺设防溅装置并注水；④ 开始渗透试验并保持水位不变；⑤ 记录渗流稳定时的一定时间内的渗水量和水温；⑥ 试验结束，取出渗透环。差异性主要体现为：① 中美标准要求的试验场地面积不同，中国标准要求试验场地面积不小于 1.0m×1.5m，而美国标准 D3385 要求试验场地面积为 3m×3m，美国标准 D5093 要求试验场地面积为 7.3m×7.3m；② 安装渗透环技术要求不同，中国标准说明将渗透环压入土层，但未给出渗透环压入土层的具体方法，而美国标准 D3385 要求采用击锤或千斤顶将渗透环压入土层，美国标准 D5093 要求先开挖沟槽再采用膨润土泥浆密封渗透环以防止漏水；③ 渗透环灌水时底部防水材料不同，中国标准要求在渗透环底部铺设砾石层，而美国标准 D3385 要求铺设粗麻袋，美国标准 D5093 未规定铺设材料；④ 保持环内水位的方法和要求不同，中国标准未详细规定保持水位稳定和内外环水位高度相同的方法，而美国标准 D3385 规定可采用手动控制流量、固定水位阀和马里奥特管稳定环内水位，美国标准 D5093 规定插入水位尺，随时观察水位，当水位降低 25mm 时，人工稳定水位；⑤ 测量内容不同，中国标准规定一定时间内渗入土中的水量，而美国标准 D3385 规定连续测量不同时间段渗水量，美国标准 D5093 规定测试水量入渗稳定时的渗透速率；⑥ 美国标准对试验过程的技术要求规定更加详细，如美国标准 D3385 规定了试验过程中防止水分蒸发影响试验结果的防范措施，美国标准 D5093 对试验过程中水内排气、输水管安装给出了详细的技术要求。

中美标准试坑渗透试验步骤　　表 4.2

试验步骤	中国标准	美国标准 D3385	美国标准 D5093
1	在试验场地开挖面积不小于 1.0m×1.5m 的试坑，在试坑内再下挖一直径等于外环、深 10～15cm 的贮水坑，整平坑底	选择试验场地。揭示试验场地的地层结构，选择足够大的试验场地，确保试验场地水平，可以在地表或一定深度开展试验	选择试验场地。场地面积为 7.3m×7.3m，场地坡度小于 3%。整平地表或开挖一定深度的试坑，并在测试区域覆盖一层塑料薄膜。测定试验土层的含水率、密度和相对密度
1-1		安全防范。长期试验过程中避免移动或破坏试验仪器，避免水分蒸发影响试验结果，防止阳光直射和温度变化影响试验结果	组装并洗净渗透环。开挖沟槽。外环沟槽深度约为 146mm，确保开挖沟槽面水平；使用泥铲清除沟槽中松散的土层；将渗透内环和外环放置在试验区域，将内环置于外环的中间，确保外环为方形、顶部水平；内环沟槽开挖深度为 110mm

续表

试验步骤	中国标准	美国标准 D3385	美国标准 D5093
2	把铁环放入贮水坑中，铁环入土深度至环上的起点刻度。双环内、外环成同心圆状，两环外缘应在同一水平面上。压环时应防止土的压实或变形	将渗透环压入试验土层。采用千斤顶或锤击方式将渗透环均匀压入土中，压入过程中渗透环上部放置木块，压环过程中防止土层变形破坏；渗透外环压入土层深度约为 150mm，内环压入深度为 50～100mm，内环与外环应同心；确保内环与外环水平。 加固扰动土层。如果渗透环压入土层过程中对周围土层有扰动，采用夯锤夯实被扰动土层使其与扰动前干密度基本相同	安装渗透环。准备充足的泥浆填满沟槽至距沟槽顶部 25mm 处；提起内环将其置于内环沟槽上方，保持内环水平并用水平尺检查；用泥铲将泥浆抹到外环外壁上，以确保密封良好，用塑料薄膜覆盖泥浆，以防止其干燥；提起外环置于外环沟槽上方，保持外环水平，并用水平尺检查；在内环与外环端口设置平台用来放置柔性带；沿外环外圈堆至少 30cm 厚的土，以对泥浆层施加覆盖层压力，防止泥浆层在环内水压力的作用下被挤出沟槽
3	在环底部土体上均铺 2cm 厚砾石层，然后向环内注入清水至满，安装支架至水平位置。将供水瓶注满清水后倒置于支架上，供水瓶的斜口玻璃管插入环内水面以下。双环注水时，支架上倒置 2 个注满清水的供水瓶，2 个供水瓶的斜口玻璃管分别插入内环和内外环之间的水面以下，玻璃管的斜口应在同一高度上，即环口水平面	在渗透环中注入相同深度的液体，并保持内外环水头基本一致（水头差在 5mm 以内）	向渗透环中灌水。将两个装满水的桶分别放置在内环的一个边角上，以抵消内环在注水的过程中产生的上浮力；将 1 个空桶倒置在内环顶部端口附近的地面上，另一个装满水的水桶放置在空桶上，用软管连接水桶与内环顶部端口，通过虹吸作用将水注入内环，直到水的深度约为 25mm；让水在内环滞留至少 30min，检查内环是否泄漏；然后将水填满外环，直到水位高度高出外环顶部 100mm，用铲子轻轻敲击渗透环排除其中的气体；最后移除内环顶部的水桶
3-1			安装配件与输水管。截取两个软管长度分别为 1800mm 和 900mm，将软管置于水中，消除所有管道中所有空气，将长 1800mm 软管连接至内环顶端，将长 900mm 软管连接至内环底端，防止软管浮到水面或沉入内环底部
3-2			覆盖渗透环。用防水布或胶合板覆盖渗透环，防止渗透环中水的蒸发；在防水布上留孔以连接或断开进水软管
4	打开玻璃塞，调节供水瓶出水量，以保持环内水位不变。双环法注水时，内环和外环之间的水面应在同一高度	保持渗透环内水位不变。可采用手动控制流量、浮阀和马里奥特瓶（与中国标准供水瓶原理相同）控制环内水位。当采用手动控制液体流量时，需要一个深度计来帮助研究人员保持水头恒定。确保水头至少为 25mm，当渗透性较低时可增加水头高度	保持渗透环中的水位不变。在外环内壁上标记水位高度；在测试过程中，观察外环内水位，当内环水位下降至低于内环标记 25mm 时，立即在外环中加水，并记录日期、时间和加水量

续表

试验步骤	中国标准	美国标准 D3385	美国标准 D5093
			排除内环中的空气。试验过程中，内环下部可能会进入空气而影响测试结果，在试验过程中要随时排气
5	记录渗水开始时间及供水瓶的水位和水温。经一定时间后测记在此时间内供水瓶渗入土中的水量，直至流量稳定为止	测量。测量试验场地测试面以下300mm地温；测试水位稳定期间每个时间间隔内的渗透量，并记录水温；对于一般地层，试验开始后，第1h每隔15min记录一次渗水量，第2h每隔30min记录一次渗水量，此后每隔1h记录一次，至少记录6h，直至渗入量保持稳定；可根据土层渗透性大小调整记录时间间隔，使每次间隔时间内渗水量不小于25cm^3；测量期间在渗透环上部覆盖塑料布防止水分蒸发	测量渗透速率。将阀门连接到装满水的柔性带，关闭阀门，通过下部软管将柔性袋与内环连接，记录日期、时间、水的温度和外环中的水深，然后打开阀门，记录渗入土中的水量（渗水前后柔性袋与其中水的质量差），计算渗透速率并重复上述过程，直到测试结果基本一致
6	从供水瓶流出的水量达到稳定后，在1～2h内测记流出水量至少5～6次。每次测记流量与平均流量之差不超过10%。双环法主要测记内环供水瓶的流量		
7	试验结束后，拆除仪器，吸出贮水坑中的水	测试完成后，用锤轻轻敲打渗透环并取出	结束试验。从内环拆除配件和输水管，排掉环内的水；挖出环外侧的膨润土泥浆，将内环取出，在内环里选一位置从地表下每隔25mm取样至浸润线以下150mm，测定样品含水率
8	在离试坑中心3～4m以外，钻几个3～4m深的钻孔，每隔0.2m取土样1个，平行测定含水率。根据含水率变化，确定渗透水的入渗深度		

3）数据处理

中国标准给出了渗透系数的计算公式，而美国标准给出的则是渗透速率的计算公式。中国标准渗透系数近似值计算公式如式（4.4）所示，较精确值计算公式如式（4.5）所示，标准温度（20℃）下的渗透系数计算公式如式（4.6）所示，

$$k_T=\frac{Q}{tA_{\mathrm{h}}} \tag{4.4}$$

$$k_T=\frac{QH_1}{tA_{\mathrm{h}}(H_{\mathrm{y1}}+H_{\mathrm{y2}}+H_{\mathrm{y3}})} \tag{4.5}$$

$$k_{20}=k_T\frac{\eta_T}{\eta_{20}} \tag{4.6}$$

式中：Q——渗透水量（cm^3），双环法为内环渗透量（g）；

t——时间（s）；

A_h——铁环面积（cm^2），双环法为内环面积；

H_{y1}——试验时水的入渗深度（cm）；

H_{y2}——贮水坑中水的深度（cm）；

H_{y3}——相当于作用毛细管力的水柱高度（cm），根据不同土质查表取值；

η_T——T℃时水的黏滞动力系数；

η_{20}——20℃时水的黏滞动力系数。

美国标准 D3385 规定的渗透速率计算公式如式（4.7）所示，

$$V_{IR} = \Delta V_{IR} / (A_{IR} \cdot \Delta t) \tag{4.7}$$

式中：V_{IR}——内环入渗速率（cm/h）；

ΔV_{IR}——一段时间内内环中水的渗透量（cm^3）；

A_{IR}——内环面积（cm^2）；

Δt——时间间隔（s）。

美国标准 D5093 规定的渗透速率计算公式如式（4.8）所示，

$$I(m/s) = \frac{\Delta Q}{\Delta t A} \times 10^{-6} \tag{4.8}$$

式中：$\Delta Q = M_1 - M_2$——水的渗透量（mL）；

M_1——柔性带初始水量（g）；

M_2——柔性带最终水量（g）；

$\Delta t = t_2 - t_1$——渗流时间（s）；

t_1——柔性带阀门打开时间；

t_2——柔性带阀门关闭时间；

A——内环面积（cm^2）。

4.2　土的变形特性

在工程设计和施工中，需要提前预估地基的变形而加以控制或利用，从而防止地基变形所带来的不利影响。测试土的变形特性的方法包括室内试验和现场试验，工程勘察中一般采用室内试验，常用的室内试验主要为固结试验。

4.2.1　中美标准

中国现行岩土工程标准涉及固结试验的主要有：

1）《土工试验方法标准》GB/T 50123—2019，中华人民共和国国家推荐标准。

2）《土工试验规程》YS/T 5225—2016，中华人民共和国有色金属行业标准。

3）《公路土工试验规程》JTG 3430—2020，中华人民共和国公路行业标准。

4）《铁路工程土工试验规程》TB 10102—2010，中华人民共和国铁路行业标准。

美国现行 ASTM 岩土工程标准涉及固结试验的主要有：

1）《荷载增量法测定土的一维固结特性的标准试验方法》ASTM D2435/D2435M-11（2020），*Standard Test Methods for One-Dimensional Consolidation Properties of Soils Using Incremental Loading*。

2）《应变控制加荷法测定饱和黏性土一维固结特性的标准试验方法》ASTM D4186/D4186M-20E01，*Standard Test Methods for One-Dimensional Consolidation Properties of Saturated Cohesive Soils Using Controlled-Strain Loading*。

综合以上几种标准，固结试验主要分为三类：一类是应力控制式标准固结试验，二类是应变控制式标准固结试验，三类是快速固结试验。《土工试验方法标准》GB/T 50123—2019 包含了全部三类方法，与美国标准的主要区别是美国标准中没有快速固结试验的相关规定。其他行业标准中，《铁路工程土工试验规程》中还介绍了 12h 快速固结试验。

世界各地的标准固结试验（完全侧限，轴向压缩）均发展自太沙基一维固结理论，因此各种标准的主要应用范围和参数计算方法也基本一致，但是在具体试验操作过程及计算的细节方面有一定差异。

《土工试验方法标准》GB/T 50123—2019 是国家标准，其他标准规程为各行业依据其各自工程特点编写而成，内容与国家标准基本相同，因此本节采用国家标准《土工试验方法标准》GB/T 50123—2019（以下简称中国标准）与美国 ASTM 现行标准（以下简称美国标准）进行对比分析。

4.2.2 应力控制式标准固结试验

应力控制式（荷载增量法）标准固结试验是应用最广泛的固结试验方法，主要适用于饱和黏性土，可以测定土的压缩系数（coefficient of compression, a_v）、体积压缩系数（coefficient of volume compressibility 或 modulus of volume change, m_v）、压缩模量、固结系数（coefficient of consolidation, C_v）、压缩指数（compression index, C_c）、回弹指数、次固结系数等参数。用于非饱和土时，仅可测定压缩系数、压缩模量。

美国标准 D2435 提供了两种试验方法，方法 A 和方法 B，荷重维持时间均为 24h 或其倍数。其中方法 A 只在施加两级或以上荷重下记录变形 - 时间（s-t）读数，施加一级荷重只记录最终变形量，而每级压力下的最终变形量包含了主固结变形和次固结变形，此时无法判定主固结何时完成，因此只能用来测定压缩系数和压缩模量。方法 B 则需要记录每级荷重的 s-t 读数，因此可以绘制每级压力下的 s-t 曲线。中国标准规定每级荷重都需要记录 s-t 读数。从试验方法看，中国标准中的标准固结试验与快速固结试验分别与美国标准中的方法 B 和方法 A 类似。以下对中美标准应力控制式标准固结试验进行对比分析。

制样：美国标准没有规定土样的大小，但规定了土样的最小直径和高度，分别为 50mm 和 12mm，并规定了最小径高比为 2.5，并附注说明最好使用径高比大于 4 的土样；中国标准在 1999 版中规定了环刀高度均为 20mm，内径 61.8mm（俗称小环刀）和 79.8mm（俗称大环刀），但在 2019 版标准中删除这一描述。长期以来，在实践中中国实验室均使用小环刀制样进行标准固结试验，径高比为 3.09，而大环刀径高比为 3.99，其他尺寸的环刀较少使用，因此，在按美国标准进行固结试验时，应注意环刀径高比的选择，尽量使用大环刀制样。

辅助设备： 主要在滤纸和试验用水两方面有一定差异。美国标准明确要求使用尼龙丝网或 54 号低灰硬化滤纸，中国标准仅要求使用薄滤纸，滤纸种类则没有明确规定，且国内很难见到使用尼龙丝网作为过滤装置；试验用水方面，中国标准明确规定试样饱和和试样浸水都应使用纯水，美国标准则推荐使用土样所在环境的地下水，如果找不到，使用自来水、饮用水、软化水、盐水都是可以的。

加压序列： 中国标准与美国标准在加压序列、卸压序列等方面的规定基本一致，但美国标准在压力序列的选择方面，更注重与现场地质条件之间的联系，明确说明委托单位应指定加压序列包括回弹压力。在最大压力方面有一些差异，中国标准规定最后一级压力应大于上覆土层自重压力 100～200kPa，美国标准则规定在需要 ε-lg$p$ 曲线或需要确定先期固结压力（preconsolidation pressure 或 prestress, p_e）时，最后一级压力要符合以下要求：① ε-lg$p$ 曲线末尾要出现能确定一条直线的 3 个点；② ε-lg$p$ 曲线中间要出现能确定凸线的 3 个点；③ 最大压力达到预估先期固结压力的 8 倍。

加压率： 中美标准在一般情况下加压率均为 1，且都规定在需要确定先期固结压力或高压缩性土时要降低加压率，但美国标准明确规定当加压率小于 0.7 且压力比较接近先期固结压力时，该压力级别下的数据不适合用来评价 C_v，也不适合用来判断该级压力下的主固结阶段是否结束。

沉降记录时序： 中美标准在记录时序上稍有不同，中国标准规定当需要测定沉降速率时，按照 0.1min、0.25min、1min、2.25min、4min、6.25min、9min、12.25min、16min、20.25min、25min、30.25min、36min、42.25min、49min、64min、100min、200min、400min、23h 和 24h 直至稳定测读百分表读数，而美国标准规定的记录时序分别为 0.1min、0.25min、0.5min、1min、2min、4min、8min、15min、30min、60min、120min、240min、480min 和 24h，当使用时间平方根法作图时也可以用比较方便作图的时序如 0.09min、0.25min、0.49min、1min、4min、9min 等。显然中国标准比美国标准记录的数据多，在使用作图法求解参数时更准确一些。

回弹： 对于超固结黏土，美国标准规定应在大于预估先期固结压力的情况下进行回弹试验，并且在整个试验过程中要进行两次回弹，中国标准规定需要做回弹试验时，可在某级压力（大于上覆有效压力）固结稳定后卸压，直至卸至第一级压力，没有规定回弹次数。

试验结束后的要求： 中国标准要求取出土样并进行含水率测试；美国标准要求卸压至预压压力（一般为 3～5kPa）并保持，每小时的应变（回弹变形或膨胀变形）不大于 0.2% 时才能结束试验，然后取出土样使用百分表或其他合适的测量设备测量 4 次土样最终高度，并计算平均值 H_{et}，该值不参与参数计算，但应在报告中给出最后一级压力下最终变

形量与该值的差 $H_d = H_f - H_{et}$。

数据处理：与中国标准一样，美国标准在标准固结试验中主要求取的参数就是固结系数 C_v、先期固结压力 p_c 等，中国标准同时规定了压缩系数 a_v、压缩模量 E_s、压缩指数 C_c、回弹指数 C_s 的计算公式，但美国标准 D2435 未涉及这些参数的计算公式。

中国标准和美国标准都给出了时间对数法和时间平方根法求取固结系数的方法，且都使用 Casagrande 图解法求取先期固结压力，原理和计算公式均一致，但有一些细微差异。中国标准在作图时，使用的是 s-lg$t$、e-lg$p$ 或 s-$\sqrt{t}$ 坐标系，其纵轴均为土样变形量或土样高度 s 或 h，而美国标准使用的是 ε-lg$t$、ε-lg$p$ 或 ε-$\sqrt{t}$ 坐标系，其纵轴为应变 ε，但两种图表的曲线形态是一致的，使用作图法求取的参数也是一致的。

中国标准和美国标准固结系数的计算公式均如式（4.9）所示，

$$C_v = \frac{T\overline{h}^2}{t} \tag{4.9}$$

式中，T 是时间因数，在使用时间对数法时，使用 t_{50} 对应的因数为 0.197，在使用时间平方根法时，使用 t_{90} 对应的因数为 0.848。在使用计算公式时，中美标准有如下几点显著差异：

1）美国标准使用 Casagrande 图解法求取先期固结压力时，使用的应变为主固结结束时的应变（若采用方法 A 则与中国标准一致），而中国标准使用的土样变形是主固结+次固结在内的总变形量，这种差异会对试验结果造成一定影响，虽然先期固结压力受诸多条件的影响，作图法求取的值不一定准确，但在实践中，应注意遵循标准。

2）中国标准在时间平方根法求固结系数时，只给出了作图求取 t_{90} 并利用 t_{90} 计算 C_v 的公式，但在美国标准中同时给出了 ε_{100} 和 ε_{50} 的计算方法，分别为 $\varepsilon_{100} = 10 \times (\varepsilon_{90} - \varepsilon_0)/9$，$\varepsilon_{50} = 5 \times (\varepsilon_{90} - \varepsilon_0)/9$，计算 ε_{100} 应是为绘制 ε-lg$p$ 曲线作准备，计算 ε_{50} 则是用来确定排水距离 h。

3）中国标准在进行时间对数法作图求理论零点 d_0 时，需要在 d-lg$t$ 曲线上延长曲线的开始线段并任选一时间 t_1，对应量表读数 d_1，再取时间 $t_2 = t_1/4$，对应量表读数 d_2，得出 $d_{01} = 2d_2 - d_1$，然后依同法得 d_{02}、d_{03}、d_{04}，取其平均值为 d_0，而美国标准则无需取四个平均值，只需确定其中的一个值即作为 ε_0（即 d_0），但要求任取的时间 t_1 所对应的应变不大于本级压力下总应变的 0.5 倍且不小于 0.25 倍。

4）中国标准对 h 的定义是最大排水距离，指明是某级压力下试样初始高度和终了高度平均值的一半，但美国标准对 h 的定义是 50% 固结度时的排水距离 H_{D50}，当双面排水时为某级压力下试样高度的一半，当单面排水时为试样高度，这样就需要先计算 ε_{50}，然后根据 ε_{50} 计算此时的试样高度 h_{t50}。在某些特殊情况下，该差异可能导致 c_v 的计算结果产生较明显的差别。

4.2.3 应变控制式标准固结试验

应变控制式标准固结试验在工程实践中应用并不广泛，在试验过程、数据处理和结果分析方面近年来也在不断更新。中美标准在历经数次修订后，在试验流程和结果分析上可以说已经渐趋统一，但是根据各自的工程实践，在某些环节还是有不少差异。

试验设备的差异：美国标准的应变控制式固结仪具有一个类似三轴仪上使用的压力室，压力室可充水并对土样产生高于大气压的压力（back pressure，u_b，下文称为“饱和压力”，一般情况下等于压力室压力 chamber pressure，σ_c），主要目的是保持土样呈饱和状态且可以排出各压力传感器中的空气；中国标准的应变控制式固结仪上并没有这个压力室。由于美国标准采用压力室，导致中美标准在应变控制式固结试验的试验操作、数据记录和数据处理上都有较大的差异，比如中国标准中固结仪安装于底座的孔压传感器测得的数据可以认为就是孔隙水压力，而美国标准中安装于底座的压力传感器测得的数据还要减去饱和压力才是孔隙水压力（$\Delta u_m = u_m - \sigma_c$）。由于存在大于大气压的饱和压力，或多或少会影响土样的固结程度，在没有对比试验的情况下，两种标准产生的试验结果差异是不好估计的。

两种试验设备的差异还造成仪器变形校正方法的不同。中国标准仅需校正固结仪因轴向力造成的仪器变形，而美国标准除需校正仪器变形外，还需校正饱和压力造成的仪器变形和加压导杆的顶升以及加压导杆与压力室密封装置之间的动摩阻力。中国标准对仪器变形的校正是强制的，而美国标准的仪器校正是有条件的，即当轴向力造成仪器变形超过土样高度的 0.1%，或饱和压力造成的仪器变形超过土样高度的 0.1%，或动摩阻力超过最大试验压力的 0.5% 时才需校正，其他情况可忽略各校正量，但目前的仪器精度一般达不到可忽略校正量的程度。

试验流程方面的差异：中国标准是事先对土样进行饱和，然后进行试验，试验前使用无气水对孔压传感器、透水板、容器底座等进行排气，试验时认为土样一直保持饱和状态，仅在底部透水板浸水，透水板以上的环刀、土样、各传感器均不浸水。而美国标准使用压力室充水加压的方式对土样进行饱和，并在整个试验过程中都对土样保持浸水状态，试验前要检查试样饱和度，检查方法为：关闭底座排水阀门，加饱和压力，若底座的压力传感器量测到的压力快速（15s 内）增加至饱和压力的水平时，可认为试样已经充分饱和。

中国标准规定的设置压力为 1kPa，1998 版美国标准规定的设置压力为 5kPa，对于特别软的土采用 2.5kPa 或更小，2020 版美国标准没有规定设置压力的大小，但注明了合理的设置压力一般为土样原位有效应力的 10% 或引起不超过 0.2% 应变的压力，按此规定，一般情况下的设置压力会远超过 1kPa。

需要说明的是，美国标准规定饱和压力应分级分步施加，第一级压力一般和设置压力一致，此后以 10min 的时间间隔，以 35～140kPa 的增量逐级增加，期间要注意观察，饱和压力不能造成土样产生明显的变形（不超过土样高度的 0.1%），最后饱和压力可以逐渐增加至 400～1000kPa。

试验采取的应变速率方面，中国标准参照美国标准的规定，采用孔压与垂直应力的比值 R_u 在 3%～20% 之间，但新版 2020 版美国标准已经将 R_u 规定在了 3%～15% 之间。由于中国标准和新版美国标准的数据处理都基于线性模型（即假定体积压缩系数m_v为常数），较高的应变速率有可能导致线性模型的假定失效，从而对结果产生影响，因此在实践中建议选择较小的应变速率，美国标准建议采用R_u在5%左右时的应变速率。另外在应变速率的选择上，中国标准给出的建议值是按照土的液限进行初步选择，而美国标准是根据土的塑性图分类进行初步选择。差别如表4.3所示。

中美标准固结试验应变速率对比表　　表4.3

中国标准		美国标准		
液限/%	应变速率/（%/min）	塑性图分类	应变速率/（%/min）	说明
0～40	0.04	MH	0.17	液限大于50%且塑指在“A”线以下
40～60	0.01	CL	0.017	液限小于50%且塑指在“A”线以上
60～80	0.004	CH	0.0017	液限大于50%且塑指在“A”线以上
80～100	0.001			
100～120	0.0004			
120～140	0.0001			

由上表可知，中美标准给出的应变速率初步建议值差别还是比较大的，在实践中，可以根据实际试验时的R_u来判断应变速率是否合适。

数据记录方面，中国标准规定在前10min内每间隔1min进行一次数据采集，随后的1h内每间隔5min进行一次数据采集，1h以后每间隔15min进行一次数据采集，而美国标准则规定在每产生1%应变至少采集5组数据，由此可见，中国标准的数据采集密度要远大于美国标准。

关于回弹时的应变速率问题，中国标准要求使用加压时同样的应变速率即可，并关闭孔压量测系统，此时在回弹的过程中是无法监测孔压变化的；而美国标准要求在回弹时也应监测孔压变化情况，并根据孔压与垂直应力的比值（R_u）变化适当减小应变速率。

中美标准都有加压和回弹阶段之间维持荷载不变并记录时间－变形数据的规定，不同的是，中国标准认为该数据可以用来评价次固结阶段的相关参数，而美国标准虽然在老版标准中要求绘制次固结阶段的变形和时间对数曲线（s-lg$t$），但在2020版标准中取消了这一要求，并明确表示在该阶段虽然会发生次固结，但并不能提供关于次固结系数计算的标准方法。

数据处理方面的差异：美国标准在老版标准中采用的是非线性模型，即假定压缩指数C_c为常数，由此推导出的固结系数计算公式与中国标准相差较大，新版2020版标准则回归到采用线性模型（即假定体积压缩系数m_v为常数），由此推导出的固结系数公式与中国标准则基本一致，即采用了饱和土单向固结理论中对固结系数的定义，$C_v = k/(m_v \cdot \gamma_w)$，但引入了一个稳态因数$F_n$，用以判断采集的每一组数据是否符合稳态条件，只有$F_n$

大于 0.4 的数据可以参与参数计算，小于或等于 0.4 的数据视为不符合稳态条件，应舍弃。

如上所述，除在孔压方面的计算不同外（中国标准使用孔压传感器测得的数据作为孔隙水压力 u_b，美国标准使用减掉饱和压力后的压力作为孔隙水压力 $\Delta u_m = u_m - \sigma_c$），在孔隙比（void ratio, e）、平均有效应力（average effective vertical stress, σ_a'）、体积压缩系数、应变率、固结系数的计算公式上形式虽有一定差异，但实质都是一致的。需要注意的是，美国标准引入了渗透系数 k 的计算公式，如式（4.10）所示，

$$k = \frac{\dot{\varepsilon} \cdot H_n \cdot H_0 \cdot \gamma_w}{2 \cdot \Delta u_m} \times \frac{1}{10000} \tag{4.10}$$

式中，H_n 为任意时刻 t 的试样高度；H_0 为试样初始高度，代入固结系数计算公式如式（4.11）所示，

$$C_v = \frac{k}{m_v \cdot \gamma_w} = \frac{\dot{\varepsilon} \cdot H_n \cdot H_0}{2 \cdot m_v \cdot \Delta u_m} = \frac{\Delta\varepsilon}{\Delta t} \cdot \frac{H_n \cdot H_0}{2 \cdot m_v \cdot \Delta u_m} \tag{4.11}$$

中国标准固结系数计算公式如式（4.12）所示，

$$C_v = \frac{\Delta\varepsilon}{\Delta t} \cdot \frac{h^2}{2 \cdot m_v \cdot u_b'} \tag{4.12}$$

式中，h 为任意时刻 t 上下两个时刻的试样平均高度，与美国标准有较明显的区别，在变形量较大的情况下，两种标准计算出的 C_v 也将有较大差异。

另外，2020 版美国标准在附录中仍然保留了非线性模型计算参数的公式，其稳态因数 F_n、平均有效应力 σ_a'、固结系数 C_v 及渗透系数 k_n 的计算公式与线性模型有较大差别，但同时也说明了，由于孔隙水压力在土体内部的分布情况是未知的，两种模型是基于不同的假定进行预测，可能与实际情况有一定差别。随着孔隙水压力的增大，两种模型的预测差别也会增大，当 R_u 为 15% 时，两种模型计算的平均有效应力的差别约为 0.3%。由于非线性模型的计算比较复杂，在实践中，应变速率不大的情况下，使用线性模型的计算公式比较简便。

4.3　土的强度特性

土的强度特性主要指土的抗剪强度，土体的破坏其本质是剪切破坏。土的抗剪强度指标主要包括黏聚力和内摩擦角，其主要依靠室内试验和现场试验确定，室内试验主要包括三轴试验、直接剪切试验和承载比试验，现场试验主要为承载比试验，本节分别对上述试验进行对比分析。

4.3.1　三轴压缩试验

4.3.1.1　中美标准

采用的中国标准涉及三轴压缩试验的主要有：

《土工试验方法标准》GB/T 50123—2019，中华人民共和国国家推荐标准。

美国现行 ASTM 岩土工程标准涉及三轴压缩试验的主要有：

1）《黏性土不固结不排水三轴压缩试验的标准试验方法》ASTM D2850-15，*Standard Test Method for Unconsolidated-Undrained Triaxial Compression Test on Cohesive Soils*。

2）《黏性土固结不排水三轴压缩试验的标准试验方法》ASTM D4767-11（R2020），*Standard Test Method for Consolidated Undrained Triaxial Compression Test for Cohesive Soils*。

3）《土的固结排水三轴压缩试验的标准试验方法》ASTM D7181-20，*Standard Test Method for Consolidated Drained Triaxial Compression Test for Soils*。

4）《土的荷载控制式循环三轴强度的标准试验方法》ASTM D5311/D5311M-13，*Standard Test Method for Load Controlled Cyclic Triaxial Strength of Soil*。

中美标准的三轴仪基本都采取了应变控制式三轴仪，应力式三轴仪由于操作麻烦、难以测定峰值后的应力应变曲线，中美都很少使用。试验原理基本相同，排水和固结条件基本相同，均分为不固结不排水剪（Unconsolidated-Undrained Triaxial Compression Test, UU）、固结不排水剪（Consolidated Undrained Triaxial Compression Test, CU）和固结排水剪（Consolidated Drained Triaxial Compression Test, CD）。

4.3.1.2 中美标准三轴仪的异同

中国标准的三轴仪由下列设备组成：轴向加压和轴向力测量装置、轴向应变测量装置、围压控制系统、反压控制系统、压力室、孔压测量装置和体变测量装置，美国标准三轴仪除了以上装置外，还具备一个真空控制系统，以便于在试验台上直接使用真空对试样进行饱和，中国标准将这一系统移到三轴仪外，使用抽气缸对试样进行抽气饱和。附属设备方面，中国标准对切土盘、切土架、分样器、击实器、饱和器等规定比较详细，美国标准虽然列明了相关附属设备，但没有对其作出详细规定。美国标准比较关注滤纸、橡皮膜、阀门的参数与特性，中国标准则没有那么详细，如滤纸，美国标准明确规定要使用54号低灰硬化滤纸，且规定滤纸强度对主应力差测量造成5%以上误差时应进行滤纸强度校正，中国标准则规定使用薄滤纸即可，不考虑滤纸强度校正；美国标准规定橡皮膜的厚度不大于试样直径的1%，且规定橡皮膜强度对主应力差造成5%以上误差时要进行橡皮膜强度校正，中国标准规定对于39.1mm和61.8mm直径试样橡皮膜厚度为0.1～0.2mm，对于101mm直径试样橡皮膜厚度为0.2～0.3mm，但不考虑橡皮膜强度校正。在实践中，滤纸和橡皮膜一般不会对主应力差造成大的影响，不考虑滤纸和橡皮膜的强度校正在不至于造成过大误差的情况下，可以简化试验和计算的工作量。近年来，中美都发展出了具备计算机控制和传感器的自动化三轴仪，替代了以前的机械式三轴仪，操作更加简便，数据记录更加精密，还可实现全天候无人值守试验，大大减轻了试验人员的负担。中美标准三轴仪的简图如图4.3和图4.4所示。

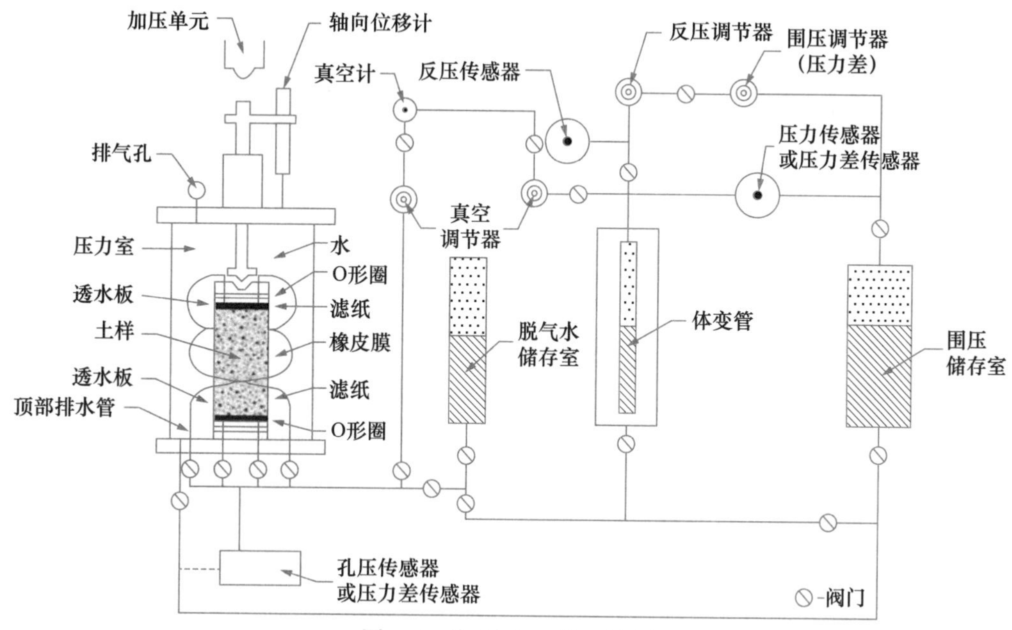

图 4.3　美国标准三轴仪简图

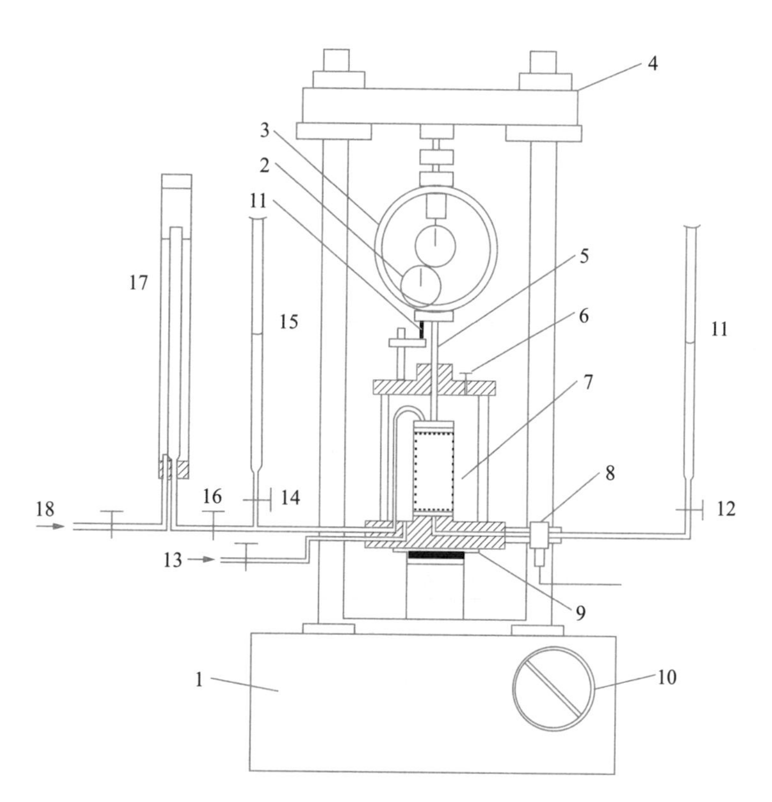

1—试验机；2—轴向位移计；3—轴向测力计；4—试验机横梁；5—活塞；
6—排气孔；7—压力室；8—孔隙压力传感器；9—升降台；10—手轮；
11—排水管；12—排水管阀；13—周围压力；14—排水管阀；
15—量水管；16—体设管阀；17—体变管；18—反压力

图 4.4　中国标准三轴仪简图

4.3.1.3 制样

试样尺寸：中国标准规定试样直径为39.1mm、61.8mm、101mm，高径比为2.0～2.5，在实践中，对于结构较完整、不含大颗粒的土样而言，一般采用直径为39.1mm，高度为80mm的土样；美国标准规定最小试样直径为33mm，高径比为2.0～2.5，在实践中一般采用直径为35～38mm、50mm、70mm、100mm等，与中国标准基本一致。

适用范围：中国标准规定土样最大允许粒径不超过试样直径的1/10，试样直径为101mm时不超过1/5，而美国标准规定土样最大允许粒径不超过试样直径的1/6，相对来说，中国标准对最大允许粒径的规定较严格，同样粒径的土样，中国标准可能要求制备比美国标准更大的试样直径。

试样制备：中美标准均可使用不扰动土样或重塑土样进行试验。重塑土样的制备流程基本一致，不同的是中国标准规定试料加水后至少静置20h，美国标准规定静置至少16h；使用击样法时，中国标准规定对于粉土应分3～5层，黏土5～8层，美国标准统一规定为至少6层。砂样的制备方面，中美标准均介绍了干法制样和浸水制样的方法，中国标准重点介绍的是浸水制样的方法，即将砂样分为3份，每一份砂样在倒入模具前先在模具中充入相同体积的脱气水，当砂样含黏粒或要求较高密度试样时采用干砂进行制样；美国标准的浸水制样法则是先将砂样在容器中浸透，然后将水和砂的混合物倒入模具进行制样，而干法制样时砂样可以是干燥颗粒，也可以是潮湿颗粒，分6～7层倒入模具中进行压实。试样尺寸的测量方面，中国标准规定在试样的上、中、下分别用卡尺测量三次试样直径，按式（4.13）计算平均直径，美国标准则规定在试样底面上每隔120°测量试样高度，至少测量3次，平均值为试样高度，并在试样高度的四分点上至少测量3次试样直径，平均值为试样直径。

$$D_0=\frac{D_1+2D_2+D_3}{4} \tag{4.13}$$

式中：D_0——试样平均直径（mm）；

D_1、D_2、D_3——试样上、中、下部位的直径（mm）。

4.3.1.4 试样的安装与饱和

美国标准对于初始饱和度未达90%或具有膨胀性的土样，“强烈推荐”一种干式安装法（dry mounting method），其做法是先使用干燥空气将底座、管路、孔压测量装置等进行干燥，将透水板在烤箱中烘干并在干燥箱中冷却至室温，然后进行试样安装，滤纸、橡皮膜也须是干燥的，使用小胶带将滤纸条或滤纸笼牢固粘贴在试样的上下两端，安装好后通过试样顶部的排水管对试样施加约35kPa（不应超过固结压力）的真空压力，然后进行下一步操作。中国标准三轴仪由于一般不配备真空控制系统，因此，无法采用此种安装法，中国标准在试样安装时使用的方法，相当于美国标准中的湿式安装法（wet mounting method）。

中美标准都有关于真空饱和和反压饱和的相关规定，但两者有一定差异。

美国标准对于干式安装法安装的试样，采取的是类似于中国标准中的真空饱和与反压饱和结合起来的一种方法，其做法是首先通过试样顶部的排水管对试样施加能达到的最大真空压力（即相当于中国标准中所述的真空度接近当地 1 个大气压，亦即相对真空压力约达到 100kPa），但不应超过有效固结压力，也不应小于 35kPa，继续抽气并保持约 10min 后，脱气水会逐渐从试样底部向顶部渗流，当顶部排水管充水时，关闭底部阀门，逐渐降低真空压力，同时施加与降低的真空压力相等的围压，在该过程中同时量测底部孔压，围压与孔压的差值应基本保持一致，待孔压稳定后，对试样施加反压，同时注意测量底部孔压，待孔压稳定后施加下一级围压和反压。

美国标准对于湿式安装法安装的试样，采取的则是类似于中国标准中的水头饱和与反压饱和结合的一种方法，其做法是先对试样施加一定的围压（不超过 35kPa），然后让脱气水通过水头流经试样，当流入水量与流出水量相等时，再施加反压进行饱和。

在反压饱和法中，中国标准规定进行预压的围压为 20kPa，美国标准一般使用 35kPa，围压与反压的差值中国标准规定为 20kPa，美国标准则规定不超过 35kPa，每级围压与反压的增量中国标准规定对于软黏土取 30kPa，对于坚实土或初始饱和度较低的土取 50～70kPa，美国标准则规定增量从 35～140kPa 不等，取决于所需的有效固结压力。对于判断饱和是否完成的指标，孔压增量与围压增量之比（美国标准中称为 B 值）$\Delta u/\Delta\sigma_3$，中国标准规定 $B>0.98$ 时认为试样饱和，美国标准则规定 $B>0.95$ 时，或 B 值与反压力值关系曲线表明 B 值不再随反压增加而增加时即认为试样已经饱和。

由于反压饱和法一般可以达到更高的饱和度，而美国标准对于试样的饱和均采用了反压饱和，因此相对来说，美国标准对试样饱和度的要求更高，但操作上也更繁琐，耗时更长。中国标准根据实践经验采用了简化的饱和方法，使得操作更加简便，但若方法选择不当，试样有达不到饱和的可能。

4.3.1.5　试样固结

中国标准一般采用围压对试样进行固结，同时也可以对土样施加反压，美国标准则规定必须对土样施加反压，目的是防止溶解于水中的空气析出造成饱和度降低或孔压误差。中国标准对于结构性较好、所需固结压力不大的土样，一般采用一次性施加所需围压，美国标准则规定对于有效固结压力大于 40kPa 时围压就需要分级施加，且荷载比不大于 2，每级压力下均需绘制体变、竖向变形与时间对数或时间平方根的关系曲线并计算 t_{50} 或 t_{90}，主固结完成后方可施加下一级荷载。

另外，中美标准均提到了在试样需要固结时使用滤纸条或制作好的滤纸笼贴在试样周围，这样可以增加排水通道，缩短固结时间，中国标准给出了 4 种滤纸条型式，并规定在施加反压时滤纸条要从中间断开 1/4 试样高度，以防反压力与孔压测量系统直接连通，美标并没有这种规定，只要求滤纸条的总面积不超过试样侧面积的 50% 即可。

4.3.1.6　不固结不排水三轴试验（UU）

试验过程：中美标准在 UU 试验过程方面基本一致。中国标准推荐的剪切速率为 0.5～1.0%/min，美国标准推荐的剪切速率为 0.3～1.0%/min。中国标准推荐在开始阶段每产生 0.3%～0.4% 轴向应变时测记轴向力和轴向位移读数一次，轴向应变达到 3% 后每产生 0.7%～0.8% 轴向应变时各测记一次，接近峰值时加密读数，达到峰值后继续剪切3%～5% 轴向应变，轴向力读数无明显减少时剪切至 15%～20% 轴向应变；美国标准推荐在开始阶段和接近峰值时加密读数，开始阶段每产生 0.1% 轴向应变即各测记一次，其后每产生 0.5% 轴向应变各测记一次至轴向应变达到 3%，超过 3% 后每产生 1% 轴向应变各测记一次至 15% 轴向应变。

试验停止标准：中国标准规定在轴向力达到峰值后继续剪 3%～5% 轴向应变，若无明显峰值则剪切至 15%～20% 轴向应变，美国标准规定应剪切至 15% 轴向应变，或轴向力达峰后下降超过 20%，或达峰后继续剪 5% 轴向应变。

试样破坏标准：中美标准基本一致，均以主应力差达到峰值为首要判断标准，如果主应力差没有明显峰值或达到峰值时轴向应变超过 15%，则以轴向应变 15% 时的主应力差作为破坏值。

数据整理与计算：数据计算方面，中美标准基本一致，但美国标准考虑了更多的修正，如规定：1）若围压导致试样高度发生变化时，应考虑高度变化后的试样直径修正，修正后的直径为 $D=D_0(1-\Delta h/h)$；2）若橡皮膜导致主应力差的误差超过 5% 时，主应力差要减去橡皮膜强度修正值 $\Delta(\sigma_1-\sigma_3)_{\mathrm{m}}=4E_{\mathrm{m}}t_{\mathrm{m}}\varepsilon_1/D$；3）围压对轴向力加压活塞会产生向上的力，活塞在向下加轴向力时也会与压力室产生摩擦力，若有必要应该对该误差进行修正。事实上，不固结不排水试样的在围压下产生的体积变化微弱且很难测量，橡皮膜的强度也很难对主应力差的测量导致太大的误差，一般在实践中是无需进行修正的。此外，中国标准要求根据不排水强度包线计算相应的 c、φ 值，美国标准则将这一工作交由土木工程师完成，试验报告仅提供基本试验数据及相关图表。

4.3.1.7 固结不排水三轴试验（CU）

试验过程：中美标准在 CU 试验过程方面基本一致。中国标准推荐的剪切速率为 0.05～0.10%/min，对于粉土可加快至 0.1～0.5%/min，美国标准则要求根据固结数据选取剪切速率，为 $\dot{\varepsilon}=\varepsilon_{\mathrm{f}}/(10\cdot t_{50})$，其中 ε_{f} 为破坏时的轴向应变，若无固结数据，则可按照 1%/h 即约 0.017%/min 的速率进行剪切。试验数据的读数密度方面，中国标准在 CU 试验时和 UU 的要求相同，而美国标准则要求在 1% 轴向应变前均按照每产生 0.1% 轴向应变读数一次，此后每 1% 轴向应变读数一次。

试验停止标准：中美标准在 CU 试验的停止标准差异与 UU 相同。

试样破坏标准：中美标准基本一致，以主应力差达到峰值为首要判断标准，或有效主应力比 σ_1'/σ_3' 达到峰值，或产生 15% 轴向应变，或可根据现场实际情况，另外选取破坏应变。

数据整理与计算：美国标准 CU 在进行数据计算时，除要考虑橡皮膜强度修正外，还要考虑滤纸修正和饱和时引起的体积变化修正。其中由于橡皮膜强度或滤纸强度造成主应力差的偏差超过 5% 时须修正，实践中一般不作修正，但饱和时引起的体积变化修正则是必需的，这是两种标准在数据整理计算中的最显著差异，如表 4.4 所示。

中美标准三轴试验数据处理对比表　　表 4.4

项目	中国标准				美国标准		
	起始	固结后		剪切时校正值	方法 A	方法 B	剪切时校正值
		按实测固结下沉	等应变简化式				
试样高度	h_0	$h_c=h_0-\Delta h_c$	$h_c=h_0\times\left(1-\frac{\Delta V}{V_0}\right)^{1/3}$	—	$H_c=H_0-\Delta H_0$		
试样面积	A_0	$A_c=\frac{(V_0-\Delta V)}{h_c}$	$A_c=A_0\times\left(1-\frac{\Delta V}{V_0}\right)^{2/3}$	$A_a=\frac{A_c}{1-0.01\varepsilon_1}$	$A_c=\frac{(V_0-\Delta V_{sat}-\Delta V_c)}{H_c}$	$A_c=\frac{V_{wf}+V_s}{H_c}$	$A=\frac{A_c}{1-\varepsilon_1}$, $\varepsilon_1=\frac{\Delta H}{H_c}$
试样体积	V_0	$V_c=h_cA_c$		—	—		
主应力差		$(\sigma_1-\sigma_3)=\frac{P}{A}$			$(\sigma_1-\sigma_3)=\frac{P}{A}$		
修正后的主应力差		—			$(\sigma_1-\sigma_3)_c=\frac{P}{A}-(\sigma_1-\sigma_3)_{fp}-(\sigma_1-\sigma_3)_m$		
破坏时的大总主应力		$\sigma_1=\frac{P}{A}+\sigma_3$			$\sigma_{1f}=(\sigma_1-\sigma_3)_{cf}+\sigma_{3f}$		
破坏时的有效大主应力		$\sigma_1'=\sigma_1-u$			$\sigma_{1f}'=(\sigma_1-\sigma_3)_{cf}+\sigma_{3f}'$		
破坏时的有效小主应力		$\sigma_3'=\sigma_3-u$			$\sigma_{3f}'=\sigma_{3f}-\Delta u_f$		

注：$\Delta V_{sat}=3V_0(\Delta h_s/h_0)$，$\Delta h_s$ 为饱和期间的高度变化值；$(\sigma_1-\sigma_3)_{fp}$ 为滤纸造成的主应力差修正值，$(\sigma_1-\sigma_3)_{fp}=K_{fp}P_{fp}/A_c$（轴向应变大于 2% 时），$(\sigma_1-\sigma_3)_{fp}=50\varepsilon_1K_{fp}P_{fp}/A_c$（轴向应变小于 2% 时）；$(\sigma_1-\sigma_3)_m$ 为橡皮膜造成的主应力差修正值，$(\sigma_1-\sigma_3)_m=(4E_mt_m\varepsilon)/D_c$，其中 D_c 为固结后的试样直径，可由 A_c 求得。

4.3.1.8　固结排水三轴试验（CD）

试验过程： 中国标准推荐的剪切速率为 0.003～0.012%/min，美国标准对于 CD 试验的剪切速率为 $\varepsilon_f/(16t_{90})$（单面排水）或 $\varepsilon_f/(10t_{90})$（双面排水）。数据记录方面的差异与 CU 相同。

试验停止与试样破坏标准： 中美标准在 CD 试验停止和试样破坏标准方面的差异，与 CU 试验的差异相同。

数据整理与记录： 美国标准在进行 CD 试验的数据整理时，除要考虑橡皮膜、滤纸修正和饱和时体积变化修正外，还增加了一项轴向力修正，计算公式如式（4.14）和式（4.15）所示，

$$(\sigma_1-\sigma_3)=\frac{P+K+\sigma_3(A-a)}{A}-\sigma_3 \quad (4.14)$$

$$K=W-[(A_c-a)\cdot h_c\cdot\gamma] \quad (4.15)$$

式中，W 为轴向力加压活塞的重量；a 为加压活塞的端面面积；h_c 为固结完成后试样帽顶部到试样中心的距离；γ 为水的重度。

除此之外，中美标准在 CD 试验数据整理计算上的差异与 CU 相同。

4.3.1.9 一个试样多级加荷与土的循环三轴强度试验

ASTM D5311 介绍了一种应力控制式土的循环三轴强度试验方法，该方法与中国标准中的一个试样多级加荷试验有相似之处，但其试验目的完全不同，试验过程也有较大差异，无法直接对比。

首先，D5311 介绍的循环三轴强度试验，其目的是模拟地震或其他土体接受循环荷载时土的强度特征，测定的是土的不排水强度；中国标准介绍的一个试样多级加荷试验，是在无法取得多个试样或土样具有不规则裂隙时，使用一个试样进行多次施加不同的固结压力，并在该压力下固结后的抗剪强度，也是不排水强度。

其次，D5311 介绍的循环加载，是以 0.1～2Hz 的正弦荷载形式进行循环加载—卸载—加载，而一个试样多级加荷在固结和剪切过程中均是静态的。

最后，D5311 介绍的试验方法，围压基本固定不变（也可以分级施加不同的围压），在一个围压下进行循环往复加、卸压，而一个试样多级加荷从定义上来说就必须在多个围压（固结压力）下进行。

4.3.2 直接剪切试验

4.3.2.1 中美标准

中国现行岩土工程标准涉及直接剪切试验的主要有：

1）《土工试验方法标准》GB/T 50123—2019，中华人民共和国国家推荐标准。

2）《公路土工试验规程》JTG 3430—2020，中华人民共和国公路行业标准。

3）《铁路工程土工试验规程》TB 10102—2010，中华人民共和国铁路行业标准。

美国现行 ASTM 岩土工程标准涉及直接剪切试验的主要有：

《固结排水条件下土的直接剪切试验标准试验方法》(2020 年撤回) D3080/D3080M-11, *Standard Test Method for Direct Shear Test of Soils Under Consolidated Drained Conditions*。

中美标准在进行直接剪切的室内试验时，均采用直剪仪进行。直剪仪分为应力控制式和应变控制式，但应力控制式直剪仪在施加水平剪应力时比较复杂，且不易准确测得峰值剪应力，因此中美标准都采用了应变控制式的直剪仪。

美国标准仅介绍了固结排水条件下的直剪试验（CD 及 CU）和一种恒定体积的固结不排水反复剪试验（CU），中国标准则规定了慢剪（CD）、固结快剪（CU）、快剪（UU）及固结排水反复剪（CD）。本节仅对土样的室内直剪试验进行对比，岩样的室内直接剪切试验、岩土体的原位剪切试验等不在本节探讨之列。反复剪方面，由于中美标准的试验设备、方法、目的完全不同，基本无法进行比较，因此本节也不作讨论。

4.3.2.2 慢剪

1）试验设备的差异

试验设备方面，中美标准均采用应变控制式直剪仪，分为垂直加压装置、剪切盒、剪切力施加装置、剪应力测量装置、垂直变形测量装置等，不同的是美国标准允许采用截面为方形或圆形的试样，而中国标准仅采用截面为圆形的试样。美国标准试样的最小直径

（或边长）不小于 50mm，或不小于土样最大粒径的 10 倍，以较大值为准；土样厚度不小于13mm，或不小于土样最大粒径的6倍，以较大值为准；土样的最小径高比不小于2：1。中国标准一般在实践中采用直径为 61.8mm，高度为 20mm 的土样（使用小环刀制样），径高比约为 3。

中美标准的剪切盒都是上下相等的两半，即人工在试样的中间制造一个平行与试样径向的剪切面，虽然从标准的附图及设备介绍来看，两种标准的试验设备基本相同，但美国标准要求在剪切开始前，在剪切盒的上下两部分之间使用“缝隙螺栓”（gap screws）将两部分分开一个缝隙，中国标准无此要求（反复剪的试验规定剪切盒应开缝，缝宽为 0.3～1.0mm），且一般使用的剪切盒也无法使用“缝隙螺栓”，实践中一般使用刀片开缝，这或许是两种设备之间最大的差异。另外，国产的应变式直剪仪一般为电动四联（也有一些轻便的单联直剪仪，但已经很少使用），而美国标准在实践中一般为单联直剪仪。中国标准还规定了一种应变控制式的大型直剪仪，用于粒径不大于 60mm 的粗粒土的室内直剪试验，由于在一般工程中很少使用，本节不作讨论。

2）试验流程方面的差异

试验流程方面，主要有以下显著差异：

（1）中国标准要求每组直剪试验至少制备 4 个试样，美国标准规定至少制备 3 个试样。

（2）试样的固结方面，中美标准在固结压力的施加上规定基本一致，对于硬塑—坚硬土或者粗粒土，固结压力可一次性施加，对于软土则要分级施加。中国标准的固结完成标准为每小时变形不超过 0.005mm，美国标准则要求主固结基本完成，可由以下三方面判断：① s-t 曲线形态；② 对试验土样类别的经验；③ 固结时间达到 24h。可以看出，美国标准对于土样固结稳定的判断基本上还是遵循了 D2435 的判别标准，固结稳定时间明显比中国标准长。

（3）对土样的要求方面，美国标准规定直剪试验可用于不扰动土样，也可用于重塑土，中国标准规定仅砂土可重塑，对于黏性土一般仅采用不扰动土样进行试验。

（4）剪切过程中，中国标准的上下剪切盒一般是贴合在一起的，美国标准则要求使用“缝隙螺栓”将剪切盒分离开，在上下剪切盒之间产生一个缝隙，缝隙的最小宽度应为土样的最大粒径，对于细粒土或最大粒径不明朗的土，缝隙宽度为 0.64mm。

（5）剪切速率方面，中国标准规定剪切速率小于 0.02mm/min，或可以根据 $t_f = 50t_{50}$ 估算剪坏时间，以 4mm 或 6mm 的剪切位移反算剪切速率；美国标准分了几种情况预估剪坏时间：① 最大固结压力下的 s-lg$t$ 曲线显示土样固结已进入次固结阶段（曲线中部直线段结束，尾部出现曲线段）时，按照 $t_f = 50t_{50}$ 计算剪坏时间；② 最大固结压力下的 s-lg$t$ 曲线不满足情况①但是有较好的 s-$\sqrt{t}$ 曲线形态，按照 $t_f = 11.6t_{90}$ 计算剪坏时间；③ 最大固结压力下的曲线形态不满足情况①、②，或土样明显是超固结土（超固结比 OCR＞2），剪坏时间应根据正常固结土的固结系数计算，如果没有固结数据，可根据表 4.5 中的土类估计剪坏时间。

根据土类预估的最小剪切时间　　表 4.5

根据 D2487 的土分类组号	最小剪坏时间 t_f
SW，SP（细粒含量小于 5%）	10min
SW-SM，SP-SM，SM（细粒含量大于 5%）	60min
SC，ML，CL，SP-SC	200min
MH，CH	24h

根据预估的剪坏时间，对于正常固结或轻微超固结的细粒土，剪切位移为 10mm，其他情况为 5mm，反算剪切速率。

同时美国标准说明上表是基于正常固结土在排水距离 1cm 时的典型剪坏时间，但某些特定的土类与这些典型值的差别较大，对于部分饱和土及非常坚硬的土，根据 s-$\sqrt{t}$ 曲线解释的固结速率可能偏大，因此对于法向应力小于先期固结压力的超固结土，建议根据正常固结土的固结系数得出的 t_{50} 估计剪坏时间，但如果计算出的时间比表列时间小得多的情况，还是建议采用表列的剪坏时间。根据国内的研究，剪坏时间无论是根据 $50t_{50}$ 还是 $35t_{60}$ 抑或是 $12t_{90}$ 进行估算，其本质是一致的，计算结果也相差不大。

（6）试验终止条件方面，中国标准规定应出现剪切峰值，峰值宜在剪切变形为 4mm 左右出现，若剪应力继续增加，则继续剪切至 6mm 为止；美国标准规定至少剪至试样直径的 1/10（按中国标准仪器剪切变形为 6mm），当峰值未出现时，应继续剪切直至剪损。

3）成果处理方面的差异

中美标准都遵循摩尔－库仑准则，计算方法基本一致，但在峰值剪应力强度的选取方面，中国标准规定剪应力－变形曲线有明显峰值时取峰值剪应力，无明显峰值时取 4mm 变形时对应的剪应力，而美国标准则规定曲线没有明显峰值时取剪切变形为试样直径的 1/10 时对应的剪应力作为峰值剪应力。

中国标准假设抗剪强度包线为一条直线，通过拟合 4 个不同法向应力下的抗剪强度峰值计算黏聚力 c 和内摩擦角 φ，由于剪切过程中完全排水，孔压始终为零，因此总应力等于有效应力，得出的 c 和 φ 同时也是有效黏聚力和有效内摩擦角；美国标准规定仅提供抗剪强度、剪切位移、法向应力等数据，至于数据如何解释，则由委托单位（土木工程师）决定。

4.3.2.3　固结快剪及快剪

固结快剪（CU）或快剪（UU）的适用条件，是在分析突发事件如地震或台风时的地基稳定性，或建筑场地低洼，地层渗透性差、排水不畅、工期短、施工加荷速度快的情况，此时地基土在承受剪切力的过程中不排水或很少排水固结，使用固结快剪或快剪是合适的，但是由于试验仪器的限制，直剪仪无法控制在剪切过程中的排水条件，因此，中国标准规定固结快剪和快剪仅适用于渗透系数小于 10^{-6}cm/s 的低渗透性土，原因是这种土在较快的剪切过程中来不及排水或排水较少，产生的超孔压在短时间内难以消散，可以近似模拟不排水条件，测得的指标均是不排水强度，因为不能排水，所以有效应力不变，增加法向压力只会增加孔隙水压力。

可以看出，固结快剪和快剪有两个特点，一是剪切速率快，二是剪切过程中不排水。

美国标准中没有“快”剪的概念，但剪切速率并不都是“慢”的，如对细粒含量较少的砂土进行“慢剪”试验时，由于其渗透性较强，较快的剪切速率也可以保证其在剪切过程中充分排水，因此其剪切速率实际上已经接近中国标准快剪的剪切速率。排水条件方面，美国标准 D3080（慢剪）在剪切过程中充分排水，此时孔隙水压力始终为 0，总应力最后都转化为有效应力，有效应力包线与总应力包线一致；而美国标准 D6528 在剪切过程中不排水，该设备无剪切盒，采用钢丝增强膜或堆叠式刚性环作为横向约束装置，剪切力通过上下两块透水板向土体传递，且这种设备具有主动式或被动式的土样高度控制装置，以控制剪切过程中土样的体积保持不变，剪切速率一般采用每小时 5%（换算为中国标准 61.8mm 直径的试样剪切速率约为 0.05mm/min），该种剪切设备产生的剪切面是不固定的，但剪应力和剪切应变在土样中的分布比较均匀，且剪切过程中能比较严格地限制排水，与中国标准的直剪设备及试验参数不具可比性，本文不作讨论。

4.3.3　承载比试验

4.3.3.1　中美标准

中国现行岩土工程标准涉及承载比试验的主要有：

1）《土工试验方法标准》GB/T 50123—2019，中华人民共和国国家推荐标准。

2）《公路土工试验规程》JTG 3430—2020，中华人民共和国公路行业标准。

3）《公路路基路面现场测试规程》JTG 3450—2019，中华人民共和国公路行业标准。

4）《铁路工程土工试验规程》TB 10102—2010，中华人民共和国铁路行业标准。

美国现行 ASTM 岩土工程标准涉及固结试验的主要有：

1）《试验室击实土样的加州承载比标准试验方法》D1883-21，*Standard Test Method for California Bearing Ratio (CBR) of Laboratory-Compacted Soils*。

2）《现场测试土的加州承载比标准试验方法》（2020 年撤回）D4429-09a，*Standard Test Method for CBR (California Bearing Ratio) of Soils in Place*。

承载比试验是由美国加州公路局研发，由于采用的仪器价格低廉、操作简便，逐渐在美国乃至全世界推广开来，世界各国根据本国国情，对该试验方法进行了改良和规范化。中国在交通行业进行了大规模应用，工业民用建筑行业的应用并不是十分广泛，但也对该方法进行了一些标准化并沿用下来，总体思路和试验过程并没有作较大改动，因此，中美承载比试验是差异较小的试验之一。

承载比试验分为室内试验和现场测试两种方法，其中现场测试仅在公路行业标准中有所体现。

4.3.3.2　室内试验

试验设备的差异：

承载比的主要试验设备包括：试样筒、垫块、荷载块、膨胀量测定装置、贯入仪等，中美标准仅在设备参数上有细微的不同，如表 4.6 所示。

中美标准承载比试验设备差异表　　表 4.6

	试样筒内径 /mm	试样筒高度 /mm	护筒高度 / mm	垫块高度 / mm	垫块直径 / mm	试样体积 / cm^3	荷载块重量 /kg	贯入杆直径 /mm	贯入杆长度 /mm
ASTM D1883	152.4	177.8	＞ 51	61.37	＞ 150.8	2100±25	4.54	49.63	＞ 101.6
中国标准	152	166	50	50	151	2103.9	5	50	100

除设备尺寸、重量上的细微不同外，美国标准使用的荷载块为圆环形，每块重 2.27kg，一般用两块，总重 4.54kg（或根据覆盖层的压力确定），中国标准均采用半圆形，每一对荷载块重 1.25kg，一般使用四对，总重 5.0kg。

除此之外，在试样制备的击实试验阶段，某些仪器设备也有一些参数上的差异，这些差异已在击实试验对比的章节中介绍。

试验流程方面，主要有以下显著差异：

1）中国标准只使用重型击实试验制备试样，而美国标准则根据数据使用目标的不同，允许轻型、重型两种方式进行试样制备，但仍然都要使用 152mm 内径的大试样筒。

2）中国标准规定在最优含水率下制备最大干密度的 3 个平行试样，而美国标准规定了在最优含水率下可制备不同干密度的试样（一般采用控制击实功的方式控制试样干密度），美国标准还规定可以制备不同含水率的试样以符合现场实际情况。其中中国标准在击实时仅分 3 层，每层 94 击，美国标准在轻型击实制样时分 3 层，每层 56 击（或其他不同击数以控制干密度），在重型击实制样时分 5 层，每层 56 击（或其他不同击数以控制干密度）。中美标准击实试验技术指标如表 4.7 所示。

中美标准击实试验技术指标对比　　表 4.7

	层数	每层击数	击实功 /（kJ/m^3）	备注
ASTM D698 轻型	3	56	600	可在不同含水率下制备不同干密度的试样，当需要不同干密度试样时，一般采用每层 10 击、25 击和 56 击以控制干密度
ASTM D1557 重型	5	56	2700	
中国标准	3	94	2701	仅在最优含水率下制备最大干密度的试样

3）荷载块的重量方面，中国标准统一使用 4 对 1.25kg 的半圆形荷载块，总重量固定在 5kg，而美国标准则需根据覆盖层的压力确定（ASTM D1883-21 的附录 X1 给出了覆盖层压力的计算方法），当未指定覆盖层压力时，才使用总重量为 4.54kg 的圆环形荷载块。

4）试料粒径方面，美国标准规定粒径一般不大于 19mm，但若有粒径大于 19mm 的颗粒（称为超径颗粒）时，首先应筛除超径颗粒并记录超径颗粒在整个试料中所占的百分比，然后采用同组试料中粒径在 4.75～19mm 之间的相同重量的颗粒予以替换。中国标准规定粒径不大于 20mm，若有超径颗粒则直接筛除，并记录百分比；可以看出，美国标准使用砾粒组替换超径颗粒的目的，是在尽量保证击实效果的同时保持试料砾粒组含量不变，同时也说明了，这样做可能导致承载比的结果与原始试料产生差异，但有大量的试验数据对比，表明替换超径颗粒后的承载比结果也可以用来评价材料性能，而我国目前并没有这方面的对比数据。另外，美国标准的经验数据表明，对于粒径大于 4.75mm 所占百分比较大的试料，其试验结果比细颗粒试料更加多变，需要多做几组对比试验，因此，在进行美国标准的承载比试验时，若遇到颗粒较粗的试料，应增加对照组试验数量，以取得可靠的试验结果。

5）其他差异。如数据记录方面，美国标准要求在某些特定的贯入量时记录数据，如：0.64mm，1.3mm，1.9mm，2.5mm，3.18mm，3.8mm，4.45mm，5.1mm，7.6mm，10mm，13mm 等，如有需要可加密读数，中国标准均要求在测力计量表的某些整读数（如 20、40、60）时记录数据，且在贯入量达 2.5mm 时读数不小于 5 个。另外，中国标准默认测量贯入量的量表读数即实际贯入量，而美国标准要求在贯入结束后，使用直尺测量实际贯入量，与量表读数进行对比，用以检查仪器在贯入过程中是否发生偏转。含水率测定方面，美国标准规定若实验室温度在 18～24℃之外，或试料在击实前未保持密封，则需在击实前、击实后各测一次含水率，取其平均值作为试料整体含水率（若满足温度和密封条件则只测一次），试样贯入结束后，若试样浸泡过，则需在试样顶部的 25mm 内取样测定含水率，若未浸泡过，则取代表性试样测定含水率，中国标准均是通过称量试样吸水量来反算浸泡后的含水率和密度。接触压力方面，美国标准规定施加的接触压力尽量减少对试样产生荷载，但不大于 444N，中国标准则统一规定为 45N。试样浸水方面，中国标准统一规定浸泡 96h（4d），美国标准则规定对于粗颗粒土或级配良好的土，允许缩短浸泡时间，但前提是必须有充分的经验依据证明缩短浸泡时间不会对 CBR 产生影响，另外美国标准还规定了自粘结材料（强度随时间变化而增加）的养护流程，中国标准似乎未予以关注，实际上，在有些工程应用中可能会用到水泥稳定土作为垫层填料，遇到这种材料的 CBR 试验时，应根据规定对试样进行适当的养护。

数据处理方面的差异：

对于初始阶段曲线为凹曲线（曲率变化较大）的，中美两种标准的修正方式都是一致的，计算时，中国标准采用 2.5mm 和 5.0mm 贯入量时对应的压力进行计算，计算公式如式（4.16）和式（4.17）所示，

$$\mathrm{CBR}_{2.5}=\frac{p}{7000}\times 100 \tag{4.16}$$

$$\mathrm{CBR}_{5.0}=\frac{p}{10500}\times 100 \tag{4.17}$$

美国标准则采用 2.5mm 和 5.1mm 贯入量对应的压力进行计算，公式如式（4.18）和式（4.19）所示，

$$\mathrm{CBR}_{2.5}=\frac{p}{6900}\times 100 \tag{4.18}$$

$$\mathrm{CBR}_{5.1}=\frac{p}{10300}\times 100 \tag{4.19}$$

中美标准使用的标准荷载强度略有不同，这种情况是由于美国标准更习惯采用英制单位，在向国际单位制进行转换时产生的误差。

另外，美国标准和公路标准均提供了确定不同压实度对应 CBR 值的取值方法，即使用多种干密度的试料进行制样，在 ρ_d-CBR 曲线上插值确定某一干密度对应的 CBR 值。

4.3.3.3 现场试验

中国标准方面，目前仅在《公路路基路面现场测试规程》JTG 3450—2019 中有现场 CBR 试验的相关规定，其他标准均未收录；美国标准方面，ASTM D4429-09a 规定了使用贯入仪法现场测定 CBR 的方法，ASTM D6951 及 AASHTO 中的相关条文规定了使用轻型动力触探试验现场确定 CBR 的方法。从条文中可以看出，中国标准基本沿用美国标准的操作方法，但根据中国的实际情况对试验设备和计算公式进行了一定改进。

1）贯入仪法

公路标准与美国标准在贯入仪法确定原位 CBR 值的相关规定高度一致，除了有以下几点细微的不同：

（1）荷载块（承载板）

公路标准采用的荷载块与室内试验相同，均为 4 对每对重量为 1.25kg 的半圆形荷载块，总重量为 5kg，直径为 150mm，中心孔眼直径为 52mm，而美国标准规定的荷载块有两种，一种是中心打孔的荷载板，直径 254mm，中心孔眼直径 50.8mm，重量为 4.54kg，另一种是沿直径开槽的荷载块，直径 216mm，重量为 4.54kg 或 9.08kg。试验时，公路标准统一使用总重量为 5kg 的荷载块，美国标准则要求按照覆盖层的压力确定，未指定覆盖层压力时，使用一块 4.54kg 的荷载板与一块 9.08kg 的荷载块，总重量为 13.62kg。需要说明的是，虽然使用的荷载块尺寸和重量不同，但产生的覆盖压力基本是一致的，均为 3kPa 左右。

（2）贯入量测定装置

用以固定百分表的横杆（基准梁），公路标准规定不小于 50cm，美国标准规定不小于 1.5m。

（3）数据记录

公路标准规定在贯入量为 0.5mm、1.0mm、1.5mm、2.0mm、2.5mm、3.0mm、4.0mm、5.0mm、7.5mm、10.0mm、12.5mm 时记录贯入压力和贯入量，美国标准规定贯入量每增加 0.64mm 时记录贯入压力和贯入量。

（4）数据处理

与室内试验相同，公路标准计算 CBR 时采用的贯入量为 2.5mm 和 5.0mm，标准荷载强度为 7.0MPa 和 10.5MPa，美国标准采用的贯入量是 2.54mm 和 5.08mm，标准荷载强度为 6.9MPa 和 10.3MPa。

2）轻型动力触探（DCP）法

公路标准中使用的触探仪（公路标准称为动力锥贯入仪）与中国标准和铁路标准均有不同，与美国标准也有一定差异。在中国标准和铁路标准中，使用的锥头截面直径均为 40mm，而公路标准使用的锥头截面直径与美国标准一致，为 20mm，中国标准的落锤锤重均为 10kg，而美国标准则为 8kg 或 4.6kg。中美标准动力触探试验仪器技术指标如表 4.8 所示。

中美标准动力触探试验仪器技术指标　　表 4.8

	锤重 /kg	落距 /mm	锥头直径 /mm	锥尖角度 /(°)	探杆直径 /mm
中国标准	10	500	40	60	25
铁路标准	10	500	40	60	25
公路标准	10	未指明	20	60	未指明
美国标准	8 或 4.6	575	20	60	未指明

在成果计算方面，公路标准规定应根据现场 CBR 值与 DCP 测试的贯入度 D_d 或动贯入阻力 Q_d 之间建立相关性关系式，测点数量不小于 15 个，相关系数 R 不小于 0.95，求取关系式的换算系数，CBR 值计算公式如式（4.20）～式（4.22）所示，

$$\lg(\mathrm{CBR}) = a + b \cdot \lg(D_d) \tag{4.20}$$

$$\lg(\mathrm{CBR}) = a + b \cdot \lg(Q_d) \tag{4.21}$$

$$Q_d = \frac{M}{M+m} \cdot \frac{MgH}{AD_d} \tag{4.22}$$

其中 a、b 均为换算系数。

而 ASTM D6951 规定的计算公式如式（4.23）～式（4.25）所示，

$$\mathrm{CBR} = \frac{292}{D_d^{1.12}} \quad \text{（除分类为 CL 和 CH 之外的所有土）} \tag{4.23}$$

$$\mathrm{CBR} = \frac{1}{(0.017019 \times D_d)^2} \quad \text{（分类为 CL 的土）} \tag{4.24}$$

$$\mathrm{CBR} = \frac{1}{(0.002871 \times D_d)^2} \quad \text{（分类为 CH 的土）} \tag{4.25}$$

AASHTO 同样规定了计算公式如式（4.26）所示，

$$\mathrm{CBR} = \frac{405.3}{D_d^{1.259}} \tag{4.26}$$

美国标准在自己的实践经验基础上将换算系数固定下来，好处是不用每次都进行对比试验，但遇到性质变化比较大的土时，其结果与实际 CBR 值可能会有较大出入，尤其是在美国以外的地区，应慎重使用这些公式进行 DCP 与 CBR 的换算。

4.4 小结

综上所述，中美标准力学性质参数试验既存在相同点，也存在较大差异，主要体现在：

1）中美标准渗透系数试验均包括室内常水头渗透试验和现场试坑渗透试验，其在适用范围、试验仪器、试验步骤和数据处理上既有相同点，也存在差异。如中美标准常水头渗透试验均主要用于粗粒土，试验仪器主要为渗透仪装置，试验步骤基本相同但具体技术要求存在差异，渗透系数计算公式基本相同；中国标准现场试坑渗透试验包括单环法和双环法，美国标准现场试坑渗透试验均是双环法。两国标准双环法试坑渗透试验原理相同，所采用的试验仪器和试验步骤基本相同，但具体参数和操作要求有差异。美国标准封闭内环的双环试坑渗透试验（D5093）要求的试验仪器与双环法试坑渗透试验（D385）相比差别较大，试验步骤也较为繁琐，中国标准无此试验方法；中国标准双环法渗透试验给出了渗透系数的计算公式，而美国标准给出的则是渗透速率的计算公式。

2）中美标准固结试验的基本原理、试验方法和数据处理上基本一致，但也存在一些差异。在土样的制取上，美国标准倾向于使用较大径高比的土样，而中国标准常用的两种土样环刀径高比都比较小；试验用水方面，中国标准要求用纯水，美国标准则更推荐使用与土样埋藏环境相同的地下水，如果找不到类似的水，则自来水等也可以使用；试验数据记录的频次上，中国标准比美国标准更密集，记录的数据量更大；美国标准的应变控制式固结仪有压力室，中国标准没有，这一差别造成试验操作和数据处理上有更多的差异；美国标准的应力控制式固结试验求先期固结压力时，使用的是主固结结束时的变形量，中国标准使用的则是主固结与次固结两个阶段的总变形量；美国标准对最大排水距离的定义与中国标准不同，美国标准采用的最大排水距离为 50% 固结度时的排水距离，中国标准则规定是某级压力下试样初始高度和终了高度平均值的一半（中国标准仅采用双面排水，没有单面排水的试验规定），两种定义的结果在一般情况下差异较小，但在某些特殊情况下有较大差异；美国标准在应变控制式固结试验中建议的应变速率与中国标准建议的应变速率有较大差别，但仅是建议值，最终使用的应变速率都要通过 R_u 进行调节。美国标准还引入了稳态因数 F_n 对数据进行检查，中国标准则无此规定。

3）针对标准固结试验中，美国标准更注重理论阐述，在某些试验环节中，试验人员的选择自由度较大，与现场实际情况结合更为紧密，但同时有可能造成相同的土样由不同试验人员进行试验却得到迥异的试验结果，在使用试验成果进行评价时，评价人员要投入更多精力分析成果的由来及试验中出现的异常情况。而中国标准更注重可行性和标准化，通过固化试验流程和细节，以期达到不同地区、不同试验人员遵循同一套标准流程并使试验数据具有可比性的目的。

4）针对三轴试验，中美标准使用的三轴仪基本相同，试验原理一致，试验过程的差异也不大，中国标准在实践过程中，逐渐简化了部分流程及计算，使得试验操作和数据处理更加简便易行。仪器设备方面，美国标准一般在三轴仪上配备了真空控制系统，以便直接对试样进行真空饱和，中国标准将这部分系统移到三轴仪外，成为独立的真空饱和系统；制样方面，中国标准对最大允许粒径的规定较严格，同样粒径的土样，中国标准可能需要制备比美国标准直径大一些的试样；试样饱和方面，美国标准均要求施加反压，这样可以得到饱和度更高的样品，但操作也更加繁琐，中国标准对于某些透水性强、易于饱和的样品，可采用真空饱和与水头饱和两种方法，操作简便，但有达不到饱和的可能；试样固结要求方面，美国标准对试样固结的要求更高，基本上需要分级施加固结压力，且每一级压力都需要达到 100% 主固结才可施加下一级压力，中国标准对于某些类型的土样允许采用一次性施加固结压力，且固结度达到 95% 即可；剪切速率方面，中美标准基本一致，虽然美国标准采用了预估剪切破坏时的轴向应变来推测剪切速率的公式，但在实践中，其计算得出的速率与中国标准基本一致；数据处理与计算方面，美国标准考虑了大量修正，这些修正值在实践中难以测得，且对试验结果的影响不大，中国标准将这些修正予以了舍弃，使得试验和计算过程得以简化；中国标准将试验成果（c，φ）的计算交由试验人员完成，而美国标准的试验标准仅提供基本试验数据和图表，至于试验成果如何取值，则交由土木工程师根据现场情况综合确定；ASTM D5311 介绍的土的循环三轴强度试验与中国标准中的一个试样多级加荷试验目的及结果均有很大差异，无法直接对比。

5）针对加州承载比试验，该试验是由美国加州公路局研发并推广使用，因此各国在采用该试验方法时，基本都延续了其操作流程和数据计算方法，差异较小。在试件的制取方面，中国标准仅规定采用重型击实制取试件，美国标准则根据实际需要可采用轻型或重型两种击实功；试料粒径方面，中国标准规定不大于 20mm 或 40mm，若有超径颗粒则直接筛除，美国标准则规定了一种使用粗砾颗粒替换超径颗粒的方法，并对其可能产生的影响作了说明；由于美国标准习惯采用英制单位，在向国际单位制转换的过程中，造成设备参数和数据处理方面产生了一定的误差，但误差比较小，对 CBR 的结果影响并不大；CBR 值在中国的工业民用建筑方面的应用并不广泛，在公路路面设计中，虽然 CBR 值是一项重要的力学参数，但主要使用回弹模量作为设计参数，因此中国标准对承载比试验的探讨较少，更侧重提供一种标准化测定 CBR 的方法。美国标准在承载比试验方面的探讨比较多，如规定了不同含水率、不同干密度下的承载比试验如何进行等；在使用轻型动力触探评价 CBR 值方面，美国标准根据自己的实践经验，将换算系数进行了固定，易于使用，中国标准由于未积累足够经验或地基土的变化较大的原因，仅提供了换算公式，而换算系数需要根据地基土种类、地区的不同进行修正。

因此，中美试验标准在土的力学性质参数试验的试验仪器、试验步骤和数据处理方面存在一些差异，但试验采用的原理基本相同，根据中美标准试验获得的力学参数可以实现相互转换。总的来说，美国标准对试验过程和一些可能导致的误差考虑得比较细致，但也增加了试验难度，对试验人员的理论素质和实操经验的要求也更高。

第 5 章　土的特殊性质

由于土的地质成因不同，导致土在工程上表现出特殊的工程性质，主要包括土的湿陷性、膨胀性、溶陷性和蠕变性等。土表现出的特殊工程性质对工程建设的顺利实施、安全运营和投资造价影响较大，是工程勘察需要解决的主要问题之一。本章主要对中美标准涉及土特殊性质常用判定指标的试验标准进行对比分析。

5.1　湿陷性试验

5.1.1　中美标准

中国现行岩土工程标准涉及黄土湿陷性试验的主要有：

（1）《土工试验方法标准》GB/T 50123—2019，中华人民共和国国家推荐标准。

（2）《公路土工试验规程》JTG 3430—2020，中华人民共和国公路行业标准。

（3）《铁路工程土工试验规程》TB 10102—2010，中华人民共和国铁路行业标准。

（4）《湿陷性黄土地区建筑标准》GB 50025—2018，中华人民共和国国家标准。

美国没有专门的涉及黄土试验的标准，但有关于湿陷性土试验的相关标准，现用 ASTM 岩土工程标准涉及湿陷性试验的主要有：

（1）《测定土的湿陷潜势的标准试验方法》（2012 年撤回）ASTM D5333-03，*Standard Test Method for Measurement of Collapse Potential of Soils*。

（2）《土的一维膨胀或湿陷的标准试验方法》ASTM D4546-21，*Standard Test Methods for One-Dimensional Swell or Collapse of Soils*。

本节以中国《湿陷性黄土地区建筑标准》GB 50025—2018（以下简称“中国标准”）和美国上述两标准进行对比分析。

“Collapse”，直译为崩解、坍塌，但在 D5333 和 D4546 中，都对“Collapse”作出了明确的定义，即在恒定荷载下由水引起的土样的附加下沉，与湿陷的定义相同，因此本文将“Collapse”译为“湿陷”。D5333-03 于 2012 年被 ASTM 撤回，目前尚无替代版本，本章仍然按照 D5333-03 的相关内容进行对比。

美国虽然也有黄土分布，但其成因、颗粒和矿物组成、物理力学性质与亚洲黄土都有一定区别，且美国标准对黄土和其他类型的湿陷性土未分开研究，使用统一的试验方法和评价体系进行评价。

D4546 介绍的试验程序不仅可用于湿陷性土，更多的是偏向于应用在膨胀性土上，本章仅对湿陷性试验进行对比分析。

中美两种标准在黄土湿陷性试验上的差异比较明显，评价体系也有很大差别，使用美国标准进行黄土或其他类型湿陷性土的试验和评价时，应特别注意其区别。

5.1.2　湿陷系数试验

美国标准中没有湿陷系数（δ_s）的概念，代之以湿陷指数（I_e，%）和湿陷潜势（I_c，%）的概念，其中湿陷潜势（I_c）与国标中的湿陷系数（δ_s）的概念类似，但其值去除百分号后要除以 100 才与湿陷系数相当，湿陷指数（I_e）则特指垂直压力为 200kPa 下的湿陷潜势（I_c），即 $I_e = I_c$（$p = 200$kPa）。本节分别从试验设备、试样制备、试验压力、试验流程、数据处理和湿陷性评价等方面进行对比分析。

（1）试验设备

中美标准均采用固结仪进行湿陷性试验，其试验设备的异同在固结试验对比分析（4.2 节）时已阐述，此处不再重复。

（2）试样制备

中国标准规定湿陷性试验应采用不扰动土试样，美国标准规定既可以用不扰动土试样，也可以使用重塑土试样，推荐使用不扰动土试样，中国标准规定进行湿陷性试验的试样直径为 79.8mm，高度为 20mm，美国标准规定试样尺寸应符合 D2435 的要求，即最小直径为 50mm，最小高度为 12mm（D4546 规定试样最小高度为 20mm，且不小于土样最大粒径的 6 倍），径高比大于 2.5。

中美标准均规定进行湿陷性试验的试样采取干钻法取样。

（3）试验压力的选取

美国标准对试验压力没有作详细规定，仅说明取决于设计情况，中国标准则对试验压力有明确规定，即：基底压力小于 300kPa 时，从基底算起至基底下 10m 用 200kPa，基底下 10m 至非湿陷性土顶面用上覆土的饱和自重压力；基底压力大于 300kPa 时，用实际基底压力，当上覆土的饱和自重压力大于实际基底压力时用上覆土的饱和自重压力；对新近堆积黄土，基底下 5m 以内用 100～150kPa，5～10m 用 200kPa，10m 至非湿陷性土顶面用上覆土的饱和自重压力。

（4）试验流程

中国标准规定压力分级施加，分级序列一般为 50kPa、100kPa、150kPa、200kPa，200kPa 之后每级增量为 100kPa，每级压力施加后，变形不大于 0.01mm/h 视为变形稳定，方可施加下一级（或浸水），浸水后变形稳定标准也是不大于 0.01mm/h，美国标准规定的压力分级序列为 12.5kPa、25kPa、50kPa、100kPa、200kPa 等，每级压力仅维持 1h 并记录变形量，最后一级压力施加 1h 后记录变形量并立即浸水，浸水后按照标准固结试验的时间序列记录变形量，即 0.1min、0.25min、0.5min、1min、2min、4min、8min、15min、30min 和 1h、2h、4h、8h、24h，如有需要，浸水完成后还可继续施加下一级压力并按照标准固结的程序记录时间 - 变形数据，稳定标准为某级压力下持续时间达到 24h 或根据

s-lg$t$ 曲线主固结完成。

另外，两种标准规定的预压压力也不同，中国标准和美国标准 D4546 规定的预压压力为 1kPa，美国标准 D5333 规定为 5kPa。

可以看出，美国标准在浸水前的加压阶段不对变形是否稳定进行判别，其湿陷变形可能会包含一部分浸水前的压缩变形，但中国标准浸水后的稳定标准为不大于 0.01mm/h，而美国标准浸水后至少保持 24h，按两种标准下得出的湿陷潜势与湿陷系数可能会有一定差异，但对绝大部分土样来说差异应该不大。

（5）数据处理

湿陷系数（δ_s）计算公式与湿陷潜势（I_c）计算公式基本相同，分别为式（5.1）和式（5.2）。

$$\delta_s = \frac{\Delta h}{h_0} \tag{5.1}$$

$$I_c = \frac{\Delta h}{h_0} \times 100 \tag{5.2}$$

式中：Δh——浸水前后试样高度差（mm）；

h_0——试样的原始高度（mm）。

（6）湿陷性评价

中国标准在进行湿陷性评价时使用湿陷系数 δ_s，其试验压力可能是 200kPa，也可能是其他压力，美国标准则使用湿陷指数（I_e）进行评价，即 200kPa 下的湿陷潜势（I_c）。中美标准对湿陷性评价划分标准如表 5.1 所示。

中美标准湿陷性划分标准　　表 5.1

湿陷等级	中国标准 /δ_s	美国标准	
		I_e/%	相当于 δ_s
无（none）	$\delta_s < 0.015$	$I_e = 0$	$\delta_s = 0$
轻微（slight）	$0.015 \leqslant \delta_s \leqslant 0.030$	$0.1 \leqslant I_e \leqslant 2.0$	$0.001 \leqslant \delta_s \leqslant 0.020$
中等（moderate）	$0.030 < \delta_s \leqslant 0.070$	$2.1 \leqslant I_e \leqslant 6.0$	$0.021 \leqslant \delta_s \leqslant 0.060$
中等偏强烈（moderately severe）		$6.1 \leqslant I_e \leqslant 10.0$	$0.061 \leqslant \delta_s \leqslant 0.100$
强烈（severe）	$\delta_s > 0.070$	$I_e > 10.0$	$\delta_s > 0.100$

从表 5.1 可以看出，中国标准将 $\delta_s < 0.015$ 定义为非湿陷性土，而美国标准中只要 $I_e > 0$ 均将其定义为湿陷性土。美国标准 D5333 提供了简单的湿陷量计算方法，即直接以湿陷潜势乘以土层厚度得到某土层的“潜在湿陷量”，而中国标准则根据大量的实践经验，发展出了场地湿陷类型、地区修正系数、浸水概率系数、深度修正系数等一系列概念，按计算公式根据室内试验数据估计场地实际湿陷量。

5.1.3　自重湿陷系数试验

美国标准中没有自重湿陷系数（δ_{zs}）的概念，但在 D4546 的方法 B 中，给出的测试方法类似于中国标准中的自重湿陷系数试验，但又有些不同。

中国标准规定自重湿陷系数试验的试验压力应为上覆土的饱和自重压力，而 D4546 的方法 B 规定的试验压力为上覆土的自重压力＋结构的附加压力。中国标准规定试验压力小于等于 50kPa 时可一次性施加，大于 50kPa 时应分级施加，每级加压时间不小于 15min，且在施加全部试验压力后每隔 1h 测记变形量，变形量不大于 0.01mm/h 时视为稳定并开始浸水，浸水后的稳定标准也是不大于 0.01mm/h。D4546 的方法 B 规定试验压力应分为不少于 3 级进行施加，但总时间不超过 1h，每级加压后记录变形量并卸载，卸载后重新按照之前的程序再次加压，每级荷载下的变形量差值，可作为判断试样的扰动程度，但 D4546 并未给出相应的扰动程度分级标准。重新加压后稳定 30～60min，然后开始浸水，浸水后按照 0.5min、1min、2min、4min、8min、15min、30min 和 1h、2h、4h、8h、24h 的时间间隔记录变形量，之后如有需要可按 24h 的时间间隔继续记录至总试验时间达到 72h。

中国标准自重湿陷系数的计算公式如式（5.3）所示，

$$\delta_{zs}=\frac{h_z-h'_z}{h_0} \tag{5.3}$$

式中，h_z 为加压变形稳定后浸水前的试样高度；h'_z 为湿陷变形稳定后的试样高度。

美国标准 D4546 将方法 B 测得的参数定义为湿陷应变（ε_c，湿陷时为负值），其计算公式如式（5.4）所示，

$$\varepsilon_c=-\frac{\Delta h_2}{h_1} \tag{5.4}$$

式中，Δh_2 为浸水前后的试样高度变化；h_1 为加压后浸水前的试样高度，上式按中国标准符号可写为式（5.5），

$$\varepsilon_c=-\frac{h_z-h'_z}{h_0-h_z} \tag{5.5}$$

可见美国标准湿陷应变的含义和中国标准自重湿陷系数含义不同，试验方法也不同。

5.1.4　湿陷起始压力试验

美国标准中同样没有湿陷起始压力（p_{sh}）的概念，但在美国标准 D4546 中介绍了一种试验方法 A，其试验过程与中国标准单线法试验类似。具体过程为：采用数个相同深度、相同条件的土样（D4546 指明方法 A 应用于重塑土样，但为进行对比，笔者认为也可以用不扰动土样进行试验），施加不同的垂直压力，其中第一个土样只施加预压压力 1kPa，最后一个土样施加土的自重压力与结构的附加压力之和，总压力要分级施加，每级间隔 5～10min，总加压时间不超过 1h，随后浸水并按照 0.5min、1min、2min、4min、8min、15min、30min 和 1h、2h、4h、8h、24h 的时间间隔记录变形量，直到 s-lg$t$ 曲线显

示“主湿陷”阶段完成。根据浸水前后的变形量，计算湿陷潜势（I_c）或湿陷应变（ε_c），并绘制湿陷潜势（I_c）或湿陷应变（ε_c）与压力的关系曲线。由于美国标准认为湿陷指数 I_e（或湿陷潜势 I_c）只要大于 0 即判为湿陷性土，因此按照美国标准的定义，其“湿陷起始压力”与中国标准定义的湿陷起始压力（p_{sh}，$\delta_s = 0.015$）有一定的不同，试验与工程应用时要注意不同之处。

另外，美国标准也没有双线法试验的规定。

5.2 膨胀性试验

5.2.1 中美标准

中国现行岩土工程标准涉及膨胀土试验的主要有：

1)《土工试验方法标准》GB/T 50123—2019，中华人民共和国国家推荐标准。

2)《公路土工试验规程》JTG 3430—2020，中华人民共和国公路行业标准。

3)《铁路工程土工试验规程》TB 10102—2010，中华人民共和国铁路行业标准。

4)《膨胀土地区建筑技术规范》GB 50112—2013，中华人民共和国国家标准。

现行 ASTM 岩土工程标准涉及膨胀土试验的主要有：

1)《土的膨胀指数标准试验方法》ASTM D4829-21，*Standard Test Method for Expansion Index of Soils*。

2)《土的一维膨胀或湿陷的标准试验方法》ASTM D4546-21，*Standard Test Methods for One-Dimensional Swell or Collapse of Soils*。

3)《水银法测定土的收缩因数的标准试验方法》(2008 年撤回) ASTM，D427-04 (Withdrawn 2008)，*Standard Test Method for Shrinkage Factors of Soils by the Mercury Method*。

4)《水浴法测定黏性土收缩因数的标准试验方法》ASTM D4943-18，*Standard Test Method for Shrinkage Factors of Cohesive Soils by the Water Submersion Method*。

5)《土壤－石灰混合物的一维膨胀、收缩和抬升压力的标准测试方法》(2017 年撤回) ASTM D3877-08 (2017 年撤回)，*Standard Test Methods for One-Dimensional Expansion, Shrinkage, and Uplift Pressure of Soil-Lime Mixtures*。

与黄土湿陷性试验一样，中美标准在膨胀土试验方面的差异也比较大，两种标准独自发展出一套适合自己的试验标准和评价体系，许多试验与指标具有相似性，但某些试验过程、数值计算和物理意义有一定差别，不能直接互换。

5.2.2 自由膨胀率试验

美国标准没有自由膨胀率（δ_{ef}）的概念，相应地，以膨胀指数（*EI*）来评价扰动土在不受到垂直压力但受到完全侧限的情况下，浸水后垂向发展的膨胀潜势。以下详细介绍两种指标的差异：

（1）中国标准自由膨胀率（δ_{ef}）试验

自由膨胀率是指膨胀土在没有结构强度、含水率接近 0 的情况下的膨胀潜势，其完全与土的矿物成分和颗粒组成有关，试验具体操作是：将土风干、碾碎过 0.5mm 筛烘干并冷却，然后以 10mm 的落距均匀地落在 10mL 容积的量土杯中，然后向 50mL 量筒内注入 30mL 纯水及 5mL 氯化钠溶液，将量好的 10mL 试样倒入量筒中并搅拌，最后再注入纯水至总悬液体积达到 50mL，静置 24h 后每隔 2h 测记土面高度，6h 内 2 次读数差值不大于 0.2mL 时认为膨胀稳定，膨胀稳定后的土体积与土初始体积（即 10mL）的差值与土初始体积的比值即为自由膨胀率，计算公式如式（5.6）所示，

$$\delta_{ef}=\frac{V_{we}-V_0}{V_0}\times 100 \tag{5.6}$$

式中：δ_{ef}——自由膨胀率（%）；

V_{we}——土样在水中膨胀后的体积（mL）；

V_0——土样的初始体积，即量土杯体积（mL）。

（2）美国标准膨胀指数（EI）试验

美国标准膨胀指数需要事先制备饱和度为 50% 的击实试样，击实功比美国标准中的标准普氏击实试验（ASTM D698）略小，约为 540kJ/m^3，使用的击实筒内径、击实锤尺寸和重量、落距均与标准普氏击实试验中的 4in 模具相当，击实筒简图如图 5.1 所示，相关尺寸参数如表 5.2 所示。

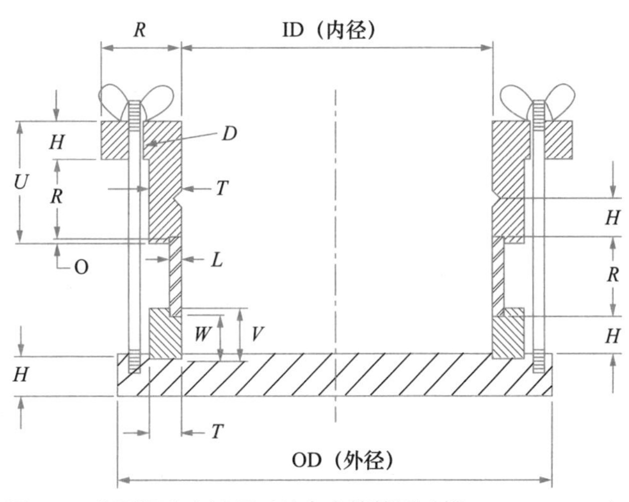

图 5.1　美国标准内衬环刀的击实筒简图（据 ASTM D4829）

美国标准击实筒尺寸　　表 5.2

符号	尺寸 /mm
ID（内径）	101.9±0.1
OD（外径）	152.4±0.2
H	12.7±0.2

续表

符号	尺寸 /mm
D（孔径）	5.5±0.4
U	41.3±0.2
T	8.25～9.50
O	3.2±0.1
R	25.4±0.2
W	14.3±0.1
V	17.5±0.2
L（环刀壁厚）	≥ 3.05

具体试验流程为：① 取代表性土样，如果土样太湿，则先进行风干，但不应过干，风干至土样表面看起来稍微湿润但又没有游离水的状态，采用四分法分为 4 份，过 4.75mm（4 号）筛；② 估算击实后能达到 50% 饱和度所需的含水率，并计算所需增加的水量并加入土样，混合搅拌均匀，取代表性试样测定含水率，并立即将土样放到保湿容器中，静置不少于 16h；③ 组装击实试验设备，将一个内径（ID）为 101.9mm、高度（R）为 25.4mm 的环刀嵌入到击实筒中，环刀底面离击实筒内底面（H）和环刀顶面离击实筒顶面（H）的高均为 12.7mm，护筒高（R）也为 25.4mm；④ 将土样分为两份，分层倒入筒中，使用重 2.5kg、底面直径为 50.8mm 的击实锤，以 305mm 的落距对土样进行击实，每层 15 击，倒入第二份土样前击实筒内土样表面应刨毛；⑤ 击实完成后，取出环刀，修正上下底面，称重并计算饱和度，当饱和度超出 50%±2% 时应舍弃并重新制样；⑥ 将符合要求饱和度的试样、透水石等放入膨胀仪，加 6.9kPa 的垂直压力，并保持 10min，10min 后记录变形量，然后立即使用纯水对试样浸水，浸水后按照 D2435 标准固结的时间序列记录时间 - 变形读数，直到 24h 或每小时膨胀量不大于 0.005mm（但浸水膨胀时间不得少于 3h）视为膨胀稳定，记录最终膨胀变形读数，取出试样，除去游离水并计算试样吸水后的含水率和饱和度。

膨胀指数可按式（5.7）计算：

$$\mathrm{EI}=\frac{D_{\mathrm{i}}-D_{\mathrm{f}}}{H_{\mathrm{i}}}\times 1000 \tag{5.7}$$

式中，D_{i} 为加压后的初始变形读数；D_{f} 为最终变形读数；H_{i} 为试样初始高度。

（3）两种膨胀试验的差异

两种试验的试验对象均为扰动土，但中国标准自由膨胀率试验使用的是完全烘干的、含水率接近 0 的松散细粒土，美国标准膨胀指数试验使用的是经击实重塑的、含水率不为 0、饱和度固定为 50% 的重塑土。中国标准将自由膨胀率指标作为初步判断岩土体膨胀潜势的指标之一而不是唯一，其优点是对于广泛分布的黏性土来说试验结果稳定，操作简便易行。美国标准膨胀指数试验过 4.75mm 筛，且规定若初步判断大于 4.75mm 的颗粒具有膨胀性，可将这些颗粒碾碎后参与试验，这样一来，其适用的岩土体范围将大大拓展，基本囊括了所有的膨胀性岩土，但其试验过程复杂，特别是要求制备饱和度 50%±2% 的击实试样很容易失败，对试验人员的经验和操作水平有较高要求。

两种试验所得的指标均仅用于对土的膨胀潜势进行定性，不能用来进行实际膨胀量的计算和预测。两种标准对膨胀潜势的分类见表 5.3。

中美标准膨胀潜势对比表　　表 5.3

中国标准 GB 50112—2013		美国标准 ASTM D4829-21	
自由膨胀率 δ_{ef}/%	膨胀潜势	膨胀指数 EI	膨胀潜势
<40	无	$0<EI\leqslant 20$	极弱
$40\leqslant\delta_{ef}<65$	弱	$21\leqslant EI\leqslant 50$	弱
$65\leqslant\delta_{ef}<90$	中	$51\leqslant EI\leqslant 90$	中
$\delta_{ef}\geqslant 90$	强	$91\leqslant EI\leqslant 130$	强
		$EI>130$	极强

两种试验无论是从试验方法、适用范围、试验设备、试验参数等都有较大差异，试验结果无可比性。

值得说明的是，中国标准中的无荷膨胀率试验在应用于击实土样时，与美国标准膨胀指数的试验过程较为相似，无荷膨胀率的计算公式与膨胀指数的计算公式更接近，但一个是用来进行定量计算的指标，一个是用来进行定性的指标，且美国标准中也有获得定量计算指标的试验标准，因此本节将膨胀指数试验与自由膨胀率试验进行对比，而不是与无荷膨胀率试验。

5.2.3　膨胀率试验

中国标准中的膨胀率试验，分为无荷膨胀率试验和有荷膨胀率试验，均可应用于原状土样和击实土样，与美国标准 D4546 中的试验方法 B 以及 D3877 中的膨胀性试验类似。

5.2.3.1　无荷膨胀率试验

本节分别从试样制备、试验设备、试验流程和数据处理等方面对中美标准无荷膨胀率试验进行对比分析。

（1）试样制备

原状土制样方面，由于膨胀土的膨胀指标对水分变化高度敏感，中美两种标准对于原状土的取样、储存、运输均有严格规定且规定基本相同，制样时中国标准采用直径为 61.8mm、高度为 20mm 的环刀，美国标准采用最小直径为 50mm、最小高度为 20mm 的环刀（径高比不小于 2.5）；击实土样制备方面，中国标准未对击实土样如何击实制备作出规定，美国标准对于击实土样则规定以碎土含水率、重量和体积来控制所需的干密度，分两层直接在环刀内击实或压实，每层厚度不超过 15mm，且碎土应过 4.75mm 筛，其中 D3887 要求使用 D698 中的 4in 模具（直径 101.6mm 的击实筒）进行击实。

（2）试验设备

中国标准规定的膨胀率试验均在膨胀仪中进行，在实践中多采用固结仪代替；美国标准在 D4546 中使用符合 D2435 要求的固结仪，在 D3877 中使用带一种立管渗透计和排水塞的固结仪（图 5.2），主要用来向试样浸水并排除试样中的空气。

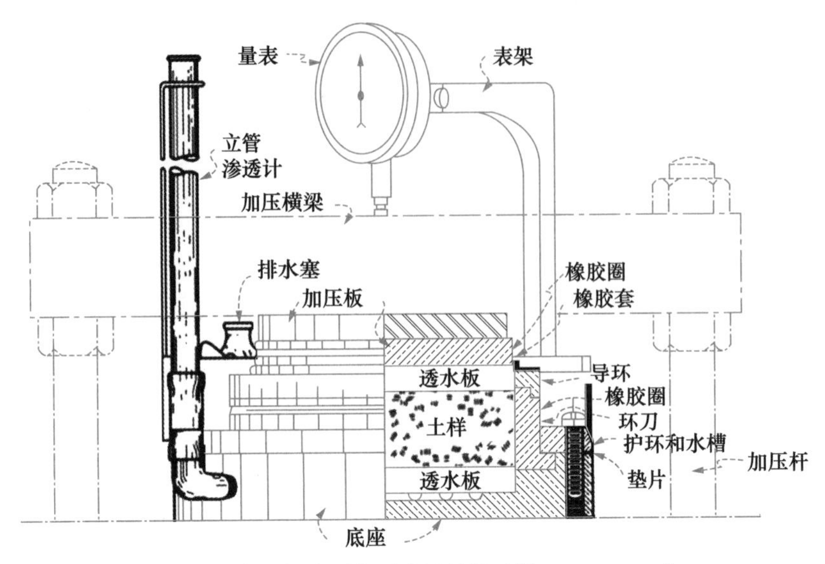

图 5.2 美国标准固定环式固结仪（据 ASTM 3877）

（3）试验流程

中国标准规定试样在安装完成后立即浸水，按 5min、10min、20min、30min 和 1h、2h、3h、6h、12h 测记百分表读数，当 6h 内变形不大于 0.01mm 时认为膨胀稳定，并测定膨胀后含水率和孔隙比。

美国标准的无荷膨胀率试验有两种，一种是D4546试验方法B，即荷载为0的情况，其中的加载—卸载—再加载的步骤在此时可以省略，试样安装到固结仪中后，施加 1kPa 的接触压力，然后立即浸水，并以0.5min、1min、2min、4min、8min、15min、30min和1h、2h、4h、8h、24h 的时间间隔记录变形量，其判断膨胀稳定的标准是根据固结曲线判断“主固结”是否完成，当“主膨胀”完成后认为膨胀稳定，结束试验后测定胀后含水率；另一种是D3877 中第8.5节或8.6节规定的，试样安装到固结仪中后，通过立管渗透计向试样中浸水，并通过排水塞排水以赶走试样及设备中的气泡，加水后按照 D2435 标准固结的记数时间间隔记录时间和膨胀变形，保持 48h 并记录最终膨胀量，然后测定胀后含水率和孔隙比。

（4）数据处理

中国标准的无荷膨胀率计算，是浸水前后的试样高度（或体积）变化与原始土样高度（或体积）的比值，即体膨胀率，计算公式如式（5.8）所示，也可计算任意 t 时刻的无荷膨胀率，计算公式如式（5.9）所示，

$$\delta_{e}=\frac{V_{w}-V_{0}}{V_{0}}\times 100\% \tag{5.8}$$

式中：δ_e——体膨胀率（%）；

V_w——膨胀稳定后试样体积（cm^3）；

V_0——试样初始体积（cm^3）。

$$\delta_t = \frac{Z_0 - Z_t}{h_0} \times 100\% \tag{5.9}$$

式中：δ_t——时间 t 时的无荷膨胀率（%）；

Z_0——试验开始时量表的读数（mm）；

Z_t——时间 t 时量表的读数（mm）；

h_0——试样的初始高度（mm）。

由于膨胀在侧限条件下发生，体积变化仅与试样高度有关，因此体膨胀率和 t 时刻无荷膨胀率的公式也可以转写为式（5.10）和式（5.11），

$$\delta_e = \frac{\Delta h_w}{h_0} \times 100\% \tag{5.10}$$

式中：Δh_w——膨胀稳定后试样高度的变化（mm）。

$$\delta_t = \frac{\Delta h_t}{h_0} \times 100\% \tag{5.11}$$

式中：Δh_t——t 时刻试样高度的变化（mm）。

美国标准 D4546 计算的是膨胀应变，计算公式如式（5.12）所示，

$$\varepsilon_s = \frac{\Delta h_2}{h_1} \times 100\% \tag{5.12}$$

式中：ε_s——膨胀应变（%）；

Δh_2——膨胀引起的最终试样高度变化（mm），$\Delta h_2 = h_2 - h_1$，h_2 为膨胀稳定后试样高度（mm），h_1 为加压后浸水前的试样高度（mm），对于无荷膨胀率来说，$h_1 = h_0$。

美国标准 D3877 计算的是膨胀量占原始土样高度的百分比，计算公式如式（5.13）所示，

$$\Delta = \frac{h_2 - h_i}{h_i} \times 100\% \tag{5.13}$$

式中：Δ——膨胀百分比（%）；

h_i——试样的初始高度（mm）；

h_2——膨胀稳定后试样的高度（mm）。

可以看出，三种指标虽然名称和定义不同，但对于无荷膨胀率试验来说，“加压后浸水前”的试样高度与初始试样高度在数值上是一致的，计算出的膨胀应变、膨胀量占原始高度百分比及无荷膨胀率在数值上也是相等的。

5.2.3.2　有荷膨胀率试验

中国标准的有荷膨胀率试验相当于美国标准 D4546 的试验方法 B 或 D3877 中第 8.6 节规定的试验方法。

在荷载加载时，中国标准规定可一次性施加或分级施加，分级施加时按变形量不大于0.01mm/h为稳定标准。美国标准D4546则规定必须分级施加（不少于3级），总的荷载施加时间不超过1h（以防止过长的加载时间导致试样中的水分发生变化影响试验结果），且D4546有一个加载—卸载—再加载的过程，其做法是：分级施加所需荷载，记录每级荷载的大小、加载时间和变形量，然后完全卸载，卸载后再次按照之前的荷载顺序和时间再加载，并记录时间和变形量，绘制 p-s 曲线（图5.3），两次加载所造成的变形量差异的大小可以用来判断试样的扰动程度，但D4546并未给出判断标准。

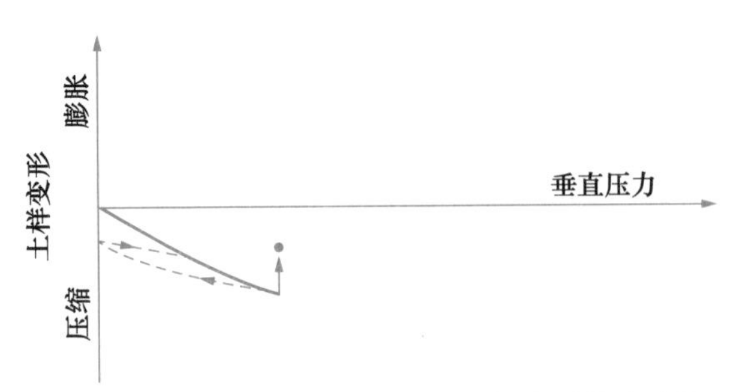

图5.3　美国标准单点测试方法B获得的垂直压力与变形曲线（据ASTM D4546）

再加载后保持荷载30～60min，期间读取多个变形量以判断变形是否稳定，但D4546未给出在此期间的稳定标准。对试样浸水后的数据记录、稳定标准、数据处理与计算均与无荷膨胀率相同。

美国标准D3877未规定荷载是否需要分级施加，仅说明加载至指定荷载，然后通过立管渗透计加水，并根据D2435标准固结的记数间隔记录时间和膨胀量读数，维持48h或达到“主膨胀”完成后，然后卸荷，每次卸除当前荷载的一半，即卸荷至已加荷载的1/2、1/4、1/8……直至卸荷至2.4kPa，期间根据标准固结的记数间隔记录时间和膨胀量读数，每级至少维持24h。

中国标准规定有荷膨胀率 δ_{ep} 为浸水膨胀前后的高度变化 ΔZ_w 与试样初始高度 h_0 的比值，与美国标准D3877的膨胀量占原始土样高度百分比 $\varDelta$ 相同。按美国标准D4546规定，膨胀应变 ε_s 为浸水前后试样高度的变化 Δh_2 与浸水前试样的高度 h_1 的比值，与中国标准有荷膨胀率 δ_{ep} 概念不同，使用时应予以注意。

5.2.4　膨胀力试验

中国标准的膨胀力试验有两种，一种是《土工试验方法标准》GB/T 50123—2019规定的试验方法，另一种是《膨胀土地区建筑技术规范》GB 50112—2013介绍的膨胀力试验，均为在单个试样上进行的试验，美国标准介绍膨胀力试验的有D4546中的试验方法A（多试样）和D3877中第8.4节的试验方法。

中国标准GB/T 50123介绍的膨胀力试验，是将一个试样安装到固结仪中后立即浸水，产生膨胀后即施加平衡荷载以抵消膨胀变形，直到不再产生膨胀（膨胀量为0）时的平衡压力，认为是试样的膨胀力。

中国标准 GB 50112 介绍的膨胀力试验，是先将试样加载至要求的压力，然后浸水膨胀，膨胀稳定后分级卸载，在此过程中测定不同压力下的膨胀率，绘制压力－膨胀率曲线，曲线与横坐标轴的交点即为试样的膨胀力。

美国标准 D3877 第 8.4 节的试验方法与 GB/T 50123 的膨胀力试验方法完全相同，均是通过先浸水，在产生膨胀量的过程中不断施加平衡荷载以抵消膨胀量，以此确定膨胀力。不过 D3877 第 8.4 节的试验方法在达到最大膨胀力后，还需保持 48h 以使膨胀稳定，然后按照膨胀力的 1/2、1/4、1/8……进行卸载，最后卸载至 2.4kPa，每级卸载维持至少 24h 并根据标准固结的时间序列记录时间和变形读数。

美国标准 D4546 的试验方法 A 与单线法黄土湿陷起始压力的试验类似，即采取同一条件下的多个土样，分别施加不同的荷载，然后浸水膨胀，绘制压力－膨胀应变曲线，曲线与横坐标轴的交点即为试样的膨胀力。该试验可用于模拟现场回填条件的击实土样，制备至少 4 个含水率、密度相同的击实土样，具体试验过程为：

1）采用最小直径为 50mm、最小高度为 20mm 的环刀（径高比不小于 2.5）；

2）将土样碾碎过 4.75mm 筛，然后增湿（或减湿）至符合现场条件的含水率，根据所需的干密度（或孔隙比）称取相应重量的碎土，分两层直接在环刀内击实或压实，每层厚度不超过 15mm；

3）将试样安装到固结仪中后，分别施加不同的荷载，其中第一个试样施加 1kPa 的接触压力即可，最大荷载应大于回填深度处的土的自重压力与结构的附加压力之和；

4）以 5～10min 对试样进行加载并读取变形量，每个试样的总加载时间不超过 1h，然后立即浸水，并以 0.5min、1min、2min、4min、8min、15min、30min 和 1h、2h、4h、8h、24h 的时间间隔记录变形量，直至“主膨胀”阶段完成，记录最终膨胀量，并测定胀后含水率和孔隙比；

5）绘制压力－膨胀应变曲线，曲线与横坐标轴的交点即为试样的膨胀力，如图 5.4 所示。

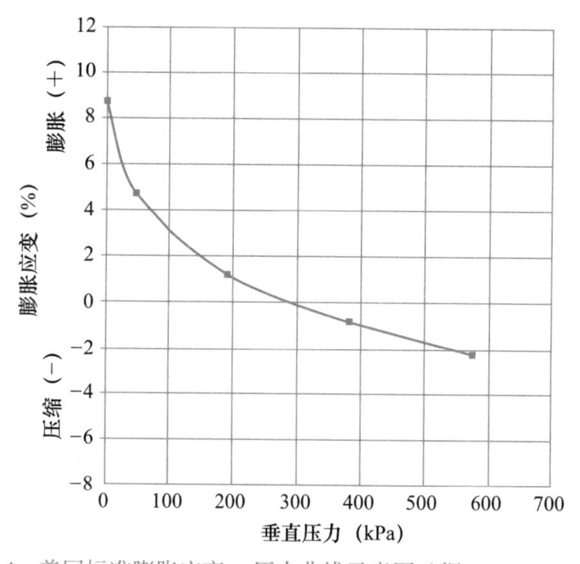

图 5.4 美国标准膨胀应变－压力曲线示意图（据 ASTM D4546）

可以看出，几种膨胀力试验都有一定区别，得出的膨胀力结果也不尽相同，事实上，实际膨胀力的大小与荷载大小、浸水与加载的顺序、增湿程度等均有一定关系。中国标准的膨胀力试验，优点是在单个试样上进行试验，对于不扰动土样来说，可以尽可能地避免多个试样的不均匀性造成的试验结果偏差，且两种试验有不同的加载—浸水顺序；美国标准的膨胀力试验，由于在击实土样上进行，可以很好地控制试样的不均匀性，但加载—浸水顺序是唯一的，不一定能模拟现场条件，同时美国标准 D4546 也说明了，应力路径和增湿顺序应尽可能模拟现场条件，并增加了一个试验方法 C 用来模拟在某级压力下浸水膨胀稳定后继续加载的过程。美国标准 D3877 的膨胀力试验方法与 GB/T 50123 基本相同，但 D3877 于 2017 年撤回，且无替代标准，因此在实践中应注意标准的有效性。

5.2.5 收缩试验

收缩试验测定的指标有：线缩率、体缩率、收缩系数、缩限含水率、收缩指数等。

中国标准 GB/T 50123 和 GB 50112 介绍的收缩试验均适用于不扰动土样或击实土样，缩限含水率则是制备土膏直接测定土的缩限含水率。

美国标准 D3877 规定了采用固结仪进行击实土的收缩试验的方法，也可用于不扰动土样；美国标准 D427（水银法，2008 年废止，无替代标准）和 D4943（蜡封浮称法）介绍的方法则与中国标准的缩限含水率试验方法基本一致，但美国标准除了根据该试验测定缩限含水率外，还还规定了收缩比（Shrinkage Ratio）、体积收缩率（Volumetric Shrinkage）和线性收缩率（Linear Shrinkage）的计算公式，替代了线缩率、体缩率、收缩系数等概念。相对来说，水银由于密度较大且稳定，而水的密度受温度影响不一定稳定，水银法在精度上来说应优于蜡封浮称法，但由于水银蒸汽有剧毒，会对操作人员的身体健康带来威胁，故美国标准允许以蜡封浮称法替代水银法，且 D427 于 2008 年撤回，无替代标准，因此本节仅对 D4943（蜡封浮称法）与中国标准的差异进行讨论。

（1）中国标准收缩试验

中国标准 GB/T 50123 和 GB 50112 介绍的收缩试验以环刀制备不扰动试样或击实试样，将土样推出环刀，放在收缩仪上进行自然收缩，从而测定试样的高度变化及体积变化，计算线缩率和体缩率，绘制含水率 - 线缩率曲线，并作图求得缩限含水率。

线缩率的计算公式如式（5.14）所示，

$$\delta_{st}=\frac{\Delta Z_t}{h_0}\times 100\% \tag{5.14}$$

式中：δ_{st}——时间 t 时的试样线缩率（%）；

ΔZ_t——时间 t 时的试样高度变化（mm）；

h_0——试样初始高度（mm）。

体缩率的计算公式如式（5.15）所示，

$$\delta_V=\frac{V_0-V_d}{V_0}\times 100\% \tag{5.15}$$

式中：δ_v——体缩率（%）；

V_0——试样初始体积（cm^3）；

V_d——试样烘干后的体积（cm^3）。

收缩系数的计算公式如式（5.16）所示，

$$\lambda_s = \frac{\Delta \delta_{st}}{\Delta \omega} \tag{5.16}$$

式中：λ_s——收缩系数；

$\Delta \delta_{st}$——收缩曲线上第 I 阶段两点线缩率之差（%）；

$\Delta \omega$——相应于 $\Delta \delta_{st}$ 含水率之差（%）。

收缩系数也即含水率－线缩率曲线上初始直线段的斜率，延长初始直线段和终末直线段，其交点所对应的含水率为缩限含水率。

（2）美国标准收缩试验

美国标准 D4943 介绍的收缩试验将土样碾碎并过 0.425mm 筛，加水制备成含水率略高于液限的土膏，然后放到收缩皿中，在通风处风干，风干至土样颜色变淡后烘干至恒重，称重并使用蜡封法测定干土试件的体积，以此计算收缩比、体积收缩率、线性收缩率、缩限含水率。

缩限含水率计算公式如式（5.17）所示，

$$\mathrm{SL} = w - \frac{V_0 - V_d}{m_s} \times \rho_w \times 100 \tag{5.17}$$

式中：SL——缩限（%）；

w——土膏放入收缩皿中时的含水率（%）；

V_0——湿土试样的体积（cm^3）；

V_d——烘干试样土块的体积（cm^3）；

m_s——烘干试样土块的质量（g）；

ρ_w——水的密度（g/cm^3）。

该公式与中国标准一致。

收缩比（R）计算公式如式（5.18）所示，

$$R = \frac{m_s}{V_d \times \rho_w} \tag{5.18}$$

式中各符号的含义与式（5.17）相同。

体积收缩率（V_s）计算公式如式（5.19）所示，

$$V_s = R\,(\omega_1 - \mathrm{SL}) \tag{5.19}$$

式中，ω_1 为任意给定土样含水率（%）；其他符号同式（5.17）和式（5.18）。当 $\omega_1 = \omega$ 时，上式可转写为式（5.20），

$$V_s = \frac{m_s}{V_d}\left[\omega - \left(\omega - \frac{V_0 - V_d}{m_s} \times \rho_w \times 100\right)\right] = \frac{V_0 - V_d}{V_d} \times 100 \tag{5.20}$$

可见，美国标准与中国标准体缩率公式的差别，一个是体积变化量与原始湿土体积的比值，一个是体积变化量与缩限时土体体积（由于土体体积在含水率降低到缩限后体积不再减小，因此缩限时的土体体积等于干土体积）的比值，应注意其区别。

线性收缩率（L_s）的计算公式如式（5.21）所示，

$$L_s=\left[1-\left(\frac{100}{V_s+100}\right)^{1/3}\right]\times 100 \tag{5.21}$$

式中：V_s——体积收缩率。

（3）美国标准 D3877 介绍的收缩试验

美国标准 D3877 介绍的收缩试验与中国标准类似，但该标准描述的试验流程比较粗略，具体如下：① 使用环刀制备试样；② 量测体积和高度后风干至缩限；③ 将风干的试样放进固结仪，施加 2.4kPa 的压力并记录量表读数；④ 使用蜡封浮称法测定风干试样体积。

体积收缩计算公式如式（5.22）所示，

$$\varDelta_s=\frac{V_i-V_d}{V_0}\times 100\% \tag{5.22}$$

式中：$\varDelta_s$——体积收缩率；

V_i——试样初始体积（cm^3）；

V_d——风干试样蜡封法测得的体积（cm^3）。

高度收缩计算公式如式（5.23）所示，

$$\Delta h_s=\frac{h_i-h_d}{h_i}\times 100\% \tag{5.23}$$

式中：Δh_s——高度收缩率；

h_i——试样初始高度（mm）；

h_d——风干试样的高度（mm）。

（4）中美试验标准的异同

中国标准在缩限试验中使用的收缩皿直径为 4.5～5.0cm，高 2.0～3.0cm，碎土过 0.5mm 筛，美国标准使用的收缩皿直径为 4.0～4.5cm，深 1.2～1.5cm，碎土过 0.425mm 筛，中美标准使用的收缩皿和试验筛略有不同。

美国标准除已于 2017 年撤回的 D3877 与中国标准的收缩试验有相似之处外，目前有效的标准在其他收缩试验上基本无共同之处，中国标准的试验对象为不扰动土或击实土样，美国标准的试验对象为完全扰动的土膏。中国标准所得指标如线缩率、体缩率、收缩系数与美国标准所得指标如线性收缩率（Linear Shrinkage）、体积收缩率（Volumetric Shrinkage）、收缩比（Shrinkage Ratio）等在定义和数值上均有较大差别，使用时应予以注意。

另外，中国标准在对不扰动土样或击实土样进行收缩试验时，还介绍了一种根据含水率－线缩率曲线作图求得缩限含水率的方法，具体为：延长曲线上初始阶段直线段和终末阶段直线段，其交点所对应的含水率即为缩限含水率，但与其他方法测定的缩限含水率有一定误差。

5.3　小结

综上所述，中美标准关于土的湿陷性和胀缩性的试验仪器、试验步骤和数据处理既存在相同点，也存在较大差异，主要体现在：

1）中国标准将室内试验得出的湿陷系数大于等于 0.015 的土定义为湿陷性土，而美国标准将湿陷指数（或湿陷潜势）大于 0 的土均定义为湿陷性土；中国标准用来进行划分湿陷性程度的湿陷系数，其垂直压力不一定为 200kPa，美国标准用来进行划分湿陷性程度的湿陷指数，规定垂直压力为 200kPa 时的湿陷潜势，且划分为轻微、中等、强烈等程度的阈值也不同；美国标准中没有中国标准中自重湿陷系数和湿陷起始压力的概念，其中美国标准的湿陷应变概念与中国标准的自重湿陷系数类似，但所用的自重压力不同，数值计算也有差异；美国标准在进行湿陷性试验时，每级压力维持的时间都比较短，也不对浸水前的压缩进行变形稳定判定，浸水后基本都按照标准固结的读数方式记录时间 - 变形数据，这个阶段的时间一般比较长，与中国标准相比，可能包含了一部分溶滤变形；美国标准中没有浸水载荷试验与试坑浸水试验方面的规定或指南，但 ASTM 官网收录了 Mahmoud 于 1995 年发表的论文“*Apparatus and Procedure for an In Situ Collapse Test*”（“原位湿陷测试的设备和程序”），介绍了一种现场平板载荷试验测定湿陷性的设备和方法，与中国标准规定的类似。

2）中国标准介绍的自由膨胀率试验在美国标准中找不到相对应的试验方法，美国标准采用 50% 饱和度的击实试样进行膨胀指数（*EI*）试验，膨胀指数为线性膨胀后高度（或体积）变化量与初始高度（或体积）的比值；中国标准的膨胀率试验与美国标准 D4546 中的试验方法 B 及 D3877 第 8.5 节、8.6 节介绍的膨胀试验基本类似，D3877 测定的膨胀量占原始土样高度百分比，其定义与中国标准膨胀率相同，而 D4546 所试验得的指标为膨胀应变，与膨胀率在定义和数值计算上均不同；中国标准有两种测定膨胀力的试验方法，即分别为 GB/T 50123 和 GB 50112 规定的试验方法，其中 GB/T 50123 规定的试验方法与美国标准 D3877 规定的试验方法基本相同；中国标准规定的缩限试验与美国标准 D4943 的试验方法基本一致，缩限含水率的计算公式也相同；中国标准规定的收缩试验均采用不扰动土样或击实土样进行试验，美国标准 D3877 规定采用击实土样，也可以用于不扰动土样，其试验方法与中国标准相似，但该试验方法比较粗略，且于 2017 年撤回，无替代标准。目前有效的美国标准只有 D4943 以完全扰动土进行收缩性有关参数的试验，各参数的定义和计算公式均与中国标准有较大差异。

因此，中美标准关于土的湿陷性和膨胀性试验在标准体系、试验方法、试验指标、数据处理计算和评价体系均有较大差异。特别是湿陷性试验，在按美国标准进行土的湿陷性试验并进行地基基础设计时，应特别注意与中国标准的差异。

第 6 章　原位测试

岩土原位测试相比室内试验具有免取样、扰动少的特点，最大限度保持了岩土参数的客观性。经过多年发展，岩土原位测试方法从机械式到电测技术与信息化相结合，再到向智能化转变，变得越来越便捷、高效，在岩土工程领域的影响程度逐步加深。目前，我国岩土工程勘察仍以钻探取样和室内试验为主，而欧美发达国家则更注重原位测试。本章主要对国内外常用的现场原位测试技术和取样进行对比研究。

6.1　圆锥动力触探试验

圆锥动力触探试验（Dynamic Penetration Test，DPT）是使用一定质量的重锤，以一定高度的自由落距，将标准规格的圆锥形探头贯入土中，根据贯入土中一定距离所需的锤击数或锤击的贯入度，判定土的力学特性，具有勘探和测试的双重功能。

圆锥动力触探试验已成为国内外广泛采用的一种原位测试方法。中国常见的圆锥动力触探试验根据落锤重量可分为轻型动力触探试验（锤重 10kg，N_{10}）、重型动力触探试验（锤重 63.5kg，$N_{63.5}$）和超重型动力触探试验（锤重 120kg，N_{120}），而美国常见的动力触探试验为动力圆锥贯入试验（Dynamic Cone Penetrometer Test，DCPT），类似于中国的轻型圆锥动力触探试验。

6.1.1　中美标准

中国现行的圆锥动力触探试验标准有：

1)《岩土工程勘察规范》GB 50021—2001（2009 年版），中华人民共和国国家推荐标准。

2)《圆锥动力触探试验规程》YS/T 5219—2000，中华人民共和国行业标准。

美国现行的圆锥动力触探试验标准有：

《在浅路面应用中使用动力圆锥触探仪的标准试验方法》ASTM D6951/6951M-18，*Standard Test Method for Use of the Dynamic Cone Penetrometer in Shallow Pavement Applications*。

6.1.2　设备规格及适用范围

（1）设备规格对比

中美两国标准规定的动力触探试验设备规格见表 6.1 和图 6.1。从表 6.1 和图 6.1 可以看出两国标准规定的设备规格存在如下差异：

① 中国标准采用三种落锤质量和落距，而美国标准只有一种；

② 中国标准动力触探采用三种探头直径，但锥角均为 60°，美国标准只有一种探头直径，锥角与中国标准一致，也为 60°；

③ 中国 标准动力触探采用三种探杆直径，美国标准只有一种探杆直径；

④ 中国标准动力触探（包括轻型、重型、超重型）规定的锤重、探头直径、探杆直径比美国标准规定的要大，但在锤的落距规定上，美国标准比中国标准轻型动力触探的落距要大一些。

中美两国圆锥动力触探设备规格对比　　表 6.1

标准国别	落锤		探头		探杆直径 /mm
	锤的质量 /kg	落距 /cm	直径 /mm	锥角 /°	
中国（轻型）	10±0.2	50±2	40	60	25
中国（重型）	63.5±0.5	76±2	74	60	42.5
中国（超重型）	120±1	100±2	74	60	50～63
美国	8/4.6	57.5	20	60	16

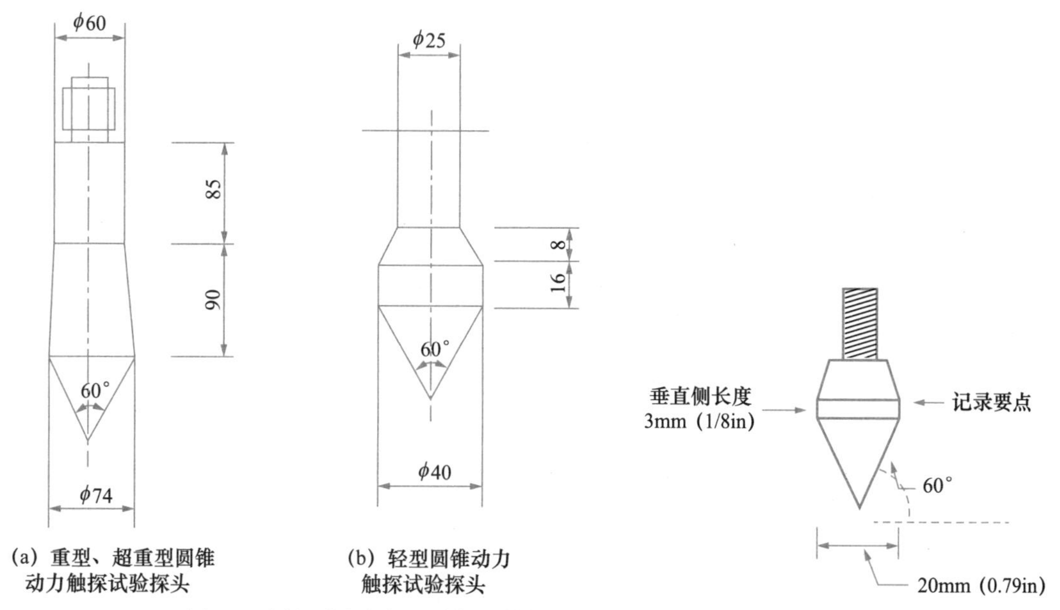

图 6.1　圆锥动力触探试验探头结构图（左侧为中国，右侧为美国）

（2）适用范围对比

中国和美国标准中动力触探试验的适用范围见表 6.2，可以看出两者基本类似，但也存在差异。中国标准不同规格的动力触探适用范围不同，轻型多适用于黏性土、粉土和粒径小的砂土，重型适用范围较广，多为砂土、碎石土，亦可适用于极软岩，超重型多适用于碎石土和风化岩。由此可以看出，中国标准规定的圆锥动力触探，随落锤质量的增大，适用土的粒径会越大。对比美国标准规定的圆锥动力触探，适用范围较小，多适用于细粒土和粒径较小的粗粒土。

中美两国动力触探试验标准适用范围对比 表 6.2

标准国别	适用范围	
中国	轻型	黏性土、粉土、粉砂
	重型	砂土，碎石土（无胶结）、极软岩
	超重型	碎石土（无胶结）、风化岩
美国	细粒土、不胶结且粒径小于 50mm 的粗粒土	

6.1.3 试验技术要求

中国和美国标准对圆锥动力触探试验的技术要求方面，差异较小，但在试验终止条件和试验数据修正要求等方面存在差异。

中美标准在试验前的准备工作基本相同，均要求检查各组件磨损程度，确保可以满足试验要求，设备安装要到位，保证各组件连接紧固，保证探杆与探孔或地面保持垂直。

中美标准在试验终止条件和试验数据修正方面的差异如下：

（1）试验终止条件差异

中国标准规定，轻型动力触探试验在安装好试验设备后，对所要进行试验的土层连续击入探头，以每贯入 30cm 时的锤击数为试验指标，以 N_{10} 表示；当遇到密实土层，其贯入 30cm 的锤击数大于 100 击或贯入 15cm 的锤击数大于 50 击时即可停止试验；重型和超重型动力触探试验技术要求为：采用自动落锤装置，地面以上触探杆不宜超过 1.5m，连续贯入，锤击速率宜为 15～30 击 /min，以每贯入 10cm 时的锤击数为试验指标，以 $N_{63.5}$ 或 N_{120} 表示；每贯入 1m 宜将触探杆转动一圈半，触探深度超过 10m 时，每贯入 20cm 宜转动触探杆一次；当重型动力触探连续三次 $N_{63.5}$ 都大于 50 击时，可停止试验或改用超重型动力触探。

美国标准中规定，安装好试验设备后，先保证待测土层顶面与探头零点位置平齐，连续击入探头，记录给定锤击次数和相应的总贯入度；当 5 击贯入小于 2mm 或手柄偏移垂直位置超过 75mm 时应停止试验，并移至与原位置距离大于 300mm 的新位置再进行下一个试验；在数据记录时，通常情况下，是在固定的锤击数后读取贯入度，或记录每击的贯入度。当土层特性或贯入速率发生显著变化时，应立即读取贯入度。

（2）试验数据修正差异

对于试验结果实测数据，中国标准中轻型动力触探试验和美国 ASTM 中的动态圆锥贯入试验均不作任何修正，而中国标准中的重型和超重型动力触探试验则需要对现场实测锤击数进行杆长和地下水的相应修正。

6.1.4 圆锥动力触探试验成果的应用

（1）中国标准中圆锥动力触探试验成果的应用

1）利用触探曲线进行力学分层

中国标准中规定，触探指标的大小可以反映不同地基土的密实度、地基承载力和其他工程性质指标的大小，因此根据圆锥动力触探试验的触探曲线，并结合场地的钻探资料和地区经验，对场地地层进行力学分层，但需考虑触探的界面效应。

2）评价地基土的密实度或状态

《岩土工程勘察规范》GB 50021—2001（2009 年版）中规定了根据重型和超重型触探试验判定碎石土密实度的标准，见表 6.3。

中国标准对圆锥动力触探试验判别碎石土密实度的规定　　表 6.3

重型动力触探锤击数 $N_{63.5}$	超重型动力触探锤击数 N_{120}	密实度
$N_{63.5} \leqslant 5$	$N_{120} \leqslant 3$	松散
$5 < N_{63.5} \leqslant 10$	$3 < N_{120} \leqslant 6$	稍密
$10 < N_{63.5} \leqslant 20$	$6 < N_{120} \leqslant 11$	中密
$N_{63.5} > 20$	$11 < N_{120} \leqslant 14$	密实
—	$N_{120} > 14$	很密

值得注意的是，上表中采用的圆锥动力触探试验击数为经杆长和地下水修正后的修正值。

3）确定地基土力学性质指标

在中国标准中，根据圆锥动力触探试验成果数据，利用有关经验公式或经验关系，可以换算出地基土承载力、变形模量、单桩承载力、抗剪强度等力学性质指标，同时也可以用于评价地基均匀性和确定地基持力层。但鉴于中国幅员辽阔，地质情况多样且复杂，无法总结出统一的经验公式或经验关系，只能在各地区规范和标准中总结出适用本地区的经验公式或经验关系。

（2）美国标准中圆锥动力触探试验成果的应用

美国标准 ASTM D6951 中指出，利用圆锥贯入试验成果数据可以根据相关关系换算出地基土的 CBR（加州承载比），见表 6.4，相关换算公式见第 4.3.3.3 节。

中国和美国对动力触探试验成果的应用有较大的差异，中国在长期的实践过程中，积累了大量的经验，可通过动力触探试验成果对地基土进行力学分层、评价地基土的密实度或状态、计算地基土力学性质指标等。美国标准主要将动力触探试验成果应用于浅层道路工程。

ASTM 中 DCP 和 CBR 指标的关系　　表 6.4

DCP/（mm/击）	CBR/%	DCP/（mm/击）	CBR/%	DCP/（mm/击）	CBR/%
＜3	100	39	4.8	69～71	2.5
3	80	40	4.7	72～74	2.4
4	60	41	4.6	75～77	2.3
5	50	42	4.4	78～80	2.2
6	40	43	4.3	81～83	2.1
7	35	44	4.2	84～87	2.0
8	30	45	4.1	88～91	1.9
9	25	46	4.0	92～96	1.8
10～11	20	47	3.9	97～101	1.7
12	18	48	3.8	102～107	1.6
13	16	49～50	3.7	108～114	1.5
14	15	51	3.6	115～121	1.4
15	14	52	3.5	122～130	1.3
16	13	53～54	3.4	131～140	1.2
17	12	55	3.3	141～152	1.1
18～19	11	56～57	3.2	153～166	1.0
20～21	10	58	3.1	166～183	0.9
22～23	9	59～60	3.0	184～205	0.8
24～26	8	61～62	2.9	206～233	0.7
27～29	7	63～64	2.8	234～271	0.6
30～34	6	65～66	2.7	272～324	0.5
35～38	5	67～68	2.6	＞324	＜0.5

6.2 标准贯入试验的对比

标准贯入试验（Standard Penetration Test，SPT）：使用落锤将钻杆底部的对开管式贯入器打入钻孔底部的土中，取得土样，贯入 30cm 所需的锤击数称为 N 值，与土体强度有关。

标准贯入试验已成为国内外应用最广泛的一种原位测试方法，适用于黏性土、粉土、砂土和部分风化岩石。标准贯入试验的优点在于设备简单、操作方便、土层的适应性广，而且可以通过标准贯入器获取扰动土样，对土进行直观的鉴别描述。SPT 指标 N 值应用领域十分广泛，可用于确定砂土的密实度、黏性土的状态、地基承载力、砂土液化判别和桩基承载力等。

6.2.1 中美标准

现行中国标准为《岩土工程勘察规范》GB 50021—2001（2009 年版），为中华人民共和国国家标准。

现行美国标准为《标准贯入试验和对开管取样的标准试验方法》ASTM，D1586/D1586M–18，*Standard Test Method for Standard Penetration Test（SPT）and Split-Barrel Sampling of Soils*。

另外，中国住房和城乡建设部发布的适用于各工程建设行业的《土工试验方法标准》GB/T 50123—2019，中华人民共和国工业和信息化部发行了适用于有色金属工业工程建设岩土工程勘察过程中的《标准贯入试验规程》YS/T 5213—2018，还有中国现行的其他行业规范标准，如《水运工程岩土勘察规范》JTS 133—2013 和《公路工程地质勘察规范》JTG C20—2011 中对标准贯入试验均有相关规定，且这些标准的相关规定基本相同，个别细节上略有差异。

本节对比的主要内容是中国《岩土工程勘察规范》GB 50021—2001（2009 年版）与美国 ASTM 标准 D1586/D1586M–18 中关于标准贯入试验相关规定的异同之处。

6.2.2　设备规格及适用范围

（1）设备规格对比

中美两国主要标准规定的 SPT 设备规格见表 6.5，从该表可以看出两国标准规定的设备规格基本类似，个别地方略有差异，主要如下：

中美两国标准贯入试验设备规格对比　　表 6.5

标准国别	落锤		对开管			管靴			钻杆	
	质量 / kg	落距 / mm	长度 / mm	外径 / mm	内径 / mm	长度 / mm	刃口角度 /°	刃口单刃厚度 /mm	规格	相对弯曲
中国	63.5	760	＞500	51	35	50～76	18～20	1.6	ϕ42mm	＜1～1000
美国	63.5	760	457～762	51	35 或 38	25～50	16～23	2.54	刚度不小于 A 型（ϕ41.2mm）钻杆	—

① 中美标准规定的锤重、落距、对开管外径、钻杆直径一致。

② 对开管长度，中国标准规定大于 500mm，最大长度为多少未有明确的说明；美国标准规定是个范围值，且最大长度为 762mm。

③ 对开管内径，中国标准规定明确为 35mm，美国标准为 35mm 或 38mm。

④ 管靴长度，中国标准规定长度最大为 76mm，要比美国标准规定的长度大。

⑤ 管靴刃口角度，两国标准的差异较小，但美国标准规定的范围值比中国标准的大。

⑥ 中国标准规定了钻杆的相对弯曲，美国标准中未有明确的限值规定。

（2）适用范围对比

中国标准和美国标准中标准贯入试验的适用范围见表 6.6，可以看出两者基本类似，但也存在差异。中国标准明确规定了适用范围，主要为在细粒土和砂土，按照中国标准规定，砂土最大粒径为 2mm，即中国标准规定标准贯入试验可适用于细粒土和粒径不大于 2mm 的砂类土；美国标准规定，最大颗粒尺寸小于对开管内径一半，即粗粒土的最大粒径为 17.5～19mm，接近于中国标准粗粒土分类中的碎石或卵石。

中美两国标准贯入试验标准适用范围对比　　表 6.6

标准国别	适用范围
中国	砂土、粉土和一般黏性土
美国	未半成岩化的土及最大颗粒尺寸小于对开管内径一半的土

6.2.3　试验技术要求

中国和美国标准对 SPT 的技术要求没有太大的差异（表 6.7），在对钻孔的要求上均要求清孔、避免孔底土层扰动、保持孔内水位高于地下水位等，但在操作步骤上略有差距。

中美两国标准贯入试验标准技术要求对比　　表 6.7

标准国别	对钻孔的要求	试验操作步骤
中国	钻孔采用回转钻进，并保持孔内水位略高于地下水位，保持孔底土处于平衡状态；下套管不要超过试验标高；要缓慢下放钻具；为防止涌砂或塌孔，可采用泥浆护壁，钻至试验高度以上 15cm 处，清除孔底残土后再进行试验	采用自动脱钩的自由落锤法进行锤击，并减小导向杆与锤间的摩阻力，避免锤击时的偏心和侧向晃动，保持贯入器、探杆、导向杆连接后的垂直度，锤击速率应小于 30 击 /min；贯入器预打入土中 15cm 后，开始记录每打入 10cm 的锤击数，累计打入 30cm 的锤击数为标准贯入试验锤击数 N；当锤击数已达到 50 击，而贯入深度未达到 30cm 时，可记录 50 击的实际贯入深度，换算成相当于 30cm 的标准贯入锤击数 N，并终止试验
美国	钻孔采用回转钻进或其他适用的钻进方法；钻孔直径应在 75～150mm，钻头应采用侧向排水而不是底部排水；试验前应清除孔底残土；应保持钻井液面不低于地下水位处；使用套管时其不能低于试验高度以下；钻具提升和下放应缓慢，避免扰动孔底土层	将贯入器分打入土中 45cm，并记录每打入 15cm 相应的锤击数。后两个 15cm 的锤击数之和被认为是标准贯入锤击数 N。如果贯入器在静重下发生下沉，应记录下沉量，然后打完剩余深度；当任意一次贯入 15cm 的锤击数达到 50 击、总锤击数已达到 100 击且贯入深度未达到 30cm 或者连续 10 击未见明显贯入时可提前终止试验

6.2.4　对标准贯入试验锤击数修正的有关研究概述

影响标准贯入试验 N 值的因素有很多，试验步骤、操作者技能水平、贯入器规格、落锤系统（包括落锤规格、锤垫规格、落锤释放装置类型）、钻杆类型、钻杆长度、钻杆垂直度、贯入器有无内衬、钻进方法、钻孔直径、锤击速率等都会对 N 值产生影响。对上述诸多因素，部分因素（如试验步骤、贯入器规格、钻杆类型、钻进方法、锤击速率等）可通过技术标准和设备规格来统一，但仍存在多个不确定的因素可能影响 N 值。

（1）中国标准对标准贯入试验锤击数修正的规定

传统上我国工程界只考虑对 N 值进行杆长修正，原《地基基础设计规范》GBJ 7—89 规定最大杆长修正长度为 21m，对应于该长度的修正系数为 0.70（表 6.8）。现行《岩土工程勘察规范》GB 50021—2001（2009 年版）规定："应用 N 值时是否修正和如何修正，应根据建立统计关系时的具体情况确定"。该规范条文说明指出，国内长期以来着重考虑杆长修正，杆长修正是依据牛顿碰撞理论，杆件系统质量不得超过锤重二倍，限制了标贯使用深度小于 21m，但实际使用深度已远超过 21m，最大深度已达 100m 以上；通过实测杆件的锤击应力波，发现锤击传输给杆件的能量变化远大于杆长变化时的能量的衰减，故建议不作杆长修正的 N 值是基本的数值，考虑到过去建立的 N 值与土性参数、承载力的经验关系所用 N 值均经杆长修正，而抗震规范评定砂土液化时，N 值又不作修正，故在实际应用 N 值时，应按具体工程问题，参照有关规范考虑是否作杆长修正或其他修正。

《地基基础设计规范》GBJ 7—89 杆长修正系数　　表 6.8

杆长 l/m	≤ 3	6	9	12	15	18	21
α_L	1.00	0.92	0.86	0.81	0.77	0.73	0.70

（2）美国标准对标准贯入试验锤击数修正的规定

美国标准指出不同 SPT 设备及操作人员在毗邻钻孔的同一土层中所得的 N 值变动幅度可达到或超过 100%，但是如果使用相同设备和人员则 N 值变异系数可以在 10% 以内，因此测定不同落锤系统能量效率并将其标准化到某个基准能量效率是非常重要的。美国标准规定了一个可选项，即在标准贯入试验时记录锤击能量比（ETR），这个数据可以是先前已测量的或者现场实测的。

美国标准未明确给出对标准贯入试验锤击数修正的具体规定，但在附录 X 中说明，使用校正后的 N_{60} 值进行设计已成为一种常见的做法。N_{60} 值是按 ASTM D6066（*Standard Practice for Determining the Normalized Penetration Resistance of Sands for Evaluation of Liquefaction Potential*，贯入阻力确定砂土液化潜势标准操作规程）的规定计算的，有关规定和计算公式在公开发表的多个论文中均有介绍，此处不多赘述。

6.2.5　标准贯入试验成果判别土层物理性质

（1）判别砂土密实度的对比

1）中国标准用 N 值判别砂土密实度的划分

中国《岩土工程勘察规范》GB 50021—2001（2009 年版）中第 3.3.9 条按标准贯入试验锤击数实测值 N 对砂土密实度进行了划分，如表 6.9 所示。

中国标准采用 N 值对砂土密实度的划分　　表 6.9

SPT 锤击数 N	密实度	SPT 锤击数 N	密实度
$N \leq 10$	松散	$15 < N \leq 30$	中密
$10 < N \leq 15$	稍密	$N > 30$	密实

2）美国标准采用 N 值对砂土密实度的划分

美国标准 D1586 附录 X2 给出标准贯入试验锤击数 N 将砂土密实状态划分为极松、松散、中密、密实和极密五种状态，划分标准如表 6.10 所示。

美国标准采用 N 对砂土密实度的划分　　表 6.10

SPT 修正值 $(N_1)_{60}$	密实度	SPT 修正值 $(N_1)_{60}$	密实度
$N \leqslant 4$	极松	$15 < N \leqslant 30$	中密
$4 < N \leqslant 10$	松散	$30 < N \leqslant 50$	密实
$10 < N \leqslant 15$	稍密	$N > 50$	极密

（2）判别黏性土稠度的对比

1）中国标准采用标准贯入试验锤击数对黏性土稠度的划分

中国标准《建筑地基检测技术规范》JGJ 340—2015 对 N 值进行杆长修正后，可以进行黏性土状态的分类，见表 6.11。《工程地质手册》（第五版）中提供了原冶金部勘察公司资料总结出来的经验关系，见表 6.12。

中国标准采用 N 值对黏性土稠度的划分　　表 6.11

I_L	N_k（修正后标准值）	状态
$0.75 < I_L \leqslant 1$	$2 < N_k \leqslant 4$	软塑
$0.50 < I_L \leqslant 0.75$	$4 < N_k \leqslant 8$	软可塑
$0.75 < I_L \leqslant 1$	$8 < N_k \leqslant 14$	硬可塑
$0.75 < I_L \leqslant 1$	$14 < N_k \leqslant 25$	硬塑
$0.75 < I_L \leqslant 1$	$N_k > 25$	坚硬

《工程地质手册》（第五版）N 值与黏性土稠度的经验关系　　表 6.12

SPT 锤击数 $N_手$	<2	2～4	4～7	7～18	18～35	>35
液性指数 I_L	>1	0.75～1	0.50～0.75	0.25～0.50	0～0.25	<0
土的状态	流塑	软塑	软可塑	硬可塑	硬塑	坚硬

注：上表中 SPT 锤击数 $N_手$是用手拉绳方法测得的，其值比机械化自动落锤方法所得锤击数 $N_机$略高，换算关系为：$N_手 = 0.74 + 1.12N_机$，适用范围为 $2 < N_机 < 23$。

2）美国标准采用标准贯入试验锤击数对黏性土稠度的划分

美国标准 D1586 根据 N 值对黏性土稠度的划分以及 N 值与无侧限抗压强度 q_u 经验关系见表 6.13。

美国标准根据 N 值对黏性土稠度划分及其与无侧限抗压强度的经验关系　　表 6.13

土的稠度	流塑	软塑	软可塑	软可塑	硬塑	坚硬
N 值	<2	2～4	4～8	8～15	15～30	>30
q_u（t/in^2）	<0.25	0.25～0.50	0.50～1.00	1.00～2.00	2.00～4.00	>4.00

6.3　平板载荷试验

平板载荷试验的基本原理是用刚性承压板模拟基础，而后在承压板上施加荷载模拟基础对地基的作用，通过记录所加荷载和对应沉降值来确定岩土体原位的垂直变形和强度特性，获取如极限承载力（ultimate bearing capacity）、抗剪强度（shear strength）、变形参数（deformation parameters）等指标，基本要求是将试验点设置于与拟采用基础岩土环境及埋深相同的地方（如对永久开挖地下室的基础，其实际埋深应理解为地下室地面或附加应力永久作用的深度，而不是从地表开始计算），如果不能满足，必须用适当的承载力理论来修正试验结果（修正因素包括基础形状、基础尺寸、地下水位等），且应保证试验位置处平整且未受扰动（主要体现在保持地基土原有湿度），一般认为平板载荷试验的作用深度大约为 2 倍承压板宽度或直径范围内的地层性质。

6.3.1　中美标准

中国现行标准涉及平板载荷试验的有：

（1）《土工试验方法标准》GB/T 50123—2019，为中华人民共和国国家推荐标准。

（2）《岩土工程勘察规范》GB 50021—2001（2009 年版），为中华人民共和国国家标准。

（3）《建筑地基基础设计规范》GB 50007—2011，为中华人民共和国国家标准。

（4）《建筑地基检测技术规范》JGJ 340—2015，为中华人民共和国行业标准。

（5）《建筑地基处理技术规范》JGJ 79—2012，为中华人民共和国行业标准。

上述几种中国标准关于平板载荷试验的规定差别不大，本节选定《土工试验方法标准》GB/T 50123—2019 与美国相关标准进行对比，下文中国标准如无特别说明，即指该标准。

美国现行标准涉及平板载荷试验的主要有：

（1）《静载和扩展基础地基承载力的标准试验方法》ASTM D1194-94（2003 撤回），*Standard Test Method for Bearing Capacity of Soil for Static Load and Spread Footings*。

（2）《用于机场和公路路面评价和设计的土壤和柔性路面部件的非重复静态平板载荷试验的标准方法》AASHTO T222-81（2008），*Standard Method of Test for Nonrepetitive Static Plate Load Test of Soils and Flexible Pavement Components for Use in Evaluation and Design of Airport and Highway Pavements*。

6.3.2　技术特点与适用范围

中美两种标准体系不同，中国标准《土工试验方法标准》GB/T 50123—2019、《岩土工程勘察规范》GB 50021—2001（2009 年版）、《建筑地基基础设计规范》GB 50007—2011、《建筑地基检测技术规范》JGJ 340—2015 等标准针对平板载荷试验的规定比较具体、详细，可操作性强，具有一定的强制性。

而美国 ASTM 标准和 AASHTO T222—81（2008）标准重原理阐释，具体规定较少。中美标准适用范围如表 6.14 所示。

中美标准载荷试验适用范围　　表 6.14

	中国国家推荐标准 GB/T 50123—2019	美国材料与试验协会 ASTM D1194—94（2003 年撤回）	美国国家公路和运输协会 AASHTO T222—81（2008）
适用对象	未限定	未限定	用于机场和公路路面
浅层平板载荷试验	适用于浅层地基土	未细分	未细分
深层平板载荷试验	适用于试验深度大于等于 5m 的深层地基土或大直径桩的桩端土。要求紧靠承压板外侧的土高度大于等于 0.8m		
螺旋板载荷试验	适用于黏土或砂土地基，用于深层地基土或地下水位以下地基土		

6.3.3　试验技术要求

中美标准关于载荷试验技术要点的对比见表 6.15。

中美标准载荷试验要求与方法对比　　表 6.15

	中国国家推荐标准 GB/T 50123—2019	美国材料与试验协会 ASTM D1194—94（2003 年撤回）	美国国家公路和运输协会 AASHTO T222—81（2008）
试验点数量	至少 3 个	至少 3 个，各点之间距离大于等于 5 倍所采用的最大承压板直径或宽度	未限定
设备组成及安装	规定了承压板材质、大小、形状、加荷装置的加载能力、沉降观测装置精度等。一般情况下，一般性土，承压板面积不得小于 $0.25m^2$，相应的直径不小于 564mm；对于软土，承压板面积不得小于 $0.5m^2$，相应的直径不小于 798mm	设备如何组装决定权在于监理工程师。 一般采用 3 块圆形承压板，厚度大于等于 25mm、直径 305～762mm，可以用面积相等的方形板代替。也可以在测试点处浇筑尺寸大于等于承压板的混凝土基座，且保证每个基座的嵌入深度大于等于 2/3 其宽度。 加载系统的支撑结构离试验点尽可能远，应大于等于 2.4m	加载系统的支撑点距离所采用的最大承压板圆周外应大于等于 2.4m，加载系统的恒载（dead load）应大于等于 5675kg。 承压板为圆形、钢质材质，厚度需大于等于 25.4mm、直径 152～762mm。为提高刚性，可采用多块进行金字塔式堆叠，此时上下相邻两块承压板直径相差需小于等于 152mm。该种钢制承压板也可使用厚度为 38mm 的 24ST 铝合金板来代替。 如果直接用于设计，建议至少使用 4 种不同尺寸的承压板进行试验；如果仅用于评估，可以只选择一种尺寸的承压板，且承压板的面积等于行驶车辆轮胎和地面接触面积即可。 如果是为了提供有关承载力的数据，也是任选一种规格的承压板即可

续表

	中国国家推荐标准 GB/T 50123—2019	美国材料与试验协会 ASTM D1194—94（2003 年撤回）	美国国家公路和运输协会 AASHTO T222—81（2008）
试验点空间及取样要求	对浅层、深层载荷试验点所在空间的大小作了规定。 试验前应保持试坑或试井底的土层避免扰动，在开挖试坑及安装设备中，应将坑内地下水位降至坑底以下，并防止因降低地下水位而可能产生破坏土体的现象。 试验前应在试坑边取原状土样 2 个，以测定土的含水率和密度。 对螺旋板载荷试验，应选择适宜尺寸的螺旋承压板旋钻至预定深度，旋钻时应控制每旋转一周钻进一螺距，尽可能减小对土体的扰动程度	未限定试验空间大小。 应保持试验点地基土天然湿度不变。如果可预期试验点处将会被浸润（如水工结构），可将试验点提前加湿到所需的程度，加湿深度大于等于 2 倍所采用的最大承压板直径	为了防止试验期间土层含水率变化，在承压板圆周 2m 范围内应采用防水布覆盖。 要求采取地基土原状样，以对现场试验所得参数进行饱和度校正。试样要求足够大，以便在同一高度上制备两个固结仪试样。 当直接在黏性土地基上试验时，在试验的相同高程处（承压板旁而非承压板下方）采取原状样；如果试验在粗颗粒基层（其下仍是黏性土层）中进行，当基层厚度不超过 1.9m 时，应在基层底部采取黏性土原状样。 对无约束试验（unconfined load test），试坑底部宽度应大于等于 2 倍承压板宽度，以消除超载或周围土约束作用，类似中国标准的浅层载荷试验。如果路基是由填土材料组成，应使用施工时拟采用的含水率和密度建造一个高度大于等于 762mm 的测试路堤。 对约束试验，试坑底部空间应刚好等于承压板直径，类似中国标准的深层载荷试验
预加载或系统就绪过程			以下两种就绪程序任选： （1）路面设计厚度小于380mm时，施加 6.9kPa 荷载使加载系统和承压板就位；路面设计厚度大于等于 380mm 时，所加荷载为 13.8kPa。保持这些荷载，直到整个系统的初始变形完全结束。此时系统中 3 个百分表的读数记作“零读数（zero reading）”、6.9kPa 或 13.8kPa 记做“零载荷（zero load）”。 （2）所有设备安装到位后（所有恒载已加上），可通过快速施加和卸载一个可产生 0.25mm 到 0.5mm 沉降的荷载使加载系统和承压板就位。当该荷载卸载后，百分表指针自动回位，通过再次施加大小为该荷载一半的新荷载，使承压板和系统二次就位。再次卸载后，等待百分表指针回位，将每个百分表准确设置在零点标记处（zero mark）

续表

	中国国家推荐标准 GB/T 50123—2019	美国材料与试验协会 ASTM D1194—94（2003 年撤回）	美国国家公路和运输协会 AASHTO T222—81（2008）
加荷规定	应采用分级维持荷载沉降相对稳定法（常规慢速法），有地区经验时，可采用分级加荷沉降非稳定法（快速法）或等沉降速率法。加荷等级宜取 10～12 级，并不应少于 8 级，最大加载量不应小于设计要求的 2 倍。 对螺旋板载荷试验有单独规定	以不超过 95kPa 或不超过 1/10 地基预估承载力的相等增量逐级加载，每级加载后应维持相等的时间，但需大于等于 15min。 更长的维持时间可以通过观察到沉降停止或沉降速度变得均匀来确定。无论选择多长的加荷保持时间，选定后就应在试验全过程中保持一致	
正式加载及卸载过程	每级荷载作用下都必须保持稳压，由于地基土的沉降和设备变形等都会引起荷载的减小，试验中应随时观察压力变化，使所加的荷载保持稳定。 稳定标准可采用相对稳定法，即每施加一级荷载，待沉降速率达到相对稳定后再加下一级荷载。 明确规定了多种终止条件，可用于确定极限荷载。 当需要卸载观测回弹时，每级卸载量可为加载增量的 2 倍，每卸一级荷载后，间隔 15min 观测一次，1h 后再卸第二级荷载，荷载卸完后继续观测 3h。 对螺旋板载荷试验有单独的规定	两种方法供选择： （1）试验需进行至达到峰值荷载（peak load）或荷载增量与沉降增量之比达到最小、稳定的幅度（a minimum, steady magnitude）；如果加载能力足够，可以一直加载至总沉降量至少≥ 10% 承压板直径，或者加载至地基明显破坏。 加载停止后，以 3 个大致相等的间隔完成卸载，记录回弹量（rebound deflections）直到变形停止或记录时长≥之前加载的时长间隔（time interval of loading）。 （2）等速率沉降法。以约等于 0.5% 承压板直径的沉降增量来控制施加荷载增量。 在每级沉降增量达到后，在固定的时间点，例如 30s、1min、2min、4min、8min 和 15min 等测量荷载，直到所测荷载停止变化或荷载 - 对数时间曲线上出现线性。 试验终止及卸载要求同方法（1）	待初始设置完成，保持施加的就位荷载，即可开始试验，有以下两种试验流程； （1）至少分 6 次进行等量加载，每级荷载保持时长应使连续 3min 内的平均变形均小于等于 0.02mm/min。一直加载，以加载系统能力限值或要求的沉降值二者任一先达到为止，此时，保持最终荷载，保持时长应使连续 3min 内的变形均小于等于 0.02mm/min。而后开始卸载，卸载至百分表读数等于 0 时，保持此时的“0 读数荷载”直至 3min 内的回弹量小于等于 0.02mm，记录此时的沉降为“0 读数沉降”。 （2）施加两次荷载增量，每次 34.5kPa，每次施加后保持时长为使连续 10min 内变形量小于等于 0.02mm/min。在完成两次加载共 69.0kPa 后，以百分表“零读数”和加载完成后的“总读数”的平均值来确定平均变形量

6.3.4 资料整理与成果应用

中美标准平板载荷试验数据处理和成果应用对比见表 6.16。

荷载试验中美标准资料整理与成果应用对比　　表 6.16

计算参数及方法	中国国家推荐标准 GB/T 50123—2019	美国材料与试验协会 ASTM D1194—94 （2003 年撤回）	美国国家公路和运输协会 AASHTO T222—81（2008）
未经修正的地基反力模量（uncorrected modulus of soil reaction）k_u'			$k_u'=\dfrac{69}{平均变形量}$。如果 $k_u'<$ 54.3kPa/mm，则认为测试完成，可以卸荷；如果大于等于 54.3kPa/mm，则以 34.5kPa 增量继续加载，直到总荷载达到 207kPa，每次加载仍需要保持连续 10min 内变形量平均小于等于 0.02mm/min

续表

计算参数及方法	中国国家推荐标准 GB/T 50123—2019	美国材料与试验协会 ASTM D1194—94（2003 年撤回）	美国国家公路和运输协会 AASHTO T222—81（2008）
成果曲线的绘制与修正	绘制 p-s 曲线，必要时绘制 s-t 曲线或 s-lg$t$ 曲线。 如果 p-s 曲线的直线段延长不经过（0，0）点，应采用图解法或最小二乘法进行修正		当 $k_u' < 54.3$kPa/mm 时，无需绘制荷载－变形曲线；当 $k_u' \geqslant 54.3$kPa/mm 时，需要绘制，且在曲线不过原点时需要修正，修正时需要有充分的工程判断。 一般来说，69～207kPa 的荷载－变形曲线接近于一条直线。校正方法是，画一条通过原点的直线，与曲线的直线部分平行；如果曲线全程均为非线性，须基于曲线上曲率最小区域内至少三点的平均斜率绘制修正直线
经过饱和度修正后的地基反力模量 K			除评估完工 3 年以上路面或无黏性土上路面无需进行饱和度修正外，其他黏性土条件下均可以计算，$K = k_u\left[\dfrac{d}{d_s}+\dfrac{b}{1905}\left(1-\dfrac{d}{d_s}\right)\right]$。需要在试验点处采取原状样进行固结试验，式中， k_u 为经过承压板弯曲修正后的地基反力模量（kPa/mm）； d 为天然含水率试样在固结仪中受 69.0kPa 荷载下的变形量（mm）； d_s 为饱和试样在固结仪中受 69.0kPa 荷载下的变形量（mm）； b 为基层材料厚度（mm）

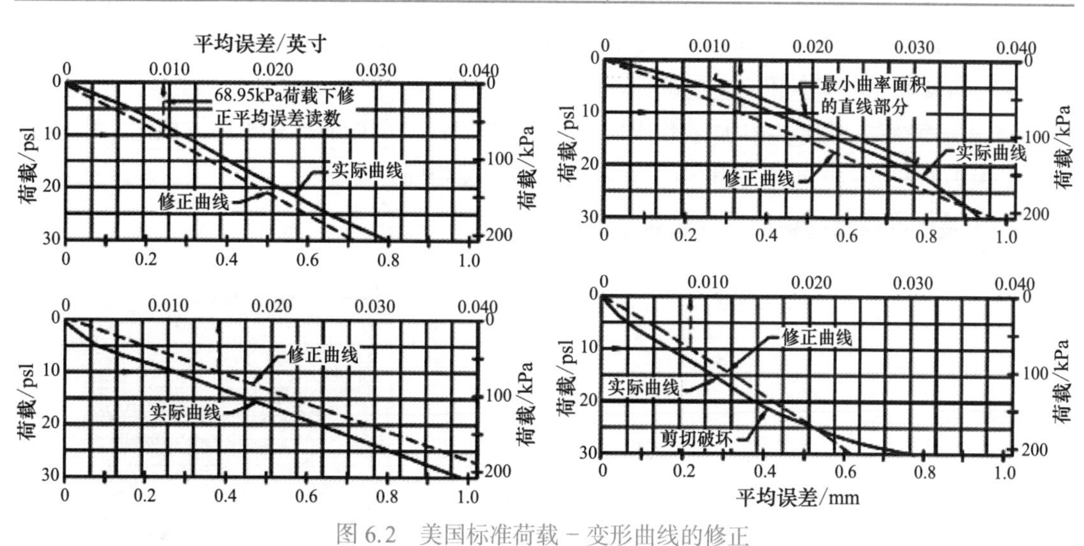

图 6.2　美国标准荷载－变形曲线的修正

6.4　扁铲侧胀试验

扁铲侧胀试验（DMT）是岩土工程勘察一种新兴的原位测试方法，试验时将接在探杆上的扁铲测头压入土中预定深度，然后施加压力，使位于扁铲测头一侧面的圆形钢膜向土内膨胀，量测钢膜膨胀三个特殊位置（A、B、C）的压力，通过这几个压力参数计算获得多种岩土力学参数。扁铲侧胀试验一般适用于软土、一般黏性土、粉土、黄土和松散—中密的砂土。在密实的砂土、杂填土和含砾土层及风化岩中，因膜片容易损坏，一般不宜采用。

扁铲侧胀试验可以认为是一种特殊的旁压试验，它的优点在于简单、快速、重复性好、经济便捷，因此在国外近些年发展很快。扁铲侧胀试验在中国的应用和经验积累总体较少（个别地区，如上海和西安，已积累了较多的地方经验），主要围绕传统岩土领域展开，且处于探索阶段。中美两国的扁铲侧胀试验（Flat Plate Dilatometer）基本类似。

6.4.1 中美标准

中国现行的扁铲侧胀试验相关标准有：

（1）《建筑地基检测技术规范》JGJ 340—2015，中华人民共和国国家行业标准。

（2）《岩土工程勘察规范》GB 50021—2001（2009 年版），中华人民共和国国家标准。

美国现行的扁铲侧胀试验相关标准为：

《扁铲侧胀标准试验方法》ASTM D6635–15，*Standard Test Method for Performing the Flat Plate Dilatometer*。

6.4.2 设备规格及适用范围

中国标准扁铲侧胀试验探头结构图和主要部件图分别见图 6.3 和图 6.4，美国标准扁铲侧胀试验设备结构件图见图 6.5，中美扁铲侧胀试验设备规格对比见表 6.17，可以看出两国标准规定的设备规格基本相同，局部存在细微规格差别，主要如下：

① 从扁铲测头对比，中国标准规定了探头的长度，美国标准未做具体规定，中美标准规定探头的宽度和厚度差别很小，侧面膜片的直径相同。

② 中美标准规定的扁铲贯入设备基本一致。

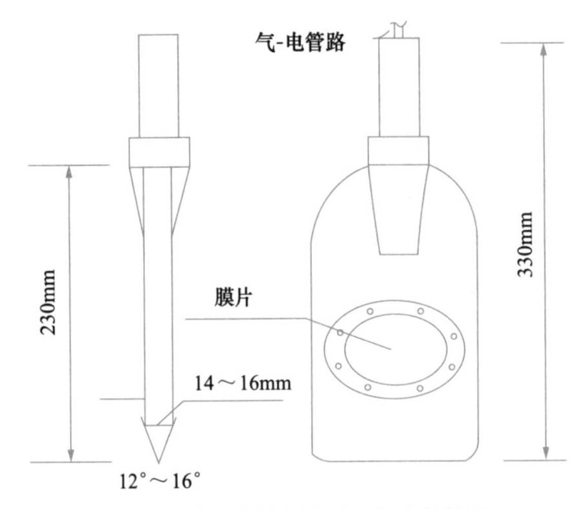

图 6.3　中国扁铲侧胀试验探头结构图

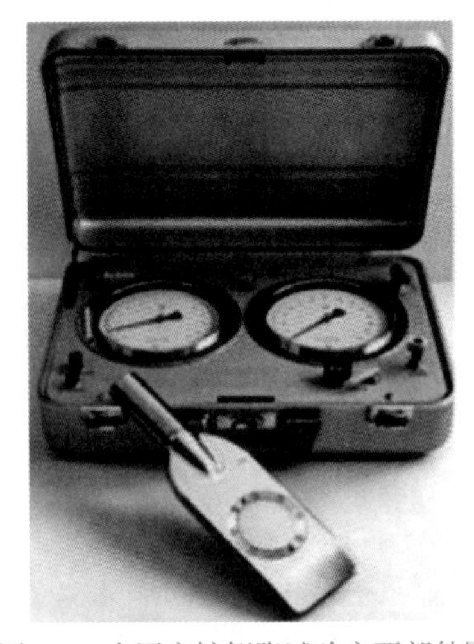
图 6.4　中国扁铲侧胀试验主要部件图

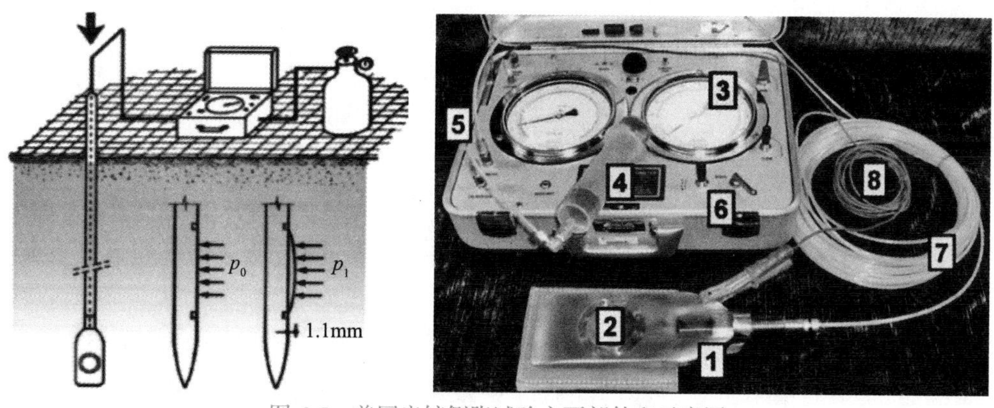

图 6.5 美国扁铲侧胀试验主要部件和示意图

中美扁铲侧胀试验设备规格对比表 表 6.17

标准国别	器材构件及规格		
	扁铲测头	贯入设备	测控箱
中国	扁铲侧胀试验探头长 230～240mm、宽 94～96mm、厚 14～16mm；探头前缘刃角 120°～160°，探头侧面钢膜片的直径为 60mm	静力触探机具（优先）或标准贯入试验机具	测控箱内装气压控制管路，控制电路及各种指示开关；测控箱与 1m 长的气－电管路、气压计、校正器等率定附件组成的率定装置
美国	探头叶片宽 96mm（95～97mm），厚 15mm（13.8～15mm）探头侧面钢膜片的直径为 60mm	静力触探机具或标准贯入试验机具	精度为 0.5% 的压力读数系统及控制单元

③ 适用范围

中国和美国标准扁铲侧胀试验的适用范围见表 6.18，可以看出两者基本类似，均为软土类、黏性土类和可穿透的砂土类。

中美两国扁铲侧胀试验标准适用范围对比 表 6.18

标准国别	适用范围
中国	适用于软土、一般黏性土、粉土、黄土和松散—中密的砂土
美国	适用膨胀片可穿透的砂土、淤泥、黏土和有机土（最好为可静力贯入土层）

6.4.3 试验技术要求与数据处理

中国和美国标准对扁铲侧胀试验的技术要求及数据处理的有关规定没有太大的差异，但在试验探头贯入形式、试验操作和数据记录要求等方面有少许差异，主要如下：

① 关于膨胀片贯入速度，中国标准规定宜为 2cm/s；美国标准规定为 1～3cm/s。

② 关于试验点间距，中国标准规定可取 20～50cm；美国标准规定可取 15～30cm。

③ 关于扁铲侧胀消散试验的测读时间，中国标准规定可取 1min、2min、4min、8min、15min、30min、90min，以后每 90min 读一次直至消散结束；美国标准未作具体规定。

④ 关于试验实测数据的处理，中国标准和美国标准的规定基本是一致的。

6.5 静力触探试验

静力触探试验（cone penetration test，CPT）是用静力将探头以一定速率压入土中，利用探头内的力传感器，通过电子量测器将探头受到的贯入阻力记录下来，贯入阻力可以反映土的工程性质。

静力触探试验是中美标准体系及工程实践中应用较为广泛的原位测试技术，通过实践，积累了大量的用于工程实践的经验计算公式，取得了很好的应用效果。静力触探试验的优点是试验速度快、劳动强度低、清洁、经济等，通过静力触探试验可获得比贯入阻力、锥尖阻力和贯入时的孔隙水压力，并用于划分土层、评价地基土的工程特性等。

6.5.1 中美标准

静力触探试验分为机械式静力触探试验和电子式静力触探试验。机械式静力触探操作较为繁杂，普遍认为不适用在我国使用，国外也仅有部分区域使用，因此本节仅对电子式静力触探试验进行对比。

中国现行的有关静力触探试验标准有：

（1）《土工试验方法标准》GB/T 50123—2019，中华人民共和国国家推荐标准。

（2）《岩土工程勘察规范》GB 50021—2001（2009 年版），中华人民共和国国家标准。

（3）《建筑地基检测技术规范》JGJ 340—2015，中华人民共和国行业标准。

美国现行的有关静力触探试验标准有：

《土壤电子式静力触探试验的标准试验方法》ASTM D5778—20，*Standard Test Methods for Electronic Friction Cone and Piezocone Penetration Testing of Soils*。

本节以《土工试验方法标准》GB/T 50123—2019 与美国 D5778—20 的有关规定进行对比，下文分别称之为“中国标准”和“美国标准”。

6.5.2 设备规格及适用范围

1）设备规格对比

中美两国标准规定的静力触探试验仪器设备规格基本类似，都是由触探主机、反力装置、探头、探杆和量测仪组成（图 6.6）。中美静力触探探头类型见表 6.19，探头规格见表 6.20。

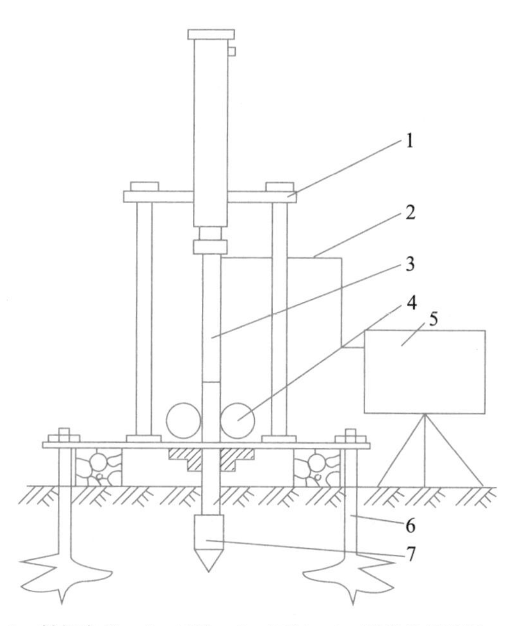

1—触探主机；2—导线；3—探杆；4—深度转换装置；
5—测量记录仪；6—反力装置；7—探头

图 6.6　中国静力触探试验设备结构示意图

中美静力触探试验探头类型　　表 6.19

名称		测量数据
电子静力触探（electronic friction cone and piezocone penetration）	减法型探头（subtraction-type cone）	端阻力 q_c、侧阻力 f_s
	压缩型探头（compression-type cone）	端阻力 q_c、侧阻力 f_s
	拉力型探头（tension-type cone）	端阻力 q_c、侧阻力 f_s
	电子孔压静探探头（electronic piezocone）	端阻力 q_c、侧阻力 f_s、孔隙水压 u_0
中国静力触探	单桥探头	比贯入阻力 P_s
	双桥探头	端阻力 q_c、侧阻力 f_s
	孔压静探探头	端阻力 q_c、侧阻力 f_s、孔隙水压 u

中美静力触探试验探头规格　　表 6.20

名称	规格					
	锥角 / °	锥底截面积 /cm^2	锥底直径 /mm	摩擦筒直径 /mm	摩擦筒长度 /mm	摩擦筒面积 /cm^2
电子静力触探（electronic friction cone and piezocone penetration）	60±5	10	35.7	d_c～d_c + 0.35	—	150（1±2%）
	60±5	15	43.7	d_c～d_c + 0.35	—	225（1±2%）
中国单桥探头	60±1	10	35.7～35.88	—	57±0.28	—
	60±1	15	43.7～43.92	—	70±0.35	—
	60±1	20	50.4～50.65	—	81±0.40	—

续表

名称	规格					
	锥角 / °	锥底截面积 /cm^2	锥底直径 /mm	摩擦筒直径 /mm	摩擦筒长度 /mm	摩擦筒面积 /cm^2
中国双桥探头（孔压静探探头）	60±1	10	35.7～35.88	d_c～d_c + 0.18	134±0.70	150
	60±1	10	35.7～35.88	d_c～d_c + 0.18	179±0.90	200
	60±1	15	43.7～43.92	d_c～d_c + 0.22	219±1.10	300
	60±1	20	50.4～50.65	d_c～d_c + 0.25	189±0.95	300

注：d_c 为锥底直径；美国标准的探头规格为建议值，在某些应用可能需要更小的锥底截面积，探头的其他设计尺寸应该根据直径比的平方根成比例调整。

2）仪器设备的校准与标定

中美标准对仪器设备的校准与标定都作了详细的描述，其中包括探头测力传感器、仪器、电缆等。

3）适用范围

中国和美国标准规定的静力触探试验的适用范围见表 6.21。

中美两国静力触探试验标准适用范围　　表 6.21

标准国别	适用范围
中国	软土、一般黏性土、粉土、砂土或含少量碎石的土层
美国	土类

6.5.3 试验技术要求

中美两国静力触探试验标准技术要求对比见表 6.22。

中国和美国标准对静力触探试验的技术要求并没有太大的差异，试验前的准备工作，探头的贯入速度以及试验终止条件都是类似的。

中美两国静力触探试验标准技术要求对比　　表 6.22

试验步骤	美国标准	中国标准
试验前准备工作	在开始探测之前，应进行现场调查，以确保不会遇到诸如架空和地下公用设施等危险。接下来，应将推力机放置在探测位置上方，并降低调平千斤顶，以将机器质量从悬挂系统上升起（如果推力机的自重用于产生所需的反作用力），或放置地锚（如果用于产生所需反作用力）。之后，应确保贯入仪推力系统的液压闸板尽可能接近垂直。 应检查探杆的直线度和永久弯曲。对于使用电缆的锥体，电缆通过推杆预绞。根据需要，应在探杆串上添加减摩器。 应在测深前后检查探头是否损坏和磨损。在非常软且敏感的土中，如果需要准确的套管数据，则应在每次探测后按照制造商的建议清洁和润滑探头。如果探测后发现损坏，应记录该信息	平整试验场地，设置反力装置。将触探主机对准孔位，调平机座，用分度值为 1mm 的水准尺校准，并紧固在反力装置上。 将已穿入探杆内的传感器引线按要求接到量测仪器上，打开电源开关，预热并调试到正常工作状态。 贯入前应试压探头，检查顶柱、锥头、摩擦筒等部件工作是否正常。当测孔隙压力时，应使孔压传感器透水面饱和。正常后将连接探头的探杆插入导向器内，调整垂直并紧固导向装置，必须保证探头垂直贯入土中。启动动力设备并调整到正常工作状态。 采用自动记录仪时，应安装深度转换装置，并检查卷纸运转是否正常；采用电阻应变仪或数字测力仪时，应设置深度标尺

续表

试验步骤	美国标准	中国标准
具体试验操作步骤	将探头按（20.0±5）mm/s 匀速贯入土中。 锥体端阻力和侧阻力应随深度连续测量，并以不超过 50mm 的深度间隔记录。通常在 20mm 或 10mm 的间隔读数下可获得更高的分辨率。 在探测过程中，应持续监测探头尖端和摩擦套筒的阻力，以确定是否有正确操作的迹象。监控其他指示器（如闸板压力或倾斜度）有助于确保在遇到高阻力层或障碍物时不会发生损坏。 如果首先对非饱和土进行试验，并希望在地下水以下获得准确的孔隙水压力，则可能需要预钻孔或向地下水位打孔。在很多情况下，孔压锥流体系统在通过非饱和土或在潜水面以下的砂层膨胀过程中可能会发生降低饱和度，这会对动力响应产生不利影响。 当测定孔隙水压力消散时，应在预定的深度或土层停止贯入	将探头按（1.2±0.3）m/min 匀速贯入土中 0.5～1.0m 左右，冬季应超过冻结线，然后稍许提升 5～10cm，使探头传感器处于不受力状态。待探头温度与地温平衡后（仪器零位基本稳定），将仪器调零或记录初读数，即可进行正常贯入。在深度 6m 内，一般每贯入 1～2m，应提升探头检查温漂并调零；6m 以下每贯入 5～10m 应提升探头检查回零情况，当出现异常时，应检查原因及时处理。 贯入过程中，当采用自动记录时，应根据贯入阻力大小合理选用供桥电压，并随时核对，校正深度记录误差，做好记录；使用电阻应变仪或数字测力计时，一般每隔 0.1～0.2m 记录读数 1 次。 孔压探头在贯入前，应采用抽气饱和等方法确保探头应变腔为已排除气泡的液体所饱和，并在现场采取措施保持探头的饱和状态，直至探头进入地下水位以下的土层为止，在进行孔压静探过程中应连续贯入，不得中间提升探头。 当测定孔隙水压力消散时，应在预定的深度或土层停止贯入，立即锁定钻杆并同时启动测量仪器，测定不同时间的孔隙水压力消散值，直至基本稳定，在消散过程中不得碰撞和松动探杆。 为保证探头孔压系统的饱和，在地下水位以上的部分应预先开孔，注水后再进行贯入
试验终止	在达到最终探测深度后，应尽快收回探杆和探头，并在空载状态下获得探头的最终基线读数。 完全收回探头后，检查探头是否正常运行	当贯入预定深度出现下列情况之一时，应停止贯入： （1）触探主机达到额定贯入力，探头阻力达到最大容许压力； （2）反力装置失效； （3）发现探杆弯曲已达到不能容许的程度。 试验结束后应及时起拔探杆，并记录仪器的回零情况。探头拔出后应立即清洗上油，妥善保管，防止探头被曝晒或受冻

6.5.4　计算、制图和记录

中美标准对静力触探试验的计算、制图和记录要求见表 6.23。由该表可见中国和美国标准对静力触探试验的计算、制图并没有太大的差异。

中美标准对静力触探试验的计算、制图和记录要求　　表 6.23

项目	美国标准	中国标准
原始数据处理	—	零点读数：当有零点漂移时，一般按回零段内以线性内插法进行校正，校正值等于读数值减零读数内插值； 记录深度与实际深度有误差时，应按线性内插法进行调整

续表

项目	美国标准	中国标准
土力学参数计算	锥头阻力 $q_c = Q_c/A_c$； 式中，Q_c为锥头所受力（kN）；A_c为锥头基底面积（m^2）。 校正锥头阻力 $q_t = q_c + \mu_2(1-a_n)$； 式中，μ_2为锥尖后侧立即产生的孔隙水压力（kPa）；a_n为净面积比。 侧壁摩阻力 $f_s = Q_s/A_s$； 式中，Q_s为摩擦筒所受力（kN）；A_c为摩擦筒表面积（m^2）。 摩阻比 $R_f = (f_s/q_c)\cdot 100$。 平衡孔隙水压力 $\mu_0 = h_w \cdot \gamma_w$； $\mu_0 = (z - z_w)\cdot\gamma_w$； 式中，$h_w$为水位高度（m）；$\gamma_w$为水的重度（$kN/m^3$）；$z$为水位高度（m）；$z_w$为地下水位（潜水表面）高度（m）。 校正后的锥头阻力 $Q_t = (q_t - \sigma_{vo})/\sigma_{vo}'$； 校正后的孔隙水压力 $B_q = \Delta\mu_2/(q_t - \sigma_{vo})$； 校正后的摩阻比 $F_r = f_s/(q_t - \sigma_{vo})$； 式中，$\Delta\mu_2$为超静孔隙水压力（$\mu_2 - \mu_0$）；$\mu_0$为静水压力；$\sigma_{vo}$为总竖直覆盖层应力；$\sigma_{vo}'$为有效覆盖层应力（$\sigma_{vo} - \mu_0$）	比贯入阻力 $P_s = k_p\varepsilon_p$； 锥头阻力 $q_c = k_q\varepsilon_q$； 侧壁摩阻力 $f_s = k_f\varepsilon_f$； 孔隙水压力 $\mu = k_\mu\varepsilon_\mu$； 摩阻比 $F_m = f_c/q_c$； 式中：k_p、k_q、k_f、k_μ——P_s、q_c、f_s、μ对应的率定系数（kPa/με 或 kPa/mV）； ε_p、ε_q、ε_f、ε_μ——单桥探头、双桥探头、摩擦桶及孔压探头传感器的应变量或输出电压（με 或 mV）。 静探径向固结系数 $C_h = R_t^2/t_{50}\times T_{50}$； 式中，$T_{50}$为与圆锥几何形状、透水板位置有关的相应于孔隙压力消散度50%的时间因数（对锥角60°、截面积为10cm^2、透水板位于锥底处的孔压探头，取 $T_{50} = 5.6$）； R_t为探头圆锥底半径（cm）； t_{50}为实测孔隙消散度达50%的经历时间（s）
制图	以深度H为纵坐标，以锥头阻力q_c、校正锥头阻力q_t、侧壁摩阻力f_s、摩阻比R_f及平衡孔隙水压力μ_0为横坐标，绘制相关关系曲线	以深度H为纵坐标，以锥头阻力q_c（或比贯入阻力P_s）、侧壁摩阻力f_s、摩阻比F及孔隙压力u为横坐标，绘制q_c-H、P_s-H、F-H及u-H关系曲线。 将消散数据归一化为超孔隙压力，消散度$\bar{U}$应按下式计算：$\bar{U} = (\mu_t - \mu_0)/(\mu_i - \mu_0)$； $\bar{U}$为t时孔隙水压力消散度（%）； μ_t为t时孔隙水压力实测值（kPa）； μ_0为初始孔隙水压力，即静水压力（kPa）； μ_i为开始时孔隙水压力（kPa）； 以消散度为纵坐标，以时间为横坐标，绘制$\bar{U}$-lg$t$的关系曲线

6.6 波速试验

在地层介质中传播的弹性波可分为体波和面波。体波又可分为压缩波（P 波）和剪切波（S 波），剪切波的垂直分量为 SV 波，水平分量为 SH 波；在地层表面传播的面波可分为瑞利波（R 波）和勒夫波（L 波）。体波和面波在地层介质中传播的特征和速度各不相同，由此可以在时域波形中加以区别。

波速试验的主要方法有 3 种：① 单孔法。在地面或者孔内激振，检波器在一个垂直钻孔中接收，自上而下（或自下而上）按地层划分，逐层进行检测，计算每一地层的 P 波或 S 波。② 跨孔法。在两个以上垂直钻孔内，自上而下（或自下而上），按地层划分，在同一地层的水平方向上一钻孔中激发，另外钻孔中接收，逐层检测水平地层的直达 SV 波。③ 瑞利波法。利用稳态振源在地表施加强迫振动，其能量以地震波的形式向四周扩展，在振源的周围产生一个随时间变化的正弦波振动。通过设置在地面上的两个检波器监测输出波波峰之间的时间差，可计算瑞利波的波速。

利用波速试验结果，可计算出岩土层的动弹性模量、动剪切模量、动泊松比等岩土力学参数，相关参数可用于进行场地类别划分、判断地基土液化可能性、评价地基土类别和检验地基加固效果等。

6.6.1　中美标准

波速试验分为单孔法、跨孔法和瑞利波法。因未找到美国关于瑞利波法的相关标准，本节仅对中美单孔法和跨孔法波速试验进行对比。中国和美国现行的相关标准为：

1)《岩土工程勘察规范》GB 50021—2001（2009 年版），中华人民共和国国家标准。

2)《土工试验方法标准》GB/T 50123—2019，中华人民共和国国家推荐标准。

3)《单孔法地震试验的标准试验方法》ASTM D7400/D7400M-19，*Standard Test Methods for Downhole Seismic Testing*。

4)《跨孔法地震试验的标准试验方法》ASTM D4428/D4428M-14，*Standard Test Methods for Crosshole Seismic Testing*。

6.6.2　设备规格对比

中美两国主要标准规定的波速试验仪器设备规格基本类似，都是由激振器、检波器、记录器等设备组成（图 6.7 和图 6.8），其中美国标准对放大器、测斜仪以及零时触发器等设备没有详细说明。中美标准对激振器、检波器、记录器等仪器设备规格都作了规定，总的来说是类似的，但在具体表述以及精度有些许差异，详见表 6.24。

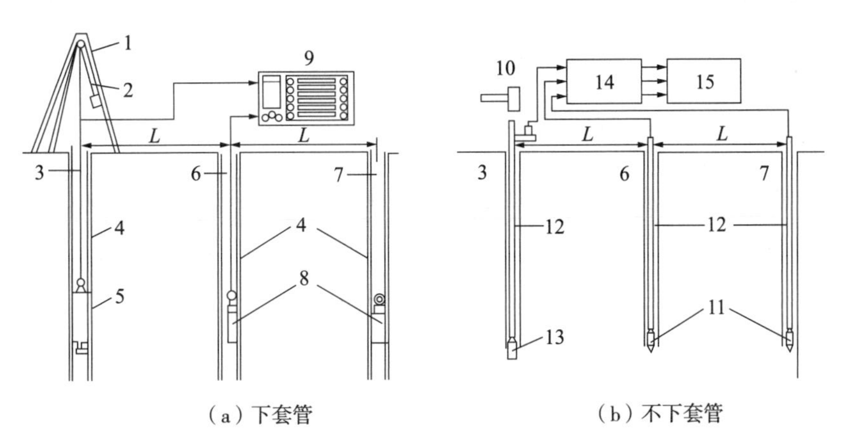

（a）下套管　　（b）不下套管

1—三脚架；2—绞车；3—振源孔；4—套管；5—井下剪切波锤；6—接收孔 1；7—接收孔 2；8—井下检波器；9—信号增强地振仪；10—锤子；11—检波器；12—钻杆；13—取土器；14—测振放大器；15—振子示波器

图 6.7　中国波速试验（跨孔法）设备结构示意图

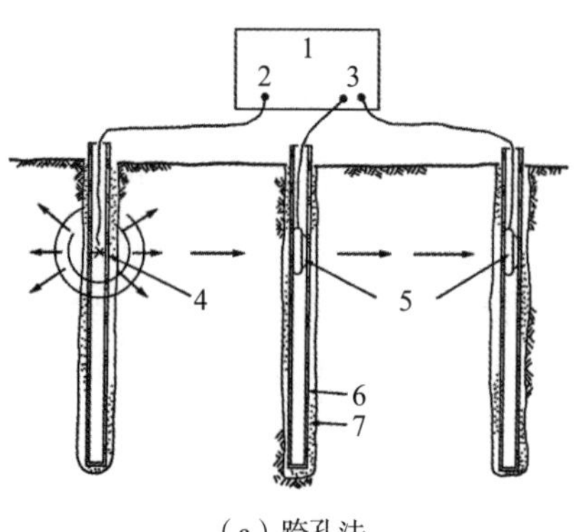

（a）跨孔法

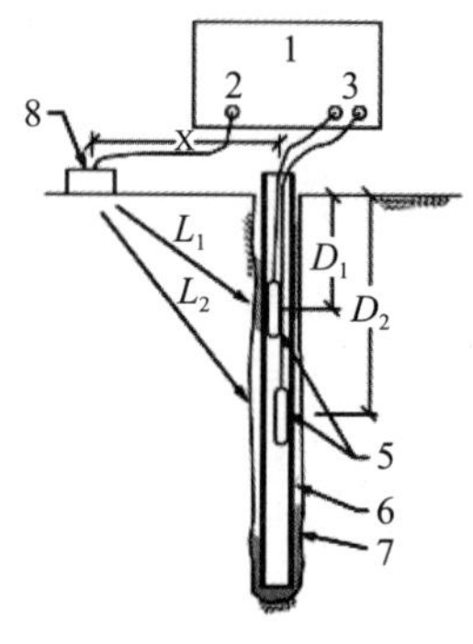

（b）单孔法

图 6.8 美国波速试验设备结构示意图

1—地震记录仪；2—触发器；3—信号输入；4—震源；5—接收器；6—套管；7—水泥浆封底；8—击震板

中美波速试验仪器设备对比表 表 6.24

设备名称	设备规格	
激振器	美国标准	P 波激振器可采用炸药、锤子或者气枪。S 波激振器产生的能量应当垂直于地面，脉冲或振动 S 波也可行，但波源必须可重复；剪切梁是 SH 波能量源的一种常见方式
	中国标准	可采取机械振源、电火花等，但主要采取能正反向下重复激振的井下剪切波锤
检波器	美国标准	单孔法：首选三分量检波器；但是也可以采取单分量和双分量检波器，前提是注意将检波器定向在平行于 S 波波源方向或者 P 波径向方向。检波器的频率应在 0.5～2 倍场地特定 S 波列卓越频率范围内变化不超过 5%。 跨孔法：采用三分量检波器，其谐振频率一般在 10Hz 以下
	中国标准	采用三分量检波器，其谐振频率一般为 8～27Hz
放大器	美国标准	—
	中国标准	采用低噪声多通道放大器，噪声水平应低于 2μV，相位一致性偏差应小于 0.1ms，并配有可调的增益装置，电压增益应大于 80dB，不应采用信号滤波装置
记录器	美国标准	单孔法：精确到＜ 1% 的近似相对到达时间 跨孔法：计时精度应为 0.1ms
	中国标准	最大允许误差应为 1～2ms
测斜仪	美国标准	灵敏度 0.3°
	中国标准	应能测量 0° ～360° 的方位角及 0° ～30° 的倾角，倾角测量允许差值应为 0.1°
零时触发器	美国标准	—
	中国标准	升压时间延迟应不大于 0.1ms
套管	美国标准	内径为 50～100mm 的硬聚氯乙烯塑料管或者铝套管；也可不使用套管，但不建议
	中国标准	内径为 76～85mm，壁厚为 6～7mm 的硬聚氯乙烯塑料管

6.6.3 试验技术要求对比

中美两国波速试验标准技术要求对比见表 6.25 和表 6.26。

中美两国波速试验（跨孔法）标准技术要求对比　　表 6.25

试验步骤	美国标准	中国标准
试验前准备工作	建议一组试验布置 3 个或者更多的排成一行的钻孔（两个孔也可以，但是冗余度低）；钻孔间距测量精度必须达到 ±0.02m，钻孔方位角测量精度必须达到 ±1°，钻孔高程测量精度必须打到 ±0.1m。 振源孔与第一个接收孔间距应该为 1.5～3.0m，接收孔间距应该为 3.0～6.0m；对于 2 个钻孔，振源孔与接收孔间距应该为 1.5～5.0m； 跨孔钻孔进行井斜测量，使用能够精确测量每孔垂直线形的仪器。仪器必须具有确定倾斜度的能力，灵敏度为 0.3°；由此获得的信息将使调查人员能够计算出钻孔内任何深度的水平位置，从而可以计算出钻孔之间的实际距离； 以最小的侧壁干扰钻出所需钻孔，钻孔完成后，考虑井下接收器的尺寸，用内径为 50～100mm 的 PVC 管或铝套管进行钻孔； 在孔壁与套管的间隙内灌浆或用砂充填；灌浆混合物的配制应接近固化后周围现场材料的密度；钻孔穿透岩石的那部分应用常规硅酸盐水泥灌浆，该水泥将硬化至约 $22kN/m^3$ 的密度。与土、砂子或砾石接触的钻孔部分应使用模拟介质平均密度（约 $18～19kN/m^3$）的混合物灌浆； 锚定套管并使用能够将灌浆通过灌浆管输送到底部的常规循环泵泵送灌浆，从钻孔底部向上移动套，使用此办法，钻孔侧壁和套管之间的环形空间将以均匀的方式从下到上填充； 在使用钻孔进行井下测试之前，保持套管锚固并让灌浆凝固。如果在钻孔口附近发生收缩，则应添加额外的灌浆，直到环形空间与地面齐平；在某些情况下，可以不使用套管，但是在试验过程中，接收器必须与钻孔侧壁保持牢固接触	振源孔和测试孔应布置在一条直线上，试验孔应尽量布置在地表高程相差不大的地段，若地表起伏较大，必须准确测量孔口高程； 一组试验布置 3 孔，试验孔的间距，在土层中宜取 2～5m，在岩层中宜取 8～15m，测点垂直间距宜取 1～2m，近地表测点宜布置在 2/5 孔距的深处，振源和检波器应置于同一地层的相同标高处，并绘制钻孔柱状图； 先将一组试验孔一次全部钻好，接着在孔内安置好塑料套管，并在孔壁与套管的间隙内灌浆或用砂充填； 灌浆前按照 1∶1∶6.25 的比例将水泥、膨润土和水搅拌成混合物。然后采用移动式循环高压泥浆泵，通过放到孔底的灌浆管，从孔底向上灌浆，直到灌满孔壁与套管的间隙，并测定孔口溢流出的泥浆浓度（或密度）与预先搅拌的泥浆浓度（或密度）相等为止； 待灌浆或填砂后 3～6d，方可进行测试； 为准确地算出各测点的直达波传播距离，当测试孔深度大于 15m 时，应进行激振孔和测试孔倾斜度和倾斜方位的量测，测点间距宜取 1m
具体试验操作步骤	开始试验，将激振器放置在振源孔中，深度不少于 1.5m，进入需要研究的地层；然后以 1.5m 的间距连续测量；将两个接收器放置在每个指定接收器孔中的相同高度。将激振器和接收器牢固地夹到位。检查记录设备并验证时间。激活激振器并在记录设备上同时显示两个接收器。调整信号幅度和持续时间，以便完整显示 P 波列、S 波列或两者； 最好的结果将做两个单独的测试获得：一个优化 P 波，第二个优化 S 波	将井下剪切波锤利用气囊，或用弹簧、机械扩展装置等方法固定。然后拉动上、下质量块，上、下冲击固定锤体，使土层水平向产生 S 波，用放入孔内贴壁式三分量检波器由上往下逐点测量。从孔口往下 2/5 孔距处为第 1 个测点，然后以 1～2m 的间距连续测量。每个地层一般要有 2～5 个测点，每个测点需测量 2～4 次。每次测试时，振源中心和检波器中心须在同一高程上； 当用几台钻机分段钻进时，待钻至预定测试深度后，提出钻机，将振源装置和检波器分别放入各钻孔底，进行测试。采用此方法时，为确保振源装置和检波器顺利放到所测深度处，孔底残余扰动土应小于 10cm 厚，否则应重新清除孔底浮土

中美两国波速试验（单孔法）标准技术要求对比　　表 6.26

试验步骤	美国标准	中国标准
试验前准备工作	在所选定的试验点沿垂直向进行钻孔，最好采用干燥的测试孔（即套管内没有液体），以避免在充满水的测试孔中波通过水柱传播而产生信号噪声； 以最小的侧壁干扰钻出直径不超过 175mm 的钻孔，钻孔完成后，考虑井下接收器的尺寸，用内径为 50～100mm 的 PVC 管或铝套管进行钻孔； 在孔壁与套管的间隙内灌浆或用砂充填；灌浆混合物的配制应接近固化后周围现场材料的密度；钻孔穿透岩石的那部分应用常规硅酸盐水泥灌浆，该水泥将硬化至密度约为 2.20Mg/m^3。与土、砂子或砾石接触的钻孔部分应使用模拟介质平均密度（约 1.80～1.90Mg/m^3）的混合物灌浆； 锚定套管并使用能够将灌浆通过灌浆管输送到底部的常规循环泵泵送灌浆，从钻孔底部向上移动套，使用此办法，钻孔侧壁和套管之间的环形空间将以均匀的方式从下到上填充； 在使用钻孔进行井下测试之前，保持套管锚固并让灌浆凝固。如果在钻孔口附近发生收缩，则应添加额外的灌浆，直到环形空间与地面齐平。当然，也可以不使用套管，但这种办法不建议。 将检波器放在指定位置（通常在不同高程放置两个检波器），如果可以，使用单分量检波器，前提是注意将检波器定向在平行于 S 波波源方向或者 P 波径向方向。检查记录设备并验证时间和触发，在不激活能源的情况下监测接收器的输出，以评估地面的环境地震噪声，并在必要时为过滤噪声建立基础	在所选定的试验点沿垂直向进行钻孔，并绘制钻孔柱状图，将三分量检波器固定在孔内预定深度出，并紧贴孔壁
具体试验操作步骤	启动激振器并在记录设备上显示轨迹。如果同时使用 P 波和 S 波波源，则应分别进行测试以获得更好的结果。如果记录仪允许重复测试并将测试叠加在较早的测试上，则重复测试 3～5 次（如果需要获得一致且可再现的记录，则重复测试 3～5 次）以提高信噪比。最好的结果将做两个单独的测试获得：一个优化 P 波，第二个优化 S 波。 应结合土层布置测点，测点垂直间距宜取 0.5～1.5m 层位变化处加密，对于在地表 30m 以下的硬岩中进行的试验，测点垂直间距可以增加到 3m。 作为替代方案，试验也可以自下向上进行	采用地面激振或孔内激振，进行地面激振时，在距孔 1.0～3.0m 处放一长度为 2～3m 的混凝土板或木板，木板上应放置约 500kg 的重物，用锤沿板纵轴从两个相反方向水平敲击板端，使地层产生水平剪切波； 将检波器用气囊，或用弹簧、机械扩展装置等方法固定在孔内不同深度接收剪切波； 应结合土层布置测点，测点垂直间距宜取 1～3m 层位变化处加密，测试应自下而上进行，每个试验点，试验次数不应少于 3 次

6.6.4 计算、制图和记录

中美两国波速试验标准技术要求对比见表 6.27 和表 6.28。

中国和美国标准对静力触探试验的计算、制图并没有太大的差异。

中美两国波速试验（跨孔法）标准技术要求对比　　表 6.27

项目	美国标准	中国标准
波形识别	如果 P 波和 S 波同时显示在记录上，则根据以下的特征识别 S 波： 振幅突然增加； 与振幅变化一致的频率突然变化； 如果使用可逆极性振源，S 波到达将被确定为满足上述条件并且注意到发生 180° 极性变化的点； 除了理想条件之外，通常存在无法从时间轨迹轻易确定 P 波初至的情况。当信号在振源和检波器之间传播时，这可能是由波反射和其他现象引起的。考虑到这种影响的信号分析技术必须提供一种方法来确定 S 波和可能的 P 波波速	在各测点的原始波形记录上识别出压缩波 (P 波）序列和剪切波 (S 波）序列，第 1 个起跳点即为压缩波的初至；然后，根据下列特征识别出第 1 个剪切波的到达点； 波幅突然增至压缩波幅 2 倍以上； 周期比压缩波周期至少增加 2 倍以上； 若采用井下剪切波锤作振源，一般压缩波的初至极性不发生变化，而第一个剪切波到达点的极性产生 180° 的改变，所以，极性波的交点即为第一个剪切波的到达点
参数计算	$l=\{[(E_S-D_S)-(E_G-D_G)]^2+(L\cos\varphi+X_G-X_S)^2+(L\sin\varphi+Y_G-Y_S)^2\}^{0.5}$ 式中　l——激振器与检波器的直线距离； E_S——激振器孔顶部高程； D_S——激振器深度； E_G——检波器孔顶部高程； D_G——检波器深度； L——激振器孔顶与波器孔顶水平距离； φ——从激振器孔顶到检波器孔顶相对北方的方位角； X_G——检波器与检波器孔北偏差； X_S——激振器与激振器孔北偏差； Y_G——检波器与检波器孔东偏差； Y_S——激振器与激振器孔东偏差； 波速为 l 除以传播时间 $v_S=(L_{R2}-L_{R1})/(T_{R2}-T_{R1})$ L_{R2}、L_{R1}——距离激振器较远、较近检波器与激振器的直线距离； T_{R2}、T_{R1}——从激振器到距离激振器较远、较近检波器 S 波传播时间	$v_P=\frac{L_P}{t_P}$ $v_S=\frac{L_S}{t_S}$ v_P、v_S——压缩波、剪切波的波速（m/s）； L_P、L_S——压缩波、剪切波传播距离（激振点与检波点的距离，m）； t_P、t_S——各波从激振点传到检波点所需时间（s）。 $G_d=\rho v_S^2$； $E_d=\frac{\rho v_S^2(3v_P^2-4v_S^2)}{v_P^2-v_S^2}$； $E_d=2\rho v_S^2(1+\mu_d)$； $E_d=\frac{\rho v_P^2(1+\mu_d)(1-2\mu_d)}{1-\mu_d}$； $\mu_d=\left[\left(\frac{v_P}{v_S}\right)^2-2\right]/\left[2\left(\frac{v_P}{v_S}\right)^2-2\right]$； G_d——地层的动剪切模量（kPa）； v_P、v_S——地层的压缩波、剪切波波速（m/s）； E_d——地层的动弹性模量（kPa）； μ_d——地层的动泊松比
制图	—	根据整理和计算的数据，以深度为纵坐标，压缩波波速、剪切波速、动剪切模量、动弹性模量为横坐标，绘出 v_P、v_S、G_d、E_d 值与深度变化的关系曲线

中美两国波速试验（单孔法）标准技术要求对比 表 6.28

项目	美国标准	中国标准
波形识别	令压缩波（P 波）初至的时间为 $T=0$（第一个起跳点不一定是 P 波初至，也可能是其他地震现象，最好从垂直地震剖面中初步估计速度趋势线）。如果 P 波和 S 波同时显示在记录上，则根据以下的特征识别 S 波： 振幅突然增加； 与振幅变化一致的频率突然变化； 如果使用可逆极性振源，S 波到达将被确定为满足上述条件并且注意到发生 180° 极性变化的点； 若采用水平横波振源，S 波到达时间可由振源监测接收机启动到具有相同特性的地震信号初至的时间间隔确定频率。或者 S 波的到达时间可以通过传感器信号与来自振动器或基板上传感器的导频信号的互相关来确定	在各测点的原始波形记录上识别出压缩波（P 波）序列和剪切波（S 波）序列，第 1 个起跳点即为压缩波的初至；然后，根据下列特征识别出第 1 个剪切波的到达点； 波幅突然增至压缩波幅 2 倍以上； 周期比压缩波周期至少增加 2 倍以上； 若采用井下剪切波锤作振源，一般压缩波的初至极性不发生变化，而第一个剪切波到达点的极性产生 180° 的改变，所以，极性波的交点即为第一个剪切波的到达点
参数计算	$L_R=[(E_s-E_G+D_G)^2+X^2]^{0.5}$ L_R——压缩波、剪切波传播距离（m）； E_s——激振器中心与激振器接触的地表高程（m）； E_G——钻孔顶部高程（m）； D_G——检波器深度（m）； X——激振器中心与检波器中心之间的水平距离； $v_S=(L_{R2}-L_{R1})/(T_{R2}-T_{R1})$ L_{R2}、L_{R1}——距离激振器较远、较近检波器与激振器的直线距离； T_{R2}、T_{R1}——从激振器到距离激振器较远、较近检波器 S 波传播时间； 也可以使用 $v_S=L_1/T_1$，但是这个公式仅用于激振器和检波器之间的土层性质不变并且使用初至时间时才准确	$v_P=\dfrac{L_P}{t_P}$ $v_S=\dfrac{L_S}{t_S}$ v_P、v_S——压缩波、剪切波的波速（m/s）； L_P、L_S——压缩波、剪切波传播距离（激振点与检波点的距离）（m）； t_P、t_S——各波从激振点传到检波点所需时间（s）。 $G_d=\rho v_S^2$； $E_d=\dfrac{\rho v_S^2(3v_P^2-4v_S^2)}{v_P^2-v_S^2}$； $E_d=2\rho v_S^2(1+\mu_d)$； $E_d=\dfrac{\rho v_P^2(1+\mu_d)(1-2\mu_d)}{1-\mu_d}$； $\mu_d=\left[\left(\dfrac{v_P}{v_S}\right)^2-2\right]/\left[2\left(\dfrac{v_P}{v_S}\right)^2-2\right]$； G_d——地层的动剪切模量（kPa）； v_P、v_S——地层的压缩波、剪切波波速（m/s）； E_d——地层的动弹性模量（kPa）； μ_d——地层的动泊松比
制图	—	根据整理和计算的数据，以深度为纵坐标，压缩波波速、剪切波速、动剪切模量、动弹性模量为横坐标，绘出 v_P、v_S、G_d、E_d 值与深度变化的关系曲线

6.7　小结

本章节针对岩土测试领域常用的圆锥动力触探试验、标准贯入试验、静力触探试验、荷载试验、扁铲侧胀试验设备及岩土测试涉及的取土设备进行了对比。总体上，各测试设备从规格、适用性、技术要求、成果应用等方面存在较大的差异，主要体现在以下几个方面：

（1）圆锥动力触探试验中国标准有 3 种规格，美国只有 1 种，设备规格、操作技术要求、试验终止条件和数据记录要求均不同；在成果应用方面，中国各个地区在使用过程中，总结了较多的经验关系，可以通过圆锥动力触探试验获取地基承载力、变形模量、单桩承载力等，美国标准仅给出试验成果与加州承载比的相互关系。

（2）标准贯入试验中国和美国标准规定的设备规格基本相同，操作过程和终止条件有一定差异；中国标准针只考虑杆长修正，美国标准考虑因素较多，包括锤击能量修正、上覆压力修正、杆长修正、取样器修正和钻孔直径修正；中国规范中应用 N 值时是否修正和如何修正，应根据建立统计（或经验）关系时的具体规定而定，美国标准将修正值 N_{60} 应用于 SPT 与黏性土特性的经验关系中，将修正值 $(N_1)_{60}$ 应用于砂类土特性的经验关系中。

（3）平板荷载试验中国规范规定比较具体，细分为浅层、深层和螺旋板载荷试验，具有一定强制性；美国标准没有细分，仅阐述原理；试验技术要求中美标准基本接近；承压板尺寸、试验点空间、取样要求、试验过程加载和卸载过程相关规定中美标准差异较大。

（4）扁铲侧胀试验中美标准在设备上存在一定的差异；中国标准可以通过试验成果确定静止侧压力系数、超固结比 OCR、不排水抗剪强度、变形参数，进行液化判别等，美国标准根据试验成果数据可以根据相关关系换算出竖向应力、侧向应力和模量、孔隙水压力等，成果应用差异主要跟各自实践目的有较大关系。

（5）敞口薄壁取土器中美标准设备规格基本一致，内间隙比、薄壁管尺寸中美标准规定不同；土样质量等级中国标准有严格规定，美国标准未有具体规定；取样技术要求中美标准基本一致；适用方面、不扰动土样的现场检测、封存及运输对比美国标准更为详细严格。

（6）中国和美国标准对静力触探试验的差异性很小，中美规范体系下，静力触探所得试验结果可以通用。

第7章　桩基试验

7.1　中美常用基桩试验标准

在地基基础设计中，由于地质条件不满足浅基础要求时，需采用深基础。深基础具有将荷载传递到深部土层的功能，深基础一般包括桩基础和沉井两大类。目前，桩基础由于其适用性灵活，在工业民用建筑、水利水电、港口码头、民航等工程建设过程中被广泛采用。

在桩基施工过程中，由于设计要求、建筑物功能要求、穿越土层情况、地下水埋深、桩端持力层选择、对环境影响等问题，需要选用不同的桩型和施工方法。在基桩设计时，一般根据上部结构荷重大小，采用岩土经验参数对桩基承载力进行估算。目前，受制于施工设备、施工经验和制桩材料供应条件等，且由于地质参数取值的准确性存在较大的不确定性，基桩施工后桩身质量、承载力大小等难以准确判断。因此，为保障工程安全和经济合理，工程实践中需要在工程桩施工前后，进行桩身质量和承载力检测。

现阶段，无论国内还是海外工程项目，在基桩设计及施工过程中，均应开展基桩检测工作。在中国及周边少数国家，多采用中国标准，海外工程总承包项目由于合同规定或业主要求，多采用欧美标准，其中美国标准和英国标准在海外岩土项目中被广泛使用。中国和欧美有关标准针对基桩检测方法存在较大的差异，在海外工程总承包项目中因不熟悉国外标准而简单地套用中国标准，经常出现与业主或咨询方产生较大的分歧，导致项目推进困难，工期滞后，成本大幅度增加。结合我院多年海外工程实践经验，本章主要对中美常用的桩基试验标准中采用的方法进行对比，可供海外项目中基桩承载力的取值等参考。

中美标准分别对单桩竖向抗压静载试验、单桩竖向抗拔静载试验、单桩水平静载试验、低应变法、高应变法、声波透射法等有相应的规定。其中，中国标准中主要选用《建筑基桩检测技术规范》JGJ 106—2014、《建筑地基基础设计规范》GB 50007—2011 和《公路桥涵地基与基础设计规范》JTG 3363—2019；美国标准则选用 ASTM 相对应的标准试验方法。鉴于《建筑地基基础设计规范》GB 50007—2011 和《公路桥涵地基与基础设计规范》JTG 3363—2019 有关基桩检测的内容与《建筑基桩检测技术规范》JGJ 106—2014 的相关内容基本一致，本章对比分析采用的中国标准主要为《建筑基桩检测技术规范》JGJ 106—2014，相应的美国标准有：

1)《深基础轴向抗压静载试验的标准试验方法》ASTM D1143-07（Reapproved 2013），

Standard Test Methods for Deep Foundations Under Static Axial Compressive Load；

2）《深基础轴向抗拉静载试验的标准试验方法》ASTM D3689-07（Reapproved 2013），*Standard Test Methods for Deep Foundations Under Static Axial Tensile Load*；

3）《深基础水平荷载试验的标准试验方法》ASTM D3966-07（Reapproved 2013），*Standard Test Methods for Deep Foundations Under Lateral Load*；

4）《低应变测试深基础完整性的标准试验方法》ASTM D5882-16，*Standard Test Methods for Low Strain Impact Integrity of Deep Foundations*；

5）《高应变动力测试深基础完整性的标准试验方法》ASTM D4945-17，*Standard Test Methods for High Strain Dynamic Testing of Deep Foundations*；

6）《超声波透射法测试混凝土深基础完整性的标准试验方法》ASTM D6760-16，*Standard Test Methods for Integrity Testing of Concrete Deep Foundations by Ultrasonic Crosshole Testing*。

中国标准中基桩检测可分为施工前为设计提供依据的试验桩检测和施工后为验收提供依据的工程桩检测。基桩检测应根据检测目的、检测方法适宜性、桩基设计条件、成桩工艺等，按中国标准要求合理选择检测方法。通过两种或两种以上检测方法的相互补充、验证，能有效提高基桩检测结果判定的可靠性。此外，中国标准中还对不同施工阶段中基桩检测要求进行了规定：

1）当设计有要求或有下列情况之一时，施工前应进行试验桩检测并确定单桩极限承载力：① 设计等级为甲级的桩基；② 无相关试桩资料可参考的设计等级为乙级的桩基；③ 地基条件复杂、基桩施工质量可靠性低；④ 本地区采用的新桩型或采用新工艺成桩的桩基。

2）施工完成后的工程桩应进行单桩承载力和桩身完整性检测。

3）桩基工程除应在工程桩施工前和施工后进行基桩检测外，尚应根据工程需要，在施工过程中进行质量的检测与监测。

而美国标准中并没有对不同施工阶段的基桩检测有明确规定；对基桩检测试验结果的判定也没有统一的规定和标准，赋予了工程师很大的权限和灵活性。实际工程常结合美国其他标准（如：美国国家公路与运输协会标准 AASHTO）确定极限承载力，国内工程公司也有结合中国标准来分析基桩检测结果的案例。

总体上看，中美标准在基桩检测方面有一定的一致性，也有明显的差异性。针对中美常用基桩检测方法，本章分别从单桩竖向抗压静载试验、单桩竖向抗拔静载试验、单桩水平静载试验、低应变反射波法、高应变法等对中美标准开展对比研究。

7.2　单桩竖向抗压静载试验

单桩竖向抗压静载试验是确定桩基承载力最可靠的方法，中美标准对该试验方法和内容都进行了详细的规定，以便现场工程应用。

中国标准根据设计等级的不同，可采用不同的基桩承载力确定方法，当采用单桩竖向抗压静载试验时，根据沉降随荷载及时间的不同，采取相应的分析方法。美国标准对不同桩径单桩极限承载力计算可选用不同的规定，中美标准对单桩竖向抗压静载试验方法与试验要求规定既有相同点，也存在差异。中美桩基检测标准的技术要点主要有适用对象、试验目的、试验仪器、试验装置、试验前准备工作、试验仪器安装和现场试验过程，本节分别从以上技术要点对中美标准的相同点、不同点以及由此带来的工程影响进行分析。

7.2.1 中美标准单桩竖向抗压静载试验相同点

（1）试验目的

1）通过单桩竖向抗压静载试验确定单桩竖向抗压承载力；

2）判定竖向抗压承载力是否满足设计要求；

3）通过桩身应变、位移测试，测定桩侧、桩端阻力，验证高应变法的单桩竖向抗压承载力检测结果。

（2）设备仪器

1）试验加载设备为千斤顶，当使用两台或者两台以上千斤顶加载时，应采用相同型号和相同规格的千斤顶；

2）荷载测量仪器可选择荷重传感器；

3）沉降测量仪器采用位移传感器或者百分表；

4）试验所用千斤顶及百分表均需标定，当使用两个以上千斤顶时，需进行联合标定。

5）采用应变、位移传感器或者位移标杆量测桩身应变以及桩身截面位移；

6）相同的辅助试验设备：试验梁、钢板、基准梁，配重等。

（3）试验前准备工作

1）试坑底面标高与桩承台底标高一致；

2）混凝土桩应去掉桩顶部的破碎以及软弱或者不密实的混凝土，桩头顶面平整，桩头中轴线与桩身上部的中轴线应重合。

（4）试验安装过程

1）加载反力装载可选择锚桩反力装置、压重平台反力装置；

2）加载反力装置可提供的反力不得小于最大加载的 1.2 倍；

3）加载反力装置构件应满足桩基承载力和变形的要求；

4）反力梁与试验桩顶部之间应有足够的空间，以放置千斤顶，承载板，荷重传感器等；

5）千斤顶的合力中心应与受检桩横截面形心重合，以减少偏心荷载；

6）使用两个或以上千斤顶时，应并联同步工作，千斤顶行程应大于最大变形；

7）用数字或者字母标识百分表或者位移传感器；

8）百分表应安装在与试验桩中心等距的轴对称点的基准梁上；基准梁须有足够的强

度、刚度；基准梁一端固定，一端简支在支座上；不得受气温、振动及其他外界因素的影响；当基准梁暴露在阳光下时，应采取遮挡措施。

（5）现场试验过程

1）试验开始时间：因桩周土的性质以及成桩类型（混凝土灌注桩，预制桩），美国标准与中国标准都有要求承载力检测前需要有一段休止时间；

2）静载试验之前，应采用低应变法或者声波透射法进行桩身完整性检测；

3）加载均应分级进行，卸载亦应分级进行；

4）加载程序都有慢速维持法和快速维持法；

5）试验读数记录，每次加载后按规范或标准的要求进行相应的读数记录。

7.2.2　中美标准单桩竖向抗压静载试验不同点

（1）适用对象

中国标准规定单桩竖向抗压静载试验仅适用于单桩竖向抗压承载力，而美国标准除可用于单桩承载力测试外，还可用于群桩承载力检测。

（2）试验仪器

美国标准千斤顶及其操作应符合 ASME B30.1 标准，额定负荷应超过最大荷载至少20%。两个以上千斤顶，使用一个压力表，油管，一个液压泵联合校准的精度应在最大施加荷载的 5% 以内。独立校准的每个部件精度要求在所施加荷载的 2% 以内；压力表最小刻度应小于等于施加荷载最大值的 1%，并应符合 ASME B40.100 标准，精度等级 1A 允许误差 ±1%。中国标准试验用压力表的准确度应优于或等于 0.5 级，压力表在最大加载时的压力不应超过规定工作压力的 80%。

美国标准百分表或者位移指示器应符合 ASME B89.1.10 标准。百分表量程一般要达到 100mm（至少 50mm），最小刻度为 0.25mm；用来测量桩身位移的刻度尺长度不应小于 150mm，最小刻度 0.5mm，读取精度应接近 0.1mm；测量标尺最小刻度 1mm，读取精度应接近 0.1mm。

中国标准百分表或者位移指示器测量误差不得大于 0.1%FS，分度值优于或者等于 0.01mm。

（3）试验装置

1）反力装置选择

美国标准对反力装置无明确规定。中国标准规定的反力装置则可选择锚桩压重联合反力装置、压重平台反力装置、地锚反力装置等。

2）对桩顶的处理

美国标准试验要求在承载钢板与桩顶之间设置厚度小于 6mm 的快速凝固的灌浆，其抗压强度应大于桩体强度；在其上部设置厚度 25mm 以上的承载钢板，且钢板面积大于桩顶面积。中国标准要求距桩顶 1 倍桩径范围内，宜用厚度为 3～5mm 的钢板围裹或距桩顶 1.5 倍桩径范围内设置箍筋，间距不宜大于 100mm；桩顶应设置钢筋网片 1 层到 2 层，间距 60～100mm。桩头混凝土强度比桩身混凝土提高 1 级到 2 级，且不得低于 C30。

3）荷载测定

美国标准规定必须使用置于千斤顶上的荷重传感器直接测定荷载。中国标准可选用荷载传感器测定荷载或者千斤顶油压表换算荷载。

4）试桩中心、反力桩（或压重平台支墩边）和基准桩中心距离

美国标准试桩中心与反力桩、基准桩中心距离不小于 5*D*（直径或边宽）且应大于 2.5m。中国标准要求其大于等于 4*D* 且不小于 2.0m；工程桩验收检测时多排桩中心距离小于 4*D* 或压重平台支墩下 2～3 倍宽影响范围内的地基土已进行加固处理情况时，则要求大于等于 3*D* 且不小于 2.0m。

5）百分表安装

美国标准要求安装至少两个位移观测仪表作为一级测量系统，同时需要至少一个次级冗余系统水准测量系统（在试验桩侧安装 1 个水准观测标尺和 1 个镜像标尺），以检查桩顶位移。对于直径或者边宽大于 0.75m 的桩、顶部没有良好横向支撑的桩，使用 4 个位移观测仪表。中国标准只有一级测量系统。要求直径或边宽大于 500mm 的桩，应在其两个方向对称安置 4 个位移观测仪表，直径或边宽小于等于 500mm 的桩可对称安置 2 个位移观测仪表。

6）冗余测量系统

美国标准冗余测量系统设置两个带有刻度线标尺附着于桩身，其中 1 个带有反射镜。使用水准仪等测量仪器，参照位于试验区以外的永久水准点对桩身刻度线进行测量，用以复核桩身位移。中国标准则无此要求。

7）桩顶水平位移

美国标准可选择进行桩顶水平位移测量，精度要求为 2.5mm。中国标准则无此要求。

（4）试验过程

1）试验前休止时间

美国标准试验开始时间由混凝土试块或者桩身混凝土强度确定，工程师可指定成桩和静载测试之间的休止时间，休止时间从 3～30d 不等，或者更长。中国标准要求受检桩混凝土龄期应达到 28d，或受检桩同条件养护试块强度达到设计强度要求。当无成熟的地区经验时，尚不应少于表 7.1 规定的时间。

中国标准规定的休止时间　　表 7.1

土的类别		休止时间 /d
砂土		7
粉土		10
黏性土	非饱和	15
	饱和	25

注：对于泥浆护壁的灌注桩，宜延长休止时间。

2）试验桩的选择

美国标准对于试验桩的选择和试验数量没有规定。中国标准对于受检桩的选择规定如下：① 施工质量有疑问的桩；② 局部地基条件出现异常的桩；③ 完整性检测中判定为Ⅲ类的桩；④ 设计认为重要的桩；⑤ 施工工艺不同的桩。

中国标准规定为设计提供依据的试验桩应依据设计确定的基桩受力状态，采用相应静载试验方法确定单桩极限承载力，检测数量应满足设计要求，且在同一条件下不少于3根；当预计工程总桩数少于50根时，检测数量不宜少于2根。对符合规范规定的条件（见《建筑基桩检测技术规范》JGJ 106—2014的第3.3.4条），应采用单桩竖向抗压静载试验进行承载力验收检测，检测数量不应少于同一条件下桩基分项工程总桩数的1%，且不少3根；当总桩数小于50根时，检测数量不少于2根。

3）地下水位影响

美国标准规定当对试验场地进行临时降排水时，应尽可能保持地下水正常水位，并在测试过程中记录地下水位的高程。测试时，当地下水位偏离正常水位超过1.5m时，利用测试时测量到的地下水位来校正桩的轴向承载力。中国标准无此规定。

4）加载和卸载

美国标准共有7种加卸载方法，分别为：① 快速测试法；② 维持测试法（可选）；③ 超限维持测试法（可选）；④ 恒定时间间隔测试法；⑤ 等贯入率测试法（可选）；⑥ 恒定移动增量测试法（可选）；⑦ 循环荷载测试法（可选）。美国标准未强制要求使用某一方法，常用的方法为快速测试法和恒定时间间隔加载法，其余五种方法为可选项，现场选择更多依赖于工程师。中国标准主要有两种加卸载方法：① 慢速维持法；② 快速维持法。中国标准规定工程桩验收检测宜采用慢速维持荷载法。当有成熟地区经验时，也可采用快速维持荷载法。

美国标准的维持测试法与中国标准的慢速维持法相似，两者加载方法有一致性，也有一定区别，主要体现在：① 美国标准规定最大加载为预期设计荷载的200%，分级加载，分级增加荷载为25%的设计荷载；中国标准规定最大加载为设计要求承载力特征值的2倍，分级加载，各分级荷载为最大加载量的1/10，且第1级荷载为分级荷载的2倍。② 美国标准规定每级荷载下沉降稳定标准为每一小时内的沉降量不超过0.25mm，并连续出现两次，且最多持续2h；中国标准中相应的沉降稳定标准为每一小时内的沉降量不超过0.1mm，并连续出现两次。③ 美国标准规定每级加载后分别按第5min、10min和20min读数，以后每隔20min（视需要）读数。中国标准每级加载后分别按第5min、15min、30min、60min读数，以后每隔30min读数；④ 美国标准卸载时，以最大测试荷载25%的减量进行卸载，每级荷载维持1h，每隔20min记录一次读数，在移除所有荷载后12h，记录最终读数；中国标准卸载时，每级荷载维持1h，分别按第15min、30min、60min读数，卸载至零时，维持时间不小于3h，测读时间分别为第15min、30min，以后每隔30min测读一次；⑤ 美国标准在施加总荷载后，若试验桩或桩组未发生破坏，记录第5min、10min和20min的读数，然后每20min读数一次到2h，从2～12h每小时读数一次，从12～24h每2h读数一次。若试验桩或桩组发生破坏，应记录前一荷载的读数。当加载至最大荷载且总体测试时间达到 12h 以上，且该荷载 1h 内测试沉降量不超过 0.25mm，则开始卸载。否则，允许最大荷载维持 24h。若在加载过程中发生破坏，维持破坏荷载，或最大可能的荷载，直到总变形等于桩直径或宽度的 15%。中国标准加载终止条件为出现以下情况之一：① 某级荷载作用下，桩顶沉降量大于前一级荷载作用下的沉降量的 5 倍，且桩顶总沉降量超过 40mm；② 某级荷载作用下，桩顶沉降量大于前级荷载作用下的沉降量的 2 倍，且经 24h 未达到相对稳定标准；③ 已达到设计要求的最大加载值且桩顶沉降达到相对稳定标准；④ 工程桩作锚桩时，锚桩上拔量已达到允许值；⑤ 荷载－沉降曲线呈缓变型时，可加载至桩顶总沉降量 60～80mm，当桩端阻力尚未充分发挥时，可加载至桩顶累计沉降量超过 80mm。

美国标准恒定时间间隔测试法与中国标准中快速维持法相似，在稳定标准规定上有所不同。主要体现在，美国标准以桩或群桩设计荷载的 20% 增量施加荷载，荷载增量之间间隔 1h。卸载时每级荷载间隔 1h，试验读数记录同维持测试法。中国标准中快速维持法每级荷载施加后维持 1h，按第 5min、15min、30min 读桩顶沉降量，以后每隔 15min 测读一次。测读时间累计为 1h，若最后 15min 时间间隔的桩顶沉降增量与相邻 15min 时间间隔的桩顶沉降增量相比未明显收敛时，应延长维持荷载时间，直至最后 15min 的沉降增量小于相邻 15min 的沉降增量为止。卸载时，每级荷载维持 15min，按第 5min、15min 测读桩顶沉降量后，即可卸下一级荷载。卸载至零后，应测读桩顶残余沉降量，维持时间为 1h，测读时间为第 5min、15min、30min、60min。

美国标准快速测试法为将试验荷载按预估破坏荷载的 5% 递增。在每个加载间隔期间，将每级荷载保持在 4～15min 的时间间隔内，每级荷载使用相同的时间间隔，卸载时以 5～10 个近似相等的荷载递减，保持每级卸载的时间间隔 4～15min，卸载采用相同的时间间隔。记录在完成每次加载增量后第 0.5min、1min、2min 和 4min 的测试读数，若允许的加载间隔较长，则记录第 8min、15min 的测试读数。记录完成每次卸载后的第 1min、4min 测试读数，如若允许更长的卸载间隔，则记录第 8min、15min 测试读数。所有荷载移除后，记录 1min、4min、8min 和 15min 的读数。中国标准无此对应试验方法。

美国标准超限维持测试法为在按照维持测试法的规定施加和移除荷载后，以试验桩或群桩的设计荷载的 50% 增量，重新加载至最大维持荷载，允许每级荷载之间间隔 20min。然后以桩或群桩设计荷载的 10% 的增量施加附加荷载，每级荷载增量之间间隔 20min，直到达到所需的最大荷载或破坏。若发生破坏，继续对试验桩施加压力，直到沉降量等于桩直径或宽度的 15%。若未发生破坏，则将全部荷载维持 2h，然后以 4 个相等的压力卸载，每级卸载之间间隔 20min，试验读数记录同维持测试法。中国标准无此对应方法。

美国标准等贯入率测试法为保持桩在土中的位移速度（黏性土中的贯入速率为 0.25～1.25mm/min，其他颗粒土中为 0.75～2.5mm/min，或工程师指定速率）加载，达到指定的贯入速率后维持最大的施加荷载，至桩的总贯入度达到平均桩径或宽度的 15%，或直到桩贯入速率为零为止。通过检查连续的等速贯入增量以及所需的时间来控制贯入速度，并进行相应地调整，可使用机械或电子设备来监测和控制贯入速率，使其保持恒定。

贯入速率测定时间应为 0.5min 以上，以确保贯入速率准确，或采用自动监测和记录设备实时监测贯入速率。当试验桩达到规定的贯入率时，在加载期间继续读取并记录读数，确定所施加的最大荷载。卸载后立即记录读数，卸下全部荷载后 1h 再次记录读数。中国标准无此对应方法。

美国标准恒定移动增量测试法为使桩顶产生平均桩径或宽度约 1% 的位移移动增量施加荷载。调整所施加的荷载以维持位移增量，并且在荷载变化率小于每小时所施加总荷载的 1% 之前，不要施加额外的荷载。维持该增量加载至总位移量等于平均桩径或宽度的 15%。维持最终的变形增量至荷载变化率小于每小时所施加总荷载的 1% 为止。以四级相等减量进行卸载，在第一级荷载卸载后，每级卸载应使桩每小时回弹量小于平均桩径或对角线尺寸的 0.3%，才可进行下一级卸载。用足够的中间读数记录每次移动增量之前和之后的试验读数，以确定荷载变化率和保持每次沉降增量所需的实际荷载。在卸载过程中，用足够的中间读数记录每次减载前后的读数，以确定桩的回弹率。在移除所有荷载后 12h 记录最终读数。中国标准无此相应方法。

美国标准循环荷载测试法对于首次施加的试验荷载增量，按照维持测试法施加此类增量荷载。在施加相当于单桩试验桩设计荷载的 50%、100% 和 150% 的荷载后，或群桩试验桩设计荷载的 50% 和 100% 后，维持相应的试验荷载 1h，与每级加载量相等的荷载进行卸载，每级卸荷后维持间隔 20min。在移除相应的施加荷载后，以等于设计荷载 50% 的增量将荷载重新施加到之前的荷载水平，每级增量之间间隔 20min。根据维持测试法施加附加荷载。在施加要求的最大试验荷载之后，按照维持测试法的要求维持并移除试验荷载，记录同维持测试法。中国标准无此对应方法。

（5）数据处理

中国标准对单桩竖向抗压静载试验有关试验数据的分析处理有明确的规定，具体规定详见《建筑基桩检测技术规范》JGJ 106—2014。美国标准无明确规定。

7.2.3　中美标准单桩竖向抗压静载试验其他相关差异

（1）美国标准对群桩的承载力检测试验有相关的规定，而中国标准仅针对单桩竖向承载力进行测试。显然，对采用群桩基础承载力检测的工程，其结果是更为准确的。但中国桩基设计标准中考虑了承台效应对基桩竖向承载力影响，这在一定程度上考虑了群桩效应。

实际工程中，群桩承载力试验较少，价格昂贵，但其能更真实地反映桩实际工作时的状态，消除计算模型参数选取等其他因素引起的误差。

（2）美国标准只允许采用荷重传感器（直接方式）进行荷载测量，中国标准可选用油压表（间接方式）进行荷载测量，实际工程中也大多采用油压表间接测量荷载的方式。前者采用荷重传感器测力，不需考虑千斤顶活塞摩擦等对实际荷载的影响；后者需通过率定换算千斤顶施加的实际荷载。同型号千斤顶在保养正常状态下，相同油压时的实际荷载相对误差为 1%～2%。从试验结果上看，采用荷重传感器时，得到的实际荷载更为精确。

（3）美国标准的维持荷载法（包括循环荷载测试法）中分级荷载沉降相对稳定标准（0.25mm）相比中国标准（0.1mm）更为宽松；美国标准除加载过程中破坏外，按桩顶总沉降 0.15*D* 确定极限承载力，而中国标准最大沉降量为 60～80mm；此外，两者对沉降稳定时间、加载方法等规定均有所不同。这和中美安全系数的取值大小、特别是上部结构对桩基沉降的要求有关。相比较而言，当桩径较大（≥ 400mm），桩体未发生破坏时，按照美国标准的维持荷载法所允许的桩体极限位移较大，所得的极限承载力相对要大，反之，按照美国标准的维持荷载法所得的极限承载力相对要小。如对于直径 800mm 的桩，按美国标准，采用维持荷载测试法如桩未发生破坏，其极限承载力可取对应桩顶沉降 120mm 对应的极限承载力，而中国标准最多取到桩顶沉降 80mm 对应的极限承载力。

（4）关于基桩静荷载试验承载力特征值的取值，中国标准有明确的规定，而美国标准则无相应的规定，可结合美国其他设计标准（如：美国国家公路与运输协会标准 AASHTO）进行取值。

7.3 单桩竖向抗拔静载试验

中国标准单桩竖向抗拔静载试验主要采用《建筑基桩检测技术规范》JGJ 106—2014（以下简称中国标准），美国标准是 ASTM D3689/D3689M-22（*Standard Test Methods for Deep Foundations elements Under Static Axial Tensile Load*）（以下简称美国标准）。

本节对中美标准关于单桩竖向抗拔静载试验方法与试验要求规定异同点进行分析。

7.3.1 中美标准单桩竖向抗拔静载试验相同点

中美标准单桩竖向抗拔静载试验的相同点主要体现在试验目的、设备仪器、试验前准备工作、试验安装过程和现场试验过程。

（1）试验目的

1）确定单桩竖向抗拔极限承载力；

2）判定竖向抗压承载力是否满足设计要求；

3）通过桩身应变、位移测试，测定桩的抗拔侧阻力。

（2）设备仪器

1）试验加载设备为千斤顶；

2）荷载测量仪器可选择使用传感器；

3）沉降测量仪器采用位移传感器或者百分表；

4）千斤顶及百分表需标定；

5）采用应变、位移传感器，位移杆测桩身应变和桩身截面位移；

6）辅助试验设备：试验梁、钢板、基准梁。

（3）试验前准备工作

1）试坑底面标高与桩承台底标高一致；

2）混凝土桩应去掉桩顶部的破碎以及软弱或者不密实的混凝土，桩头顶面平整，桩头中轴线与桩身上部的中轴线应重合。

（4）试验安装过程

1）加载反力装置可选择反力桩提供支座反力；

2）加载反力装置构件应满足承载力和变形的要求；

3）反力梁与试验桩顶部之间应有足够的空间，以放置千斤顶、承载板、荷重传感器；

4）用数字或者字母标识百分表或者位移传感器；

5）百分表安装在与试验桩的中心等距的轴对称点的基准梁上；基准梁须有足够的强度、刚度；基准梁一端固定，一端简支在支座上；不得受气温、振动及其他外界因素的影响；当基准梁暴露在阳光下时，应采取遮挡措施。

（5）现场试验过程

1）试验开始时间：因考虑桩周土的性质以及成桩类型（混凝土灌注桩，预制桩）对抗拔承载力的影响，美国标准与中国标准都有要求承载力检测前需要有一段休止时间；

2）静载试验之前，应采用低应变法或者声波透射法进行桩身完整性检测；

3）加载均应分级进行，卸载应分级进行；

4）加载程序都有维持荷载法和循环荷载法；

5）每次加载后按规定的要求进行相应的读数记录。

7.3.2　中美标准单桩竖向抗拔静载试验不同点

中美标准单桩竖向抗拔静载试验的差异性主要体现在试验对象、设备仪器、试验装置、试验过程和数据处理等方面，详细对比分析如下。

（1）试验对象

中国标准规定该试验方法仅适用于测试单桩竖向抗拔承载力，而美国标准除可用来测试单桩抗拔承载力外，还可用于群桩竖向抗拔承载力检测。

（2）试验仪器

美国标准千斤顶及其操作应符合 ASME B30.1 标准，额定负荷应超过最大荷载至少20%；两个以上千斤顶、使用一个压力表及油管、一个液压泵联合校准的精度应在最大施加荷载的 5% 以内，独立校准的，每个部件精度要求在所施加荷载的 2% 以内。压力表最小刻度应小于等于施加荷载最大值得 1%，并应符合 ASME B40.100 标准，精度等级 1A 允许误差 ±1%。中国标准试验用压力表的准确度应优于或等于 0.5 级，压力表在最大加载时的压力不应超过规定工作压力的 80%。

美国标准百分表或者位移指示器应符合 ASME B89.1.10 标准，百分表量程一般要达到 100mm（至少 50mm），分度值为 0.25mm；用来测量桩身位移的刻度尺长度不应小于 150mm，分度值为 0.5mm，读取精度应接近 0.1mm；测量标尺分度值为 1mm，读取精度应接近 0.1mm。

中国标准百分表或者位移指示器测量误差不得大于 0.1%FS，分度值小于或者等于 0.01mm。

（3）试验装置

1）反力装置选择

美国标准可选择千斤顶向下作用于试验梁中间（试验桩上方）、向上作用于试验梁两端、向上作用于试验梁一端和作用于 A 型框架顶部的液压千斤顶施加拉伸荷载的方式，也允许工程师选择满足试验要求的其他反力装置。中国标准规定的反力装置可选择采用反力桩或地基提供支座反力。

2）反力装置安装

美国标准试验要求在反力桩顶设置承载钢板，并且在承载钢板与桩顶之间设置厚度 6mm 的快速凝固的灌浆，其抗压强度大于反力桩的强度。中国标准要求反力桩桩顶平整并具备足够的强度。

3）荷载测定

美国标准规定必须使用放置在千斤顶上荷重传感器直接测量荷载。中国标准可以选用荷重传感器测量荷载或者千斤顶油压表换算荷载。

4）试桩中心、反力桩和基准桩中心距离

美国标准规定试桩中心与反力桩、基准桩中心距离不小于 5*D*（直径或边宽）且应大于 2.5m。中国标准要求大于等于 4*D* 且不小于 2.0m；工程桩验收检测时多排桩中心距离小于 4*D* 或压重平台支墩下 2～3 倍宽影响范围内的地基土已进行加固处理情况，要求大于等于 3*D* 且不小于 2.0m。

5）百分表安装

美国标准要求安装至少两个位移观测仪表作为一级测量系统，同时需要至少一个冗余观测系统。测量点设在桩顶或者桩身桩顶附近。中国标准只有一级测量系统。要求直径或边宽大于 500mm 的桩，应在其两个方向对称安置 4 个位移测量仪表，直径或边宽小于等于 500mm 的桩可对称安置 2 个位移测量仪表。测量点在桩顶以下小于 1 倍桩径的桩身上，不得在受拉钢筋上，对于大直径灌注桩，可设置在钢筋笼内侧的桩顶混凝土上。

6）冗余测量系统

美国标准冗余测量系统设置两个带有刻度线标尺附着于桩身，其中 1 个带有反射镜。使用水准仪等测量仪器，参照位于试验区以外的永久水准点对桩身刻度线进行测量，用以复核桩身位移。中国标准则无此要求。

7）桩顶水平位移

美国标准可选择进行桩顶水平位移测量，精度要求为 2.5mm；也可选择进行试验桩的拉伸和应变测量。中国标准无此要求。

8）施加反力要求

中国国标准加载反力装置提供的反力不得小于最大加载至的 1.2 倍；采用地基提供反力时，施加于地基的压力不宜超过地基承载力的 1.5 倍。美国标准无此规定。

（4）试验过程

1）美国标准试验检测开始时间通过混凝土试块或者桩身岩芯强度来确定，工程师可以指定成桩和静载试验之间的休止时间，休止时间从3～30d不等，或者更长。中国标准要求受检桩混凝土龄期应达到28d，或受检桩同条件养护试块强度达到设计强度要求。当无成熟的地区经验时，尚不应少于表7.2规定的时间。

中国标准规定的休止时间　　表7.2

土的类别		休止时间/d
砂土		7
粉土		10
黏性土	非饱和	15
	饱和	25

注：对于泥浆护壁的灌注桩，宜延长休止时间。

2）试验桩的选择

美国标准对于试验桩的选择和试验数量没有规定。

中国标准对于受检桩的选择规定如下：① 施工质量有疑问的桩；② 局部地基条件出现异常的桩；③ 完整性检测中判定为Ⅲ类的桩；④ 设计认为重要的桩；⑤ 施工工艺不同的桩。

中国标准规定为设计提供依据的试验桩应依据设计确定的基桩受力状态，采用相应静载试验方法确定单桩极限承载力，检测数量应满足设计要求，且在同一条件下不少于3根；当预计工程总桩数少于50根时，检测数量不宜少于2根；对抗拔工程桩的检测数量没有具体的规定，可参照抗压桩的有关规定执行。

3）地下水位影响

美国标准规定当对试验场地进行临时降排水时，应尽可能保持地下水正常水位，并在测试过程中记录地下水位的高程。测试时，当地下水位偏离正常水位超过1.5m时，利用测试时测量到的地下水位来校正桩的轴向承载力。中国标准无此规定。

4）加载方法

美国标准共有6种加卸载方法：① 快速测试法；② 维持测试法（可选）；③ 超限维持测试法（可选）；④ 恒定时间间隔加载法（可选）；⑤ 恒定移动增量测试法（可选）；⑥ 循环荷载测试法（可选）。美国标准未强制要求使用某一方法，常用的方法为快速测试法，其余六种为可选项，现场选择更多依赖于工程师。中国标准主要有3种加卸载方法：① 慢速维持法；② 恒载法；③ 多循环加、卸载法。中国标准规定单桩竖向抗拔静载试验应采用慢速维持荷载法，设计有要求时，可采用多循环加、卸载方法或恒载法。

关于中美标准对每一种加卸载方法的有关差异对比参见第7.2.2节，此处不再赘述。

（5）数据处理

中国标准对单桩竖向抗拔静载试验有关试验数据的分析处理有明确的规定，具体规定详见《建筑基桩检测技术规范》JGJ 106—2014。美国标准无明确规定。

7.3.3 中美标准单桩竖向抗拔静载试验其他相关差异

中美标准单桩竖向抗拔静载试验其他有关差异与抗压静载试验基本类似，可参见7.2.3节。

7.4 单桩水平静载试验

单桩水平静载试验中国标准采用《建筑基桩检测技术规范》JGJ 106—2014（以下简称中国标准），美国标准则是ASTM D3966/D3966M-22 *Standard Test Methods for Deep Foundations elements Under Static Axial Tensile Load*（以下简称美国标准）。

本节对中美标准中关于对单桩水平静载试验相同点、不同点及由此带来的工程影响进行分析。

7.4.1 中美标准单桩水平静载试验相同点

（1）试验目的

1）通过试验可确定桩的水平承载力；

2）当桩身埋设应变测量传感器时，测定桩身横截面的弯曲应力应变；

3）达到极限状态的测试可为设计提供依据。

（2）设备仪器

1）试验加载设备为千斤顶；

2）变形测量仪器采用者百分表或位移指示器；

3）千斤顶及百分表需标定；

4）采用应变传感器测量桩身弯曲应力应变；

5）辅助试验设备：试验梁、钢板、基准梁，反力结构或桩；

6）荷载测量仪器可选择使用荷重传感器。

（3）试验准备工作

1）试坑底面标高与桩承台底标高一致；

2）混凝土桩应去掉破碎以及软弱或者不密实的混凝土。

（4）试验安装过程

1）加载反力装载可选择反力桩或专门的反力结构；

2）加载反力装置构件应满足承载力和变形的要求；

3）反力桩与试验桩之间应有足够的空间，以放置千斤顶、支柱、挡块、承载板；

4）千斤顶的作用力应水平通过桩身轴线；

5）用数字或者字母标识百分表；

6）百分表安装在基准梁上；基准梁须有足够的强度、刚度；基准梁一端固定，一端简支在支座上；不得受气温、振动及其他外界因素的影响；当基准梁暴露在阳光下时，应采取遮挡措施。

（5）现场试验过程

1）检测开始时间：因桩周土的性质以及成桩类型（混凝土灌注桩，预制桩）等因素的影响，美国标准与中国标准都有要求承载力检测前需要有一段休止时间；

2）静载试验之前，应采用低应变法或者声波透射法进行桩身完整性检测；

3）加载均应分级进行，卸载应分级进行；

4）加载程序都有循环加载法；

5）试验读数记录，每次加载后按规定的要求进行相应的读数记录。

7.4.2　中美标准单桩水平静载试验不同点

（1）适用对象

中国标准仅适用于测试单桩水平承载力，而美国标准除可用来测试单桩承载力外，还可用于群桩承载力检测。

（2）试验仪器

美国标准千斤顶及其操作应符合 ASME B30.1 标准，额定负荷应超过最大荷载至少 20%；两个以上千斤顶须具有相同的品牌、型号和尺寸，使用一个压力表及油管、一个液压泵联合校准的精度应在最大施加荷载的 5% 以内，独立校准的（分别对千斤顶、压力表和压力传感器进行校准），每个部件精度要求在所施加荷载的 2% 以内。压力表最小刻度应小于等于施加荷载最大值的 1%，并应符合 ASME B40.100 标准的要求，精度等级 1A 允许误差 ±1%。

中国标准试验用压力表的准确度应优于或等于 0.5 级，压力表在最大加载时的压力不应超过规定工作压力的 80%。

美国标准百分表或者位移指示器应符合 ASME B89.1.10 标准，百分表量程一般要达到 100mm（至少 50mm），最小刻度为 0.25mm；用来测量桩身位移的刻度尺长度不应小于 150mm，最小刻度 0.5mm，读取精度应接近 0.1mm；测量标尺最小刻度 1mm，读取精度应接近 0.1mm。

中国标准百分表或者位移指示器测量误差不得大于 0.1%FS，分度值优于或者等于 0.01mm。

（3）试验装置

1）反力装置选择

美国标准加载反力装置可提供的反力不得小于最大加载的 1.25 倍，规定了较多种类的反力装置：① 依靠路堤或者开挖的侧面，设置木板、护板或者类似的结构通过千斤顶施加必要的反力；或选择由混凝土、钢材等配重提供所需的阻力，通过千斤顶施加反力。② 使用千斤顶作用于两个试桩（群桩）之间施加荷载。③ 通过牵引施加荷载（可选），使用符合要求的液压千斤顶，如常规式千斤顶，推拉式千斤顶、双作用式千斤顶或者中心式千斤顶，亦可采用绞车等动力源施加牵引荷载。④ 固定桩端头（可选），采用框架固定试验单桩桩头，钢筋混凝土或者钢格栅封盖群桩固定桩头的方式，防止在水平力作用下发生旋转。⑤ 水平和轴向联合荷载的方式（可选）。

中国标准主要选择反力桩提供水平推力，未详细描述其他专门的反力结构。规定加载反力装置提供的反力不得小于最大加载的 1.2 倍。

2）反力装置安装

美国标准试验要求在荷载作用点设置承载实心钢板，厚度至少为 50mm，为了避免引起应力集中，在承载钢板与桩之间设置厚度 6mm 的快速凝固的灌浆，其抗压强度大于试桩强度。中国标准试验要求在千斤顶和试验桩接触处安置球形铰支座。

3）试桩中心到反力桩中心距离

美国标准规定试桩与反力桩的中心距不小于 $5D$（直径或边宽）且不小于 2.5m。中国标准对反力桩与试桩距离无明确规定。

4）基准梁支撑点与试桩和反力桩的距离

美国标准基准梁支撑点与试桩和反力桩中心的距离不小于 $5D$（直径或边宽）且不小于 2.5m。中国标准基准梁支撑点与试桩净距不应小于 1 倍桩径，且应设置在与作用力方向垂直且与位移方向相反的试桩侧面。

5）百分表安装

美国标准要求安装至少两个位移观测仪表作为一级测量系统，同时需要至少一个次级冗余系统检查桩顶位移。对于直径或者边宽大于 0.75m 的桩、顶部没有良好横向支撑的桩，使用 4 个位移观测仪表。中国标准只有一级测量系统。在水平力作用平面的受检桩两侧应对称安装两个位移计。

6）冗余测量系统

美国标准冗余观测系统：使用经纬仪等测量仪器，参照位于试验区以外的永久基准点对桩身刻度线测量，从而得到桩身位移。中国标准则无此要求。

7）桩顶转角测量

当需要桩体转角测量时，美国标准使用固定在桩上或嵌在桩内并与桩轴向对齐的钢延伸构件，测量桩头的旋转，钢构件延伸至少 0.6m，位移指示器安装在标杆的顶部。中国标准测量桩顶转角时，在水平力作用平面以上 50cm 的受检桩两侧对称安装两个位移计。

8）侧向位移

侧向位移指测量试验桩或群桩在垂直于加载线的方向上的位移。当需要桩体侧向位移时，美国标准以通过安装在桩体上的百分表进行测量，也可选择位于桩体上水平安装带有刻度线的反射片使用水准仪等测量仪器，参照位于试验区以外的永久基准点对桩身刻度线测量，从而得到桩身侧移位移。中国标准没有相应的要求。

（4）试验过程

1）试验前休止时间

美国标准检测开始时间由混凝土试块或者桩身岩芯强度确定，工程师可指定成桩和静载测试之间的休止时间，休止时间从 3～30d 不等，或者更长。中国标准要求受检桩混凝土龄期应达到 28d，或受检桩同条件养护试块强度达到设计强度要求。当无成熟的地区经验时，尚不应少于表 7.3 规定的时间。

休止时间　　表 7.3

土的类别		休止时间 /d
砂土		7
粉土		10
黏性土	非饱和	15
	饱和	25

注：对于泥浆护壁的灌注桩，宜延长休止时间。

2）试验桩的选择

美国标准对于试验桩的选择和试验数量没有规定。

中国标准对于受检桩的选择规定如下：① 施工质量有问题的桩；② 局部地基条件出现异常的桩；③ 完整性检测中判定为Ⅲ类的桩；④ 设计认为重要的桩；⑤ 施工工艺不同的桩。

中国标准规定为设计提供依据的试验桩应依据设计确定的基桩受力状态，采用相应静载试验方法确定单桩极限承载力，检测数量应满足设计要求，且在同一条件下不少于 3 根；当预计工程总桩数少于 50 根时，检测数量不宜少于 2 根；对水平承载工程桩的检测数量没有具体的规定，可参照抗压桩的有关规定执行。

3）地下水位影响

美国标准规定当对试验场地进行临时降排水时，应尽可能保持地下水正常水位，并在测试过程中记录地下水位的高程。测试时，当地下水位偏离正常水位超过 1.5m 时，利用测试时测量到的地下水位来校正桩的轴向承载力。中国标准无此规定。

4）加载记录

美国标准规定了水平静载试验的测读时间间隔：在施加每级荷载和移除每级荷载前后均应立即记录试验读数，此后每 5min 记录额外的试验读数。当施加总试验荷载时，以不小于 15min 的间隔记录试验读数。在全部荷载移除后 15min 和 30min 记录试验读数。若试验桩发生破坏，在移除荷载前，立即记录试验读数。

对于冲击荷载，在施加每个荷载的开始和结束时记录试验读数。

对垂直和侧向位移记录，在施加荷载之前、达到设计荷载、达到最大荷载以及所有荷载被移除后，记录这些试验读数。同时，建议记录每级加、卸载的中间时段读数，以保证数据的可靠性。

另外，美国标准还规定了对于旋转位移的记录，即在施加每级荷载之前和之后立即记录读数，在卸载后 30min 记录最终读数。

中国标准规定每级荷载施加后测读水平位移的时间为 4min 后，卸载归零后的测读时间为 2min。

5）加载方法

美国标准共有 8 种加卸载方法，① 标准荷载法；② 超限荷载法（可选）；③ 循环荷载法（可选）；④ 冲击荷载法（可选）；⑤ 反向荷载法（可选）；⑥ 往复荷载法（可选）；⑦ 指定水平位移法（可选）；⑧ 联合荷载法（可选）。美国标准中并未强制要求使用某一方法，常用的方法为标准荷载法，其余为可选项，现场选择更多依赖于工程师。

中国标准主要有两种加卸载方法：① 慢速维持荷载法；② 单向多循环加载法。中国标准规定，加载方法宜根据工程桩实际受力特性，选用单向多循环加载法或慢速维持荷载法。当对试桩桩身横截面弯曲应变进行测量时，宜采用维持荷载法。

美国标准中的标准荷载法规定，除非试验桩发生破坏，施加的总试验荷载等于桩或群桩建议水平设计荷载的 200%，分级加载及持续时间见表 7.4。此加载程序与中国标准中慢速维持法相似，但在稳定标准、加载读数时间间隔以及终止加载条件有所不同。

美国标准分级加载及持续时间（标准荷载法）　　表 7.4

设计荷载百分数 /%	荷载持续时间 /min
0	—
25	10
50	10
75	15
100	20
125	20
150	20
170	20
180	20
190	20
200	60
150	10
100	10
50	10
0	—

注：加载时，为保证安全和设备稳定，应将水平试验荷载限制在可产生最大规定的水平位移的水平荷载范围内。

中国标准慢速维持荷载法规定加载应分级进行，且采用逐级等量加载；分级荷载宜为最大加载值或预估极限承载力的 1/10，其中，第一级加载量可取分级荷载的 2 倍；卸载应分级进行，每级卸载量宜取加载时分级荷载的 2 倍，且应逐级等量卸载；加、卸载时，应使荷载传递均匀、连续、无冲击，且每级荷载在维持过程中的变化幅度不得超过分级荷载的 10%。施加每级荷载后水平位移的记录及稳定标准同单桩竖向抗压静载试验。

美国标准循环荷载法规定的加卸载程序及持续时间见表 7.5。

美国标准循环荷载法加卸载程序及持续时间（标准加载）　表 7.5

设计荷载百分数 /%	荷载持续时间 /min	设计荷载百分数 /%	荷载持续时间 /min
0	—	180	20
25	10	190	20
50	10	50	10
25	10	0	10
0	10	50	10
50	10	100	10
75	15	125	20
100	20	150	20
75	10	200	60
0	10	150	10
50	10	100	10
100	10	50	10
150	10	0	—
170	20	—	—

此外美国标准循环荷载法还有超限 300% 的加载和卸载程序。

中国标准单向多循环加载法与此类似，加载和记录略有区别。单向多循环加载法的分级荷载，不应大于预估水平极限承载力或最大试验荷载的 1/10；每级荷载施加后，恒载 4min 后，可测读水平位移，然后卸载至零，停 2min 测读残余水平位移，至此完成一个加卸载循环；如此循环 5 次，完成一级荷载的位移观测，然后施加下一级荷载，试验不得中间停顿。

美国标准超限荷载法是在按照标准荷载法加载、卸载之后，按照表 7.6 施加和移除额外指定的试验荷载。测量记录同标准荷载法。中国标准无此对应方法。

美国标准超限荷载法分级加载及持续时间　表 7.6

设计荷载百分数 /%	荷载持续时间 /min
0	10
50	10

续表

设计荷载百分数 /%	荷载持续时间 /min
100	10
150	10
200	10
210	15
220	15
230	15
240	15
250	15
……以 10% 增量到指定的最大荷载	……每隔 15min
最大荷载值	30
最大荷载值 75%	10
最大荷载值 50%	10
最大荷载值 25%	10
0	—

美国标准冲击荷载法包括在任何指定的荷载级别上施加任意指定数量的多重荷载循环。冲击荷载可在标准荷载法作用同时或在标准荷载法完成后实施。通过连续对压千斤顶（或其他动力源）加压以均匀的速度施加冲击荷载，并通过连续卸压以均匀的速度解除冲击荷载。在标准荷载试验同时进行冲击荷载，按表 7.7 规定进行加载、卸载。此外还有按设计荷载 200% 的加载和卸载程序。

美国标准冲击荷载法分级加载及持续时间　　表 7.7

设计荷载百分数 /%	荷载持续时间 /min
0	—
25	10
50	10
75	15
100	20
50	10
0	10
100	—
0	—

续表

设计荷载百分数 /%	荷载持续时间 /min
100	—
0	—
50	10
75	10
100	10
125	20
150	20
75	10
0	10
150	—
0	—
150	—

注：若工程师指定其他冲击荷载或处于其他水平静载条件下，应与上表保持相同的荷载和保持模式。

美国标准反向荷载法包括在先推后拉（或先拉后推）模式下进行水平荷载试验。按照前四种试验方法（标准荷载法、超限荷载、循环荷载法和冲击荷载法）规定的荷载表，在指定方向上对单桩或群桩进行试验，再与指定方向的相反方向进行试验。中国标准无此对应方法。

美国标准往复荷载法在某一方向及该方向的反方向进行指定循环次数横向水平荷载的加载、卸载，加载和卸载都应保持至位移稳定并记录读数。中国标准无此对应方法。

美国标准指定水平位移法为按照美国标准前四种试验方法（标准荷载法、超限荷载、循环荷载法和冲击荷载法）规定施加水平试验荷载，直到试验桩或桩群的总水平位移达到指定的水平位移为止，然后将试验荷载以 4 个等量荷载进行卸载，每级卸载可间隔 10min。中国标准无此对应方法。

美国标准联合荷载法为，当单桩或群桩在联合荷载（水平、竖向）下进行试验时，在施加水平荷载之前施加规定的竖向荷载。保持竖向荷载恒定，并按照四种试验方法（标准荷载法、超限荷载、循环荷载法和冲击荷载法）或其他指定的水平荷载进行试验。中国标准无此对应加载方法。

（5）数据处理

中国标准对单桩水平静载试验有关试验数据的分析处理有明确的规定，具体规定详见《建筑基桩检测技术规范》JGJ 106—2014。美国标准无明确规定。

7.4.3 中美标准单桩水平静载试验其他相关差异

（1）美国标准的有关规定同时适应于单桩和群桩水平静载试验，而中国标准仅针对单桩。显然，对采用群桩基础水平承载力检测的工程，其结果更为准确。

（2）美国标准与中国标准均以设计值为基准进行加载。但其在稳定标准、加载读数时间间隔以及终止加载条件等均有所不同，在设计阶段由于其他相关标准差异，其设计值可能亦有所不同。

（3）桩基水平承载力特征值取值，美国标准可结合美国其他设计标准（如：美国国家公路与运输协会标准 AASHTO）进行取值。

7.5 低应变反射波法

本节对比分析中国《建筑基桩检测技术规范》JGJ 106—2014（以下简称“中国标准”）和美国标准 ASTM D5882—2016（以下简称“美国标准”）在低应变反射波法的检测原理、试验设备、试验过程、分析方法和试验结果判定等方面的异同点。

7.5.1 检测原理

低应变反射波法源于应力波理论，该理论将桩假设为一维弹性杆件，在桩顶进行竖向激振，使桩中产生应力波，弹性波沿着桩身向下传播，当桩身存在明显波阻抗界面（如桩底、断裂或离析、夹泥等部位）或桩身截面积变化（如缩颈或扩径）部位，将产生反射波，利用特定的仪器设备经接收、放大、滤波和数据处理，通过接收分析反射波的幅值、相位、旅行时间，来判断桩身完整性，判定桩身缺陷的程度及其位置。

在美国标准中，对原理作了简单的描述，而在中国标准中并无提及，但两者的检测原理是一致的。

7.5.2 测试设备与现场检测

美国标准中规定了对仪器设备的基本要求，而中国标准规定对仪器设备的要求应符合现行行业标准《基桩动测仪》JG/T 518 的有关规定。

关于传感器和激振点布置，美国标准规定应在桩顶中心附近布置传感器（直径大于500mm 的桩应考虑其他位置），且激振点的位置与传感器的距离不大于 300mm，对传感器本身的性能也作了明确的规定。中国标准规定应根据桩径大小，桩心对称布置 2～4 个安装传感器的检测点，实心桩的激振点应选择在桩中心，检测点宜选择在距桩中心 2/3 半径处；空心桩激振点和检测点宜为桩壁厚的 1/2 处，激振点和检测点与桩中心连线夹角宜为 90°。每个检测点记录的有效信号数不小于 3 个。

在现场检测的实际操作方面，美国标准和中国标准步骤是基本相同的，但侧重点不同。美国标准详细规定了现场操作步骤；而中国标准则更侧重于各步骤的注意事项和要求。目的均是提高现场检测的准确性。

7.5.3　数据处理与分析

美国标准对数据分析主要作了以下一些原则性的规定：对采用脉冲回波法（PEM）和瞬态响应法（TRM）分析给出了有关规定；记录的数据可以在计算机中进行进一步的分析，以便更好地量化表现异常的程度；对桩身完整性的评估应由具有专业经验的工程师完成；低应变完整性测试存在一定的局限性；完整性测试可能无法识别所有的桩身缺陷，但它可以识别有效长度内的主要缺陷。

中国标准给出了桩身波速的计算公式、桩身缺陷位置的计算公式和桩完整性判定的表格，对桩身完整性分析给出了相关规定。

7.6　声波透射法

本节对比分析中国《建筑基桩检测技术规范》JGJ 106—2014（以下简称中国标准）和美国标准 ASTM D6760—2016（以下简称美国标准）在声波透射法的检测原理、试验设备、试验过程、分析方法和试验结果判定等方面的异同点。

7.6.1　检测原理

声波透射法检测的原理是事先在桩身内预埋若干条声测管，作为超声波接收和发射换能器的通道。现场检测时，在一个管内放入发射超声波的发射探头并在另一个管内放入接收超声波的接收探头。两个探头由底部往上同步提升，仪器记录超声波在由二管组成的桩身侧面内传播的声学特征。根据波的到达时间，幅度大小，频率变化及波形畸变程度，经过分析处理，从而判定出桩身质量状况，存在缺陷的性质、大小及空间位置和桩身材料匀质性等。

美国标准和中国标准遵循的检测原理是一致的。

7.6.2　仪器设备与现场检测

美国标准规定对于直径约为 0.5m 或小于该直径的深基础构件建议采用单管测试，检测管道的材质必须为塑料，并应尽快完成检测，以避免管道脱落。由于声波是在塑料管周围的混凝土中进行传播的，除非缺陷足够大且非常靠近塑料管道，否则混凝土缺陷可能无法被检出。而中国标准明确规定对于直径小于 0.6m 的桩，不宜采用声波透射法进行桩身完整性检测，未对单管测试做出相关规定。

中国标准对仪器设备的要求作了明确的规定，如声波发射与接收换能器的外径应小于声测管内径，有效工作段长度不得小于 150mm，谐振频率应为 30～60kHz，水密性应满足 1MPa 水压不渗水。对信号采集参数都作了明确的规定，如采样时间间隔小于等于 0.5μs，系统频宽为 1～200kHz，声波幅值测量相对误差小于 5% 等。

美国标准则更为详细，主要侧重于对探头、线缆、记录、处理及显示数据装置等部件做出了规定。美国标准中发射器的声波频率为30000～60000Hz，与中国标准相同；采样时间间隔为250000Hz（即4μs），与中国标准规定的采样时间间隔（0.5μs）稍短。

中美标准对于预埋声测管数量建议有区别，具体见表7.8。美国标准规定，声波透射法除了可用于检测桩身混凝土完整性外，还可用于其他混凝土构件（如隔水墙板），应对在深基础构件中安装的声测管的总数进行选择，以使其可以将横截面范围进行良好的覆盖。对于圆柱形基础，一般每隔0.25～0.30m直径的深基础构件就选择安装一条声测管；对于墙壁和方形桩，声测管之间的距离通常在1～1.5m。声测管的数量最少为3条，最多为8条，均匀地分布在构件截面内。

中美标准预埋声测管数量　　表7.8

桩径 /mm	美国标准	中国标准
＜500（美国标准）	1根	—
＜600（中国标准）	—	不适用
500（600）～800	3根	≥2根
800～1000	3根	≥3根
1000～1400	4根	≥3根
1400～1600	6根	≥3根
1600～2100	6根	≥4根
2100～2500	≤8根	≥4根
＞2500	≤8根	4根，可适当增加

现场检测时，美国标准和中国标准从设备检查、仪器调试到数据采集都作了较为详细的规定。

7.6.3 数据处理与分析

中国标准提供了详细数据处理方法，便于检测人员计算和查阅。对桩身完整性等级以及该等级的波形特征作了明确划分（详见《建筑基桩检测技术规范》JGJ 106—2014），便于对桩身的完整性进行有效的判别和评级。而美国标准仅对数据处理作了几条原则性规定，并未涉及对桩身完整性的评价内容。

7.7 高应变法

本节对比分析中国《建筑基桩检测技术规范》JGJ 106—2014（简称“中国标准”）与美国标准ASTM D4945—2017（简称“美国标准”）在高应变法的检测原理、试验设备、试验过程、分析方法和试验结果判定等方面的异同点。

7.7.1　检测原理

高应变检测是一种用重锤冲击桩顶，通过量测系统获得桩在轴向冲击作用下的力和速度。力和速度通常由测量到的应变和加速度得出。工程师可以利用工程原理来分析获得的数据，以评估桩的完整性、冲击系统的性能以及桩中发生的最大压应力和拉应力。

中国标准和美国标准依据的检测原理是一致的。

7.7.2　测试设备与现场检测

美国标准对传感器有较为详细的规定，根据传感器的用途，可将其分为位移传感器、力传感器、速度传感器和加速度传感器，根据传感器的安装位置，可将其分为外部传感器和嵌入式传感器。并对每一种传感器的精度、温度补偿和工作频率等都作了相应的规定。对信号的传输、数据的记录、处理与显示都有相应的规定。中国标准规定测试仪器不低于现行行业标准《基桩动测仪》JG/T 518 规定的 2 级，但未对传感器性能作出相应的规定。

美国标准规定用于施加冲击力的装置应能够提供足够的能量，通常应大于桩的承载能力（静力＋动力），桩锤重量不得小于竖向荷载极限值的 1%～2%。锤击产生的动应力不得导致桩的损坏。中国标准要求重锤应形状对称，高（宽）比不得小于 1，重量不得小于竖向荷载极限值的 2%，重锤的落距不得大于 2.5m。

关于各种传感器的安装位置，中美标准的规定基本类似。美国标准规定得更为详细一些，除了给出在混凝土桩表面安装传感器的有关规定外，还给出了在混凝土桩内埋设、在木桩表面安装和在 H 型钢桩表面安装传感器的有关规定。

此外，中美标准均提及对传感器安装位置的处理，要求光滑，且不得有凸起和空鼓。

7.7.3　数据处理与判定

美国标准对数据处理的规定较少，只有一些原则性的规定。中国标准给出了采用凯司法计算单桩承载力的公式和曲线拟合法判定承载力的有关规定；同时也给出了判定桩身完整性的计算公式及相关规定。

7.8　小结

通过对中美基桩试验有关标准的对比，主要差异如下：

（1）相对中国标准而言，美国标准在基桩竖向抗压静载试验、抗拔静载试验和水平静载试验中规定了较多的加载方式，适用于不同的试验要求；同时美国标准更侧重于仪器设备的先进性，通过对仪器、传感器等精度的控制，降低或减少试验过程中人为操作产生的误差。

（2）美国标准关于基桩竖向抗压静载试验、抗拔静载试验和水平静载试验除了适用单桩外，也同样适用于群桩，显然，通过试验得出的群桩基础承载力更为准确。而中国标准仅针对单桩承载力进行测试，但在《建筑桩基技术规范》JGJ 94—2008 中考虑了由承台、群桩和土相互作用产生的群桩效应对桩基承载力影响，给出了相应的计算公式。

（3）美国标准对试验数据的分析规定得较少，一般仅有一些原则性的规定，没有对承载力计算的相关规定，可结合美国其他设计标准（如：美国国家公路与运输协会 AASHTO 标准）或其他标准确定桩基承载力。中国标准对单桩承载力的取值有明确规定。

参 考 文 献

[1] AASHTO, T222-81 (2008), Standard Method of Test for Nonrepetitive Static Plate Load Test of Soils and Flexible Pavement Components for Use in Evaluation and Design of Airport and Highway Pavements [S]. AASFTO Standards, 2008.

[2] 昂奇. 中外标准差异对国际水电 EPC 项目的影响研究［D］. 北京：清华大学，2017.

[3] ASTM, D5550-14, Standard Test Method for Specific Gravity of Soil Solids by Gas Pycnometer [S]. ASTM Standards, 2014.

[4] ASTM, C127-15, Standard Test Method for Relative Density (Specific Gravity) and Absorption of Coarse Aggregate [S]. ASTM Standards, 2015.

[5] ASTM, D2216-2019, Standard Test Methods for Laboratory Determination of Water (Moisture) Content of Soil and Rock by Mass [S]. ASTM Standards, 2019.

[6] ASTM, D4643-08, Standard Test Method for Determination of Water (Moisture) Content of Soil by the Microwave Oven Heating [S]. ASTM Standards, 2008.

[7] ASTM, D4959-16,Standard Test Method for Determination of Water Content of Soil By Direct Heating [S]. ASTM Standards, 2016.

[8] ASTM, D4718-07, Standard Practice for Correction of Unit Weight and Water Content for Soils Containing Oversize Particles [S]. ASTM Standards, 2007.

[9] ASTM, D2937-17e, Standard Test Method for Density of Soil in Place by the Drive-Cylinder Method [S]. ASTM Standards, 2017.

[10] ASTM, D4914/D4914M-2016, Standard Test Methods for Density of Soil and Rock in Place by the Sand Replacement Method in a Test Pit [S]. ASTM Standards, 2016.

[11] ASTM, D5030/D5030M-13a, Standard Test Methods for Density of Soil and Rock in Place by the Water Replacement Method in a Test Pit [S]. ASTM Standards, 2013.

[12] ASTM, D4253-14, Standard Test Methods for Maximum Index Density and Unit Weight of Soils Using a Vibratory Table [S]. ASTM Standards, 2014.

[13] ASTM, D4254-14, Standard Test Methods for Minimum Index Density and Unit Weight of Soils and Calculation of Relative Density [S]. ASTM Standards, 2014.

[14] ASTM, D4564-02, Standard Test Method for Density of Soil in Place by the Sleeve Method [S]. ASTM Standards, 2002.

[15] ASTM, D2167-15, Standard Test Method for Density and Unit Weight of Soil in Place by the Rubber Balloon Method [S]. ASTM Standards, 2015.

[16] ASTM, D2922-01, Standard Test Methods for Density of Soil and Soil-Aggregate in Place by Nuclear Methods (Shallow Depth) [S]. ASTM Standards, 2001.

[17] ASTM, D155/D1556M-15, Standard Test Method for Density and Unit Weight of Soil in Place by Sand-Cone Method [S]. ASTM Standards, 2015.

[18] ASTM, D2434-15, Standard Test Method for Permeability of Granular Soils (Constant Head) [S]. ASTM Standards, 2015.

[19] ASTM, D3385-18, Standard Test Method for Infiltration Rate of Soils in Field Using Double-Ring Infiltrometer [S]. ASTM Standards, 2018.

[20] ASTM, D5093-15, Standard Test Method for Field Measurement of Infiltration Rate Using Double-Ring

Infiltrometer with Sealed-Inner Ring [S]. ASTM Standards, 2015.

[21] ASTM, D2435/D2435M-11, Standard Test Methods for One-Dimensional Consolidation Properties of Soils Using Incremental Loading [S]. ASTM Standards, 2011.

[22] ASTM, D4186/D4186M-20, Standard Test Methods for One-Dimensional Consolidation Properties of Saturated Cohesive Soils Using Controlled-Strain Loading [S]. ASTM Standards, 2020.

[23] ASTM, D2850-15, Standard Test Method for Unconsolidated-Undrained Triaxial Compression Test on Cohesive Soils [S]. ASTM Standards, 2015.

[24] ASTM, D4767-11(R2020), Standard Test Method for Consolidated Undrained Triaxial Compression Test for Cohesive Soils [S]. ASTM Standards, 2020.

[25] ASTM, D7181-20, Standard Test Method for Consolidated Drained Triaxial Compression Test for Soils [S]. ASTM Standards, 2020.

[26] ASTM, D5311/D5311M-13, Standard Test Method for Load Controlled Cyclic Triaxial Strength of Soil [S]. ASTM Standards, 2013.

[27] ASTM, D5333-03, Standard Test Method for Measurement of Collapse Potential of Soils [S]. ASTM Standards, 2003.

[28] ASTM, D4546-21, Standard Test Methods for One-Dimensional Swell or Collapse of Soils [S]. ASTM Standards, 2021.

[29] ASTM, D4829-21, Standard Test Method for Expansion Index of Soils [S]. ASTM Standards, 2021.

[30] ASTM, D4546-21, Standard Test Methods for One-Dimensional Swell or Collapse of Soils [S]. ASTM Standards, 2021.

[31] ASTM, D427-04 (Withdrawn 2008), Standard Test Method for Shrinkage Factors of Soils by the Mercury Method [S]. ASTM Standards, 2008.

[32] ASTM, D4943-18, Standard Test Method for Shrinkage Factors of Cohesive Soils by the Water Submersion Method [S]. ASTM Standards, 2018.

[33] ASTM, D3877-08 (Withdrawn 2017), Standard Test Methods for One-Dimensional Expansion, Shrinkage, and Uplift Pressure of Soil-Lime Mixtures [S]. ASTM Standards, 2017.

[34] ASTM, D6951/6951M-09, Standard Test Method for Use of the Dynamic Cone Penetrometer in Shallow Pavement Applications [S]. ASTM Standards, 2009.

[35] ASTM, D1586/D1586M-18, Standard Test Method for Standard Penetration Test (SPT) and Split-Barrel Sampling of Soils [S]. ASTM Standards, 2018.

[36] ASTM, D1194-94 (Withdrawn 2003), Standard Test Method for Bearing Capacity of Soil for Static Load and Spread Footings [S]. ASTM Standards, 2003.

[37] ASTM, D6635-15, Standard Test Method for Performing the Flat Plate Dilatometer [S]. ASTM Standards, 2015.

[38] ASTM D1587/D1587M-15, Standard Practice for Thin-Walled Tube Sampling of Fine-Grained Soils for Geotechnical Purposes [S]. ASTM Standards, 2015.

[39] ASTM, D5778-20, Standard Test Methods for Electronic Friction Cone and Piezocone Penetration Testing of Soils [S]. ASTM Standards, 2020.

[40] ASTM D1143-07 (Reapproved 2013), Standard Test Methods for Deep Foundations Under Static Axial Compressive Load [S]. ASTM Standards, 2007.

[41] ASTM D3689-07 (Reapproved 2013), Standard Test Methods for Deep Foundations Under Static Axial Tensile Load [S]. ASTM Standards, 2013.

[42] ASTM D3966-07 (Reapproved 2013), Standard Test Methods for Deep Foundations Under Lateral Load [S]. ASTM Standards, 2013.
[43] ASTM D5882-16, Standard Test Methods for Low Strain Impact Integrity of Deep Foundations [S]. ASTM Standards, 2016.
[44] ASTM D4945-17, Standard Test Methods for High Strain Dynamic Testing of Deep Foundations [S]. ASTM Standards, 2017.
[45] ASTM D6760-16, Standard Test Methods for Integrity Testing of Concrete Deep Foundations by Ultrasonic Crosshole Testing [S]. ASTM Standards, 2016.
[46] 卞昭庆. 我国岩土工程标准规范现状 [J]. 工程勘察，2004，186（1）：16-20，38.
[47] 柴华，刘怡林. “一带一路”倡议下工程建设标准国际化的现状分析与政策建议的探讨 [J]. 工程建设标准化，2018（3）：54-56.
[48] 陈爱民. 中外土木工程标准体系的差异 [J]. 东北水利水电，2012，30（2）：66-68，72.
[49] 成利民，孙宁. 中、美、欧岩土工程勘察规范差异性分析 [J]. 水运工程，2018（6）：225-230，236.
[50] 程瑾，闵娟玲，张云冬，等. 关键土力学指标在国内外规范间的对比分析 [J]. 工程勘察，2016，44（3）：20-27.
[51] 冯蓓蕾，周伟兵. 基于土壤分类的 ASTM（美标）与国标之异同研究 [J]. 水运工程，2013，(10)：224-228.
[52] 符滨，孟秋宏. 基于标准贯入测试的国内外砂土液化判别法对比分析 [J]. 中国水运，2017，17（7）：340-344.
[53] 顾宝和. 岩土工程勘察技术现状及发展问题述评 [J]. 工程勘察，1998（4）：5-10.
[54] 韩信. 中欧(法)岩土工程标准规范体系差异研究 [J]. 铁道工程学报，2011，28（11）：117-121.
[55] 霍知亮，孙立强，郎瑞卿，等. 基于美国标准的桩基竖向承载力计算分析 [J]. 建筑科学与工程学报，2021，38（6）：25-32.
[56] 冷艺. 国内外规范在港口岩土工程勘察中的异同研究 [J]. 水运工程，2011（S1）：27-30.
[57] 卢坤玉，李兆焱，袁晓铭，等. 国内外标准贯入测试影响因素研究 [J]. 地震研究，2020，43（3）：582-591+604.
[58] 李广信. 我国的岩土工程规范标准纵横谈 [J]. 工程勘察，2004，186（1）：11-15.
[59] 李元松，余顺新，邓涛. EN1997-1 设计方法与国内规范设计方法对比 [J]. 岩土力学，2012，33（S2）：105-110.
[60] 孟永旭，丁晓庆，李路，等. 中美标准贯入试验砂土液化判别方法差异性研究 [J]. 水力发电，2022，48（10）：37-42.
[61] 裴晓东，黄向春，刘拥，等. 国内外规范关于岩土性状描述的对比研究 [J]. 工程勘察，2006，205（8）：20-24，68.
[62] 万中喜，任世锋，祁丽华. 中欧美岩土勘察布置的比较 [J]. 水运工程，2019，557（6）：158-162，179.
[63] 徐翠萃. 中国、美国、欧盟建筑地基基础设计规范对比 [J]. 建筑技术开发，2021，48（8）：90-94.
[64] 杨深红. 平板荷载试验在国际工程中应用两例 [J]. 水利水电工程设计，2010，29（4）：44-46.
[65] 袁悦，李芳. 中澳岩土工程勘察规范中土的分类对比分析 [J]. 科技创新与应用，2020，309（17）：28-29.
[66] 张福林，何珊儒，赖华东. QC 活动在国家标准与 ASTM 土分类定名的对比应用 [J]. 西部探矿工

程，2005（11）：255-257.
[67] 张青宇. 中法岩土规范岩土体分类对比分析［J］. 水电站设计，2016，32（3）：65-69.
[68] 张在明. 我国岩土工程技术标准系列的特点和可能存在的问题［J］. 岩土工程界，2003（3）：20-26.
[69] 周健，李小军，李亚琦，等. 中美建筑抗震设计规范中工程场地类别的对比和换算关系［J］. 地震学报，2021，43（4）：521-532，534.
[70] 周贻鑫. 中美欧岩土工程勘察规范对比研究［D］. 南京：东南大学，2015.
[71] 中华人民共和国住房和城乡建设部. 土工试验方法标准：GB 50123—2019［S］. 北京：中国计划出版社，2019.
[72] 中华人民共和国工业和信息化部. 土工试验规程：YS/T 5225—2016［S］. 北京：中国计划出版社，2016.
[73] 中华人民共和国交通运输部. 公路土工试验规程：JTG 3430—2020［S］. 北京：人民交通出版社，2020.
[74] 中华人民共和国铁道部. 铁路工程土工试验规程：TB 10102—2010［S］. 北京：中国铁道出版社：2010.
[75] 中华人民共和国住房和城乡建设部. 湿陷性黄土地区建筑标准：GB 50025—2018［S］. 北京：中国建筑工业出版社，2019.
[76] 中华人民共和国住房和城乡建设部. 岩土工程勘察规范（2009年版）：GB 50021—2001［S］. 北京：中国建筑工业出版社，2009.
[77] 中华人民共和国交通运输部部. 水运工程岩土勘察规范：JTS 133—2013［S］. 北京：人民交通出版社，2013.
[78] 中华人民共和国铁道部. 铁路桥涵地基和基础设计规范：TB 10093—2017［S］. 北京：中国铁道出版社，2017.
[79] 中华人民共和国国家质量监督检验检疫总局. 岩土工程仪器基本参数及通用技术条件：GB/T 15406—2007［S］. 北京：中国标准出版社，2007.
[80] 中华人民共和国水利部. 土工试验仪器　环刀：SL 370—2007［S］. 北京：中国水利水电出版社，2007.